51CTO.com
技术成就梦想

51CTO图书大系

Yii框架深度剖析

刘琨 著

人民邮电出版社
北京

图书在版编目（CIP）数据

Yii框架深度剖析 / 刘琨著. -- 北京 : 人民邮电出
版社, 2017.12
（51CTO图书大系）
ISBN 978-7-115-47012-6

Ⅰ. ①Y… Ⅱ. ①刘… Ⅲ. ①软件工具 Ⅳ.
①TP311.561

中国版本图书馆CIP数据核字(2017)第240871号

内 容 提 要

Yii 是一个基于组件、用于开发大型 Web 应用的高性能 PHP 框架，它提供了当今 Web 2.0 应用开发所需要的几乎一切功能，是最具开发效率的 PHP 框架之一。

本书站在框架设计的高度，从源代码级别剖析了 Yii 框架的工作机制。本书分为 15 章，其内容涵盖了 PHP 框架的概念，Yii 框架的工作流程，布局的概念及作用，模块的概念及作用，ActiveRecord 模型的原理和作用，ActiveRecord 模型的查询方法，小物件的概念及作用，小物件 CActiveForm 的作用以及调用方法，模型验证的概念及作用，Yii 框架中的 AJAX 验证，与用户登录相关的内容，Yii 框架中基于角色的访问控制系统的设计与实现，Memcached 缓存在 Yii 框架中的使用，日志在 Yii 框架中的实现，以及 Yii 框架中 URL 管理组件。

本书适合 Web 开发人员，以及有一定的 PHP 开发基础，但是希望学习使用框架来提升开发能力的读者阅读。

◆ 著　　　刘 琨
　责任编辑　傅道坤
　责任印制　焦志炜
◆ 人民邮电出版社出版发行　　北京市丰台区成寿寺路 11 号
　邮编 100164　电子邮件 315@ptpress.com.cn
　网址 http://www.ptpress.com.cn
　固安县铭成印刷有限公司印刷
◆ 开本：800×1000 1/16
　印张：20.5　　2017 年 12 月第 1 版
　字数：407 千字　　2025 年 2 月河北第 3 次印刷

定价：69.00 元

读者服务热线：(010)81055410　印装质量热线：(010)81055316
反盗版热线：(010)81055315

前言

本书不是简单地介绍如何使用 Yii 框架，而是站在框架设计的高度，从源代码级别深度剖析。本书首先介绍 PHP 框架技术的概念及其应用领域，然后开始仿照 Yii 框架源代码自定义框架，其中包括了 MVC 设计模式、单入口模式和应用（前端控制器模式）的实现。充分了解了这部分知识后，读者对 Yii 框架也有了初步认识，然后正式进入 Yii 框架的学习。

本书可帮助那些希望借助框架进行开发的读者顺利地熟悉 Yii 的基本结构、规范和开发流程，轻松掌握常用的 Yii 组件，敏捷、稳健地开发 Web 2.0 应用程序。

本书适合读者群

- 开源技术爱好者。
- 计算机专业的学生。
- 广大的 Web 开发从业人员。
- 具备 PHP 开发基础，进而希望通过学习使用框架来提升开发能力的读者。
- 掌握了 PHP 面向过程的开发方式，正在转向 PHP 面向对象编程的读者，通过学习 Yii 框架，他们可以更加迅速、规范地掌握 MVC 架构以及面向对象的思想和语法。

本书内容

- 第 1 章，初识 PHP 框架技术，首先介绍 PHP 语言的发展历史及其适合的应用领域。然后介绍框架的概念，并且在自定义框架部分实现 MVC 框架模式、单入口文件设计模式和前端控制器模式，目的是为了让读者能够更好地理解 Yii 框架的工作机制，因为这些设计模式都是框架技术通用的设计思想。

- 第 2 章，Yii 框架基础，主要介绍 Yii 框架的执行流程，其中详细介绍了 Yii 框架的入口文件、应用（前端控制器）的具体作用、MVC 框架模式在 Yii 中的具体实现方式，以及控制器渲染视图的实现步骤。通过本章的学习，读者对于 MVC 应有更深层的认识。
- 第 3 章，布局，主要介绍布局的概念及作用，重点分析控制器渲染布局的 render() 方法，帮助读者加深对使用布局文件的认识。最后，为了更加灵活地实现视图文件的渲染，学习了应用级布局和嵌套布局。
- 第 4 章，模块，主要介绍模块的概念、作用，以及如何创建和访问模块。
- 第 5 章，ActiveRecord 模型，主要介绍 ActiveRecord 模型设计原理和作用，以及 Yii 框架如何创建 ActiveRecord 模型，并详细介绍了 Yii 框架 CActiveRecord 类中 CRUD 操作的相关方法。
- 第 6 章，CActiveRecord 模型类的查询方法，重点介绍 CActiveRecord 模型类的查询方法。作者通过简单、形象的示例，充分地讲解 CActiveRecord 模型类的查询方法 3 种类型参数的使用方法。其中 6.5 节深入介绍了关联查询。
- 第 7 章，Widget（小物件），主要介绍小物件的概念及作用。通过创建首页中幻灯片小物件，讲解小物件如何嵌入到视图中，以及自定义小物件的方法。
- 第 8 章，ActiveRecord 模型验证，首先介绍模型验证的概念和作用。MVC 框架模式下模型验证的步骤，包括模型中编写验证规则、预定义验证器的调用、在控制器中给模型安全赋值、触发验证和显示错误信息的方法等。
- 第 9 章，AJAX 验证，重点介绍 Yii 框架中的 AJAX 验证。因为 AJAX 验证是服务器端验证，所以是在 CActiveForm 中实现的。并且为了更好地理解 Yii 框架中的 AJAX 验证，在本章开始依次介绍了 AJAX、JavaScript 实现 AJAX 验证和 jQuery 实现 AJAX 验证。
- 第 10 章，用户登录，主要介绍为了实现用户登录，需要掌握的 Yii 框架的相关内容，包括表单模型、客户端验证、如何自定义验证器来验证用户名和密码的身份类，以及保存用户登录状态的 CWebUser 类。
- 第 11 章，基于角色的访问控制，主要介绍 Yii 框架中基于角色的访问控制系统（RBAC）的设计与实现。并且，作者结合自己多年的工作经验，在 11.9 节将该控制系统无缝地移植到实际项目中。

- 第 12 章，Yii 框架中 Memcached 缓存应用，主要介绍 Yii 框架中如何应用 Memcached 缓存。作者系统、详细地介绍了内存缓存软件 Memcached 的安装及管理，以及 PHP 的 Memcached 客户端扩展方法库。这些都是理解 Yii 框架 CMemCache 缓存组件的基础。当然，Yii 框架为了更好地使用缓存，还提供了缓存依赖、片段缓存和页面缓存的使用方法。
- 第 13 章，日志，主要介绍了 Yii 框架中的日志记录系统，首先介绍 Apache 服务器是如何记录访问日志和错误日志的；然后介绍 PHP 语言如何通过修改配置项或在程序中调用日志方法来生成日志文件；最后，在了解了 Apache 和 PHP 的日志功能之后，读者就会更好地理解 Yii 框架的日志功能的设计思路以及相关方法的使用方式。
- 第 14 章，URL 重写，主要介绍 Yii 框架的 URL 管理组件。为了使用 Yii 框架的 URL 管理组件，需要充分了解 URL 的模式和良好 URL 的格式，并且也需要借助 Apache 服务器的重写模块。
- 第 15 章，Yii 2.0 介绍，Yii 2.0 要求开发环境是 PHP 5.4 以上版本，所以在学习 Yii 2.0 之前希望读者先熟悉 PHP 5.4 版本中增加的语法，如命名空间等。本章以输出“Hello World”为例，简单介绍了 Yii 2.0 框架的执行流程，希望读者结合本书前 14 章内容的学习思路，循序渐进掌握 Yii 2.0 框架。

致谢

由于 PHP 开源的特性，尽管作者使用 PHP 框架技术多年，但将庞大数量的碎片知识整合为一本厚达几百页的书，其中的辛酸非三言两语能够道破。

感谢家人的鼓励，是他们的宽容让我能够安心做好每件事。感谢石家庄经济学院李文斌老师的耐心指导。感谢同事吕建军一直以来无私地向我分享案例、数据和发现。感谢我的学生对我的支持，这是我克服困难的原动力。

本书编者

本书主要由刘琨写作，参与写作与资料整理的其他人员有刘云龙、贾春华、刘雄章、刘卓、贾月华、刘彦霞、贾婕、贾桂花、朱明生、王宇、张爱净、蒲龙君、张伟等。

勘误及支持

由于作者水平有限，书中难免存在不足和疏漏之处，恳请读者批评指正。本书作者的邮箱地址为 71873467@qq.com。

为了方便读者更好地学习，作者在 51CTO 学院创建了本书内容视频，网址为 http://edu.51cto.com/course/course_id-1973.html。欢迎读者加入 QQ 群：231113585，获取图书配套代码；并和其他读者一起讨论学习体会和心得。

目录

第 1 章 初识 PHP 框架技术

Yii 框架基于 PHP 语言，本书就从 PHP 语言的发展历史说起。本章首先介绍 PHP 语言发展历史及其适合的应用领域，然后讲解 PHP 框架技术的概念并仿照 Yii 框架源码自定义一个框架，其中包括 MVC 框架模式、单入口模式和应用（前端控制器模式）的实现。读者在充分了解了这部分内容后，将正式进入到 Yii 框架的学习。

1.1 PHP 语言发展历史及其适合的应用领域

PHP 最初为 Personal Home Page 的缩写，但现在已经正式更名为 Hypertext Preprocessor（中文名为"超文本预处理器"）。PHP 于 1994 年由拉斯姆斯・勒多夫（Rasmus Lerdorf）创建，它起初是勒多夫为了要维护个人网页而制作的一个简单的用 Perl 语言编写的程序。这些工具程序用来显示他的个人履历，以及统计网页流量。后来他又用 C 语言重新编写，并增加了访问数据库的功能。他将这些程序和一些表单直译器整合起来，称为 PHP/FI。PHP/FI 可以和数据库连接，产生简单的动态网页程序。

1995 年，勒多夫以 Personal Home Page Tools（PHP Tools）开始对外发布第一个版本，并写了一些介绍此程序的文档。在发布的 PHP 1 版本中，提供了访客留言本、访客计数器等简单的功能。此后，越来越多的网站开始使用 PHP，并且强烈要求增加一些特性，如循环语句和数组变量等。在新的成员加入开发行列之后，勒多夫在 1995 年 6 月 8 日将 PHP/FI 公开发布，希望可以通过社群来加速程序开发与寻找错误。这个发布的版本命名为 PHP 2，已经有 PHP 的一些雏型，具有类似 Perl 的变量命名方式、表单处理功能，以及嵌入到 HTML 中执行的能力。程序语法上也类似 Perl，有较多的限制，不过更简单，更有弹性。PHP/FI 加入了对 MySQL 的支持，从此建立了 PHP 在动态网页开发上的地位。到了 1996 年年底，有大约 15000 个网站使用 PHP/FI。

1997 年，任职于 Technion IIT 公司的两个以色列程序设计师：齐弗·苏拉斯基（Zeev Suraski）

和安迪·古特曼斯（Andi Gutmans），重写了PHP的解释器，这成为PHP 3的基础。而PHP也在这个时候改称为Hypertext Preprocessor。经过几个月的测试，开发团队在1997年11月发布了PHP/FI2。随后就开始了PHP 3的开放测试，在1998年6月正式发布PHP 3。苏拉斯基和古特曼斯在PHP 3发布后开始改写PHP的核心，随后在1999年发布了Zend Engine解释器。同年，在以色列的拉马特甘成立了Zend Technologies公司来管理PHP的开发。

2000年5月22日，以Zend Engine 1.0为基础的PHP 4正式发布。2004年7月13日，发布了PHP 5。PHP 5使用了第二代的Zend Engine解释器，使PHP包含了更多新特性，如面向对象功能、引入PDO（PHP Data Object，一个存取数据库的延伸方法库），以及许多效能上的增强。PHP 4已经不会继续更新，以鼓励用户转移到PHP 5。随着PHP语言面向对象功能的实现，PHP 5版本后出现了框架技术，我们要学习的Yii框架就是其中一个“佼佼者”。

当框架技术出现后，基于PHP的产品逐渐多了起来。如图1-1所示，首先我们来看第一大类，我把它们称为PHP开源产品，其中一些适合作为开发企业、政府、公司门户网站的内容管理系统，如DedeCMS、PHPCMS和帝国CMS等，还有制作论坛的Discuz系统，开发商城可以选择ECShop等系统，开发博客选择WordPress。开源PHP产品很多，这里不再一一列举。虽然本书作者没有研究过所有的开源产品，但作者分析过的开源产品都使用了框架技术。接下来是作者想说的重点，也是我们学习Yii框架后经常选择应用的领域，就是第二大类，即基于Web的各种管理软件，如贸易公司和其下属销售中心使用的分销系统等。第三大类是定制型、功能型和工具型网站，类似CNZZ网站的访问情况统计。还有就是硬件管控软件的GUI，如路由器中的配置管理页面。

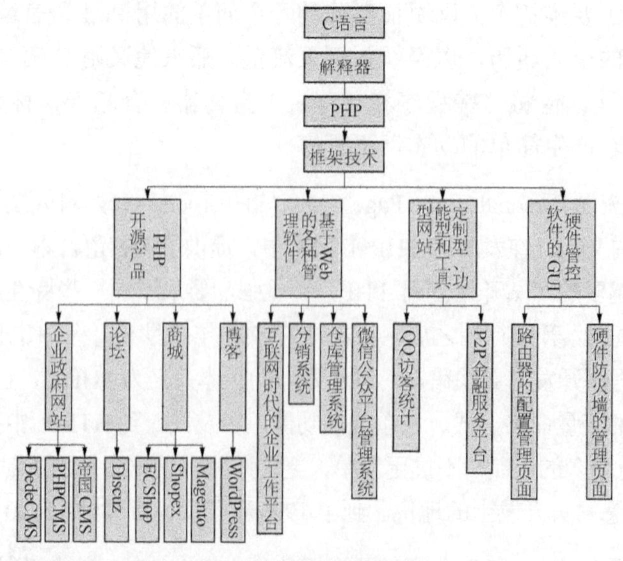

图1-1 PHP应用领域

作者相信，在当今这个互联网的时代，PHP 语言和它的框架技术会有更加辉煌的未来！

1.2 什么是框架

框架（Framework）是在给定的问题领域内，实现了应用程序的一部分设计，是整个或部分系统的可重用设计，表现为一组抽象构件及构件实例间交互的方法。简单来说，就是一个“半成品”，帮助项目把“骨架”搭好，并提供丰富的组件库，只需要增加一些内容或调用一些提供好的组件就可以完成自己的系统。

如图 1-2 所示，已经有一个成型的房子“骨架”和一些建筑材料，我们可以把它比喻成一个程序的框架。其中“骨架”可以看做是为我们创建的项目管理结构（半成品），而建筑材料则相当于为我们提供的现成组件库。在这个已有房子框架结构的基础上，结合现成的建筑材料，再经过我们的“装修”，就可以将这个“半成品”建造成私有住宅、办公楼、超市或酒吧等。同理，使用程序框架也会很快开发出个人主页、OA 系统、电子商城和 SNS 系统等软件产品。

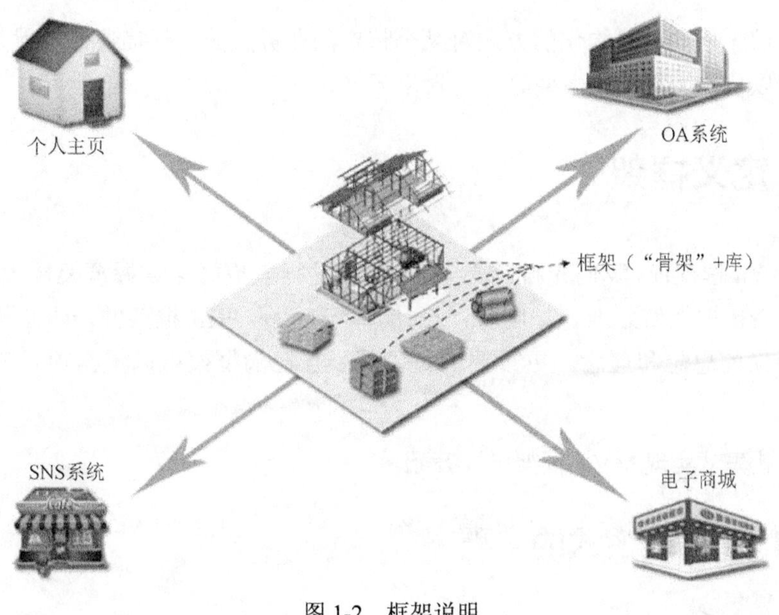

图 1-2 框架说明

1.3 为什么要用框架开发

框架的最大好处之一就是重用。面向对象系统获得最大的复用方式就是框架，一个大的应用系统往往可能由多层互相协作的框架组成。Web 系统发展到今天已经变得很复杂，特别是服务器端软件，涉及的知识、内容和问题已经非常多。在项目开发中，如果使用一个成熟的框架，就相当于让别人帮你完成一些基础工作（大约 50%以上），你只需要集中精力完成系统的业务逻辑设计。

框架一般是成熟稳健的，它可以处理系统的很多细节问题，如事物处理、安全性、数据流控制等。

还有，框架一般经过很多人使用，结构很好，扩展性也很好，而且它是不断升级的，你可以直接享受别人升级代码带来的好处。

框架也可以将问题划分开来各个解决，易于控制，易于延展，易于分配资源。应用框架强调的是软件的设计重用性和系统的可扩充性，以缩短大型应用软件系统的开发周期，提高开发质量。

框架能够采用一种结构化的方式对某个特定的业务领域进行描述，也就是将这个领域相关的技术以代码、文档、模型等方式固化下来。

1.4 自定义框架

在学习 Yii 框架前，我们先自定义一个框架，这样能更好地掌握框架技术的工作机制，为以后学习 Yii 框架做好准备。同时，设计一个自己的 PHP 框架并一步步地实现，可以及时融入最新的思想和理念。更重要的是，属于自己的框架可以根据项目的需要为其量身定制。

那么，就先从实现 MVC 框架模式开始。

1.4.1 MVC 框架模式的实现

Yii 使用了 Web 开发中广泛采用的 MVC 框架模式，因此，使用者在使用 Yii 建立应用系统时，必须对 MVC 的原理有一些了解。MVC 一直以来是 Yii 框架初学者很难跨过的一个障碍，本节仿照 Yii 框架代码实现 MVC 的软件架构，希望能够通过深入浅出的方式，让读者对 MVC 有清楚的认识。

1. MVC 框架模式的工作原理

传统的基于 PHP 语言的 Web 应用程序把 PHP 代码和 HTML、CSS、JavaScript 代码混合在一起，这样不利于代码的后期维护，同时也不利于程序功能的扩展。基于 MVC 的应用程序，把应用程序中的各个功能独立出来，可以很好地实现程序功能的分工合作，对于代码的维护和扩展也十分方便。

MVC 是一种目前广泛流行的框架模式。近年来，随着 PHP 的成熟，它正在成为在 LAMP 平台上推荐的一种框架设计模式，也是广大 PHP 开发者非常感兴趣的框架设计模式，并有不断成长的趋势。随着网络应用的快速增加，MVC 模式对于 Web 应用的开发无疑是一种非常先进的设计思想。无论用户选择哪种语言，无论应用多么复杂，都能为用户理解分析应用模型提供最基本的分析方法，为用户构造产品提供清晰的设计框架，为用户的软件工程提供规范的依据。MVC 的设计思想是把一个应用的输入、处理和输出流程按照模型（Model）、视图（View）和控制器（Controller）的方式进行分离，这样的一个应用分成 3 个层——模型层、视图层和控制层，下面分别进行介绍。

（1）视图

视图是用户看到的并与之交互的界面。视图可以向用户显示相关的数据，并能接收用户的输入数据，但它并不进行任何实际的业务处理。视图可以向模型查询业务状态，但不能改变模型。视图还能接收模型发出的数据更新事件，从而对用户界面进行同步更新。作为视图，它只是作为一种输出数据并允许用户操作的方式。

（2）模型

在 MVC 的 3 个部件中，模型是主体部分，包含业务数据和业务逻辑，同时负责访问和更新持久化数据。一个模型能为多个视图提供数据，每个视图都从不同角度来表达模型。由于应用于模型的代码只需写一次就可以被多个视图重用，因此降低了代码的重复性。

（3）控制器

控制器负责协调整个应用程序的运转，作用就是接收浏览器端的请求。它接收用户的输入并调用模型和视图去完成用户的需求，当用户单击 Web 页面中的超链接或发送 HTML 表单时，控制器本身不输出，只是接收请求并决定调用哪个模型去处理浏览器端发出的请求，然后确定用哪个视图来显示模型处理返回的数据。

MVC 处理过程如图 1-3 所示，首先控制器接收用户的请求，并决定应该调用哪个模型来处理；然后模型根据用户请求进行相应的业务逻辑处理，并返回数据；最后控制器调用相应的视图来格式化模型返回的数据，并通过视图呈现给用户。

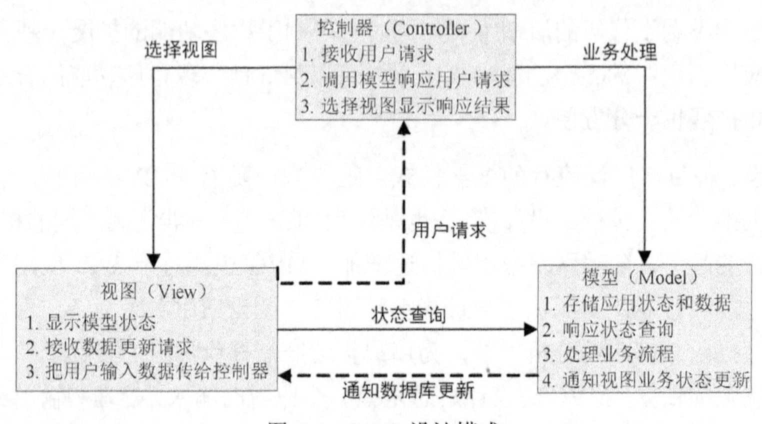

图 1-3 MVC 设计模式

2. MVC 模式的优点

使用 PHP 开发出来的 Web 应用，初始的开发模板就是混合的数据编程。例如，直接向数据库发送请求并用 HTML 显示，开发速度往往比较快，但由于数据页面的分离不是很直接，因此很难体现出业务模型的样子或者模型的重用性。产品设计弹性力度很小，很难满足用户的多样化的需求。MVC 要求对应用分层，虽然要进行额外的工作，但产品的结构清晰，产品的应用通过模型可以得到更好的体现。

首先，最重要的是应该有多个视图对应一个模型的能力。在目前用户需求快速变化的情况下，可能有多种方式访问应用的要求。例如，订单模型可能有本系统的订单，也有网上订单，或者其他系统的订单，但对于订单的处理都是一样，也就是说，订单的处理是一致的。按照 MVC 设计模式，一个订单模型以及多个视图即可解决问题。这样减少了代码的复制，即减少了代码的维护量，一旦模型发生改变，也易于维护。其次，由于模型返回的数据不带任何显示格式，因而这些模型也可直接应用于接口的使用。再次，由于一个应用被分离为 3 层，因此有时改变其中的一层就能满足应用的改变。面对一个应用的业务流程或者业务规则的改变，只需改动 MVC 的模型层。

控制器还有一个好处，就是可以用它来连接不同的模型和视图去完成用户的需求，这样它可以为构造应用程序提供强有力的手段。给定一些可重用的模型和视图，控制器可以根据用户的需求选择模型进行处理，然后通过视图将处理结果显示给用户。

最后，MVC 还有利于软件工程化管理。由于不同的层各司其职，每一层不同的应用具有某些相同的特征，因此有利于通过工程化、工具化特性产生管理程序代码。

综上所述，MVC 是构筑软件非常好的框架模式，即将业务处理与显示分离，强制地将应用分为模型、视图及控制层。总之，MVC 模式会使得应用更加强壮，更加有弹性，更加个性化。

3. MVC 框架模式的实现

在实现 MVC 框架模式之前，我们先来介绍一下不使用 MVC 的开发流程。这里有一个网站的 3 个页面，分别是首页（index.html）、列表页（arc_list.html）和内容页（article.html）。这 3 个页面都是静态页面。接下来实现由静态页面改写成 PHP 动态页面，以便能及时从数据库中读取最新内容。这里只实现首页中的“行业百科”模块，效果如图 1-4 所示。

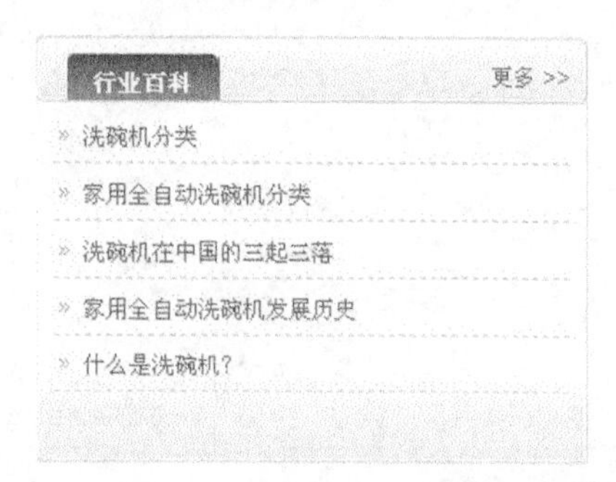

图 1-4 首页中“行业百科”模块效果图

静态页面 index.html 中“行业百科”模块代码如下。

```
<div class="title2 indextt4">
    <span><a title=行业百科 href="#">行业百科</a></span>
    <em><a href="#">更多 &gt;&gt; </a></em>
</div>
<div class="rightList2 marginbtm15">
    <ul class=ulRightList1s>
        <li><a title=洗碗机分类 href="#" target=_blank>洗碗机分类</a></li>
        <li><a title=家用全自动洗碗机分类 href="#" target=_blank>家用全自动
洗碗机分类</a></li>
        <li><a title=洗碗机在中国的三起三落 href="#" target=_blank>洗碗机在
中国的三起三落</a></li>
        <li><a title=家用全自动洗碗机发展历史 href="#" target=_blank>家用全
自动洗碗机发展历史</a></li>
        <li><a title=什么是洗碗机？ href="#" target=_blank>什么是洗碗机？
</a></li>
    </ul>
</div>
```

使用 PHP 语言从数据库中读取“行业百科”栏目下的文章标题，重新编写成 index.php 文件，代码如下所示。

```
<div class="title2 indextt4">
    <span><a title=行业百科 href="#">行业百科</a></span>
```

```
        <em><a href="#">更多 &gt;&gt; </a></em>
    </div>
    <div class="rightList2 marginbtm15">
        <ul class=ulRightList1s>
    <?php
        $dbh = new PDO('mysql:dbname=dscms;host=127.0.0.1','root','aa09090909');
        $dbh->exec("set names 'utf8'");
        $query = "SELECT title FROM ds_article WHERE cid='14'";
        try {
        //执行SELECT查询，并返回PDOstatement对象
            $pdostatement = $dbh->query($query);
            $result=$pdostatement->fetchAll();
            foreach ($result as $row)
            {
?>
             <li><A title=<?php echo $row["title"]; ?> href="#"
             target=_blank><?php echo $row["title"];?></A></li>
<?php
            }
        } catch (PDOException $e) {
            echo $e->getMessage();
        }
?>
        </ul>
    </div>
```

实现了首页中“行业百科”从数据库查询功能后，首页中其他功能，还有列表页、内容页，实现过程和“行业百科”类似，这里就不列举了。

如此编写代码是很多初学者经历的一个阶段，就是将PHP代码和HTML、CSS、JavaScript代码混合在一起使用。如果有人之前这样去做的话，能否体会出代码混合在一起编写所带来的麻烦？

首先就是不利于代码的重复使用，如上文中的“行业百科”模块。如果在列表页和内容页中也有一样的模块，则需要重复编写，或者把这部分的代码放到一个文件中，频繁使用include语句去调用。或者代码连重复利用都不行，如数据库操作等。其次就是不利于较大项目的团队合作，如后端开发不需要使用HTML、CSS和JavaScript等技术；前端开发不需要使用数据库、PHP开发。最后，不利于代码的后期扩展，如在后期的项目维护过程中，代码混杂，层次不清，将导致重复修改。

如何解决这些不利于软件开发的问题呢？毫无疑问，MVC框架模式就能解决，具体处理流程如下。

步骤1：创建models/Article.php，并在文件中定义文章表模型类Article，其中的find()方法返回查询数据的结果。

```
<?php
class Article
{
    public function find()
    {
        $dbh = new PDO('mysql:dbname=dscms;host=127.0.0.1','root','');
        $dbh->exec("set names 'utf8'");
        $query = "SELECT title FROM ds_article WHERE cid='14'";
        try {
        //执行 SELECT 查询，并返回 PDOstatement 对象
            $pdostatement = $dbh->query($query);
            return $result=$pdostatement->fetchAll();
        } catch (PDOException $e) {
            echo $e->getMessage();
        }
    }
}
?>
```

步骤 2：在 framework/framework.php 文件中创建控制器的基类 CController，并实现控制器渲染视图方法 render()，这个方法的功能是加载指定目录下的视图文件，并将控制器中的数据传递到视图文件中。

```
<?php
class CController{
    /**
     加载指定目录下的模板文件，并将控制器中的数据传递到视图文件中
     @param     string     $fileName      提供模板文件的文件名
     @param array                        变量名=>变量值
     */
    public function render($viewName, $data){
        extract($data, EXTR_PREFIX_SAME,'data');//将数组$data 变成变量的形式
        require($viewName);//包含视图文件
    }
}
?>
```

步骤 3：创建 Controllers/DefaultController.php 文件，创建控制器 DefaultController 继承父类 CController，创建首页管理方法 actionIndex()，在其中创建模型 Article 对象，并调用 find()方法获取数据，渲染视图，并把数据输出到视图页面。

```
<?php
require '../framework/CController.php';//导入框架文件
require '../models/Article.php';//导入文章表模型类文件
class DefaultController extends CController
{
    //首页管理
```

```
      public function actionIndex()
      {
            //创建模型对象
            $article=new Article();
            //获得数据
            $result=$article->find();
            //渲染视图，并把数据输出到视图页面
            $this->render("../views/index.php",array("result"=>$result));
      }
      //列表页管理
      public function actionList(){}
      //内容页管理
      public function actionArticle(){}
}
$default_con = new DefaultController();
$default_con->actionIndex();
?>
```

步骤 4：创建 views/index.php，在视图文件中，对查询结果变量$result 进行循环处理，生成完整的 HTML 页面。

```
<DIV class="rightList2 marginbtm15">
<UL class=ulRightList1s>
<?php
        foreach ($result as $row)
        {
?>
          <li><A title=<?php echo $row["title"]; ?> href="#"
          target=_blank><?php echo $row["title"];?></A></li>
<?php
        }
?>
</UL>
</DIV>
```

实现的 MVC 框架执行流程如图 1-5 所示。

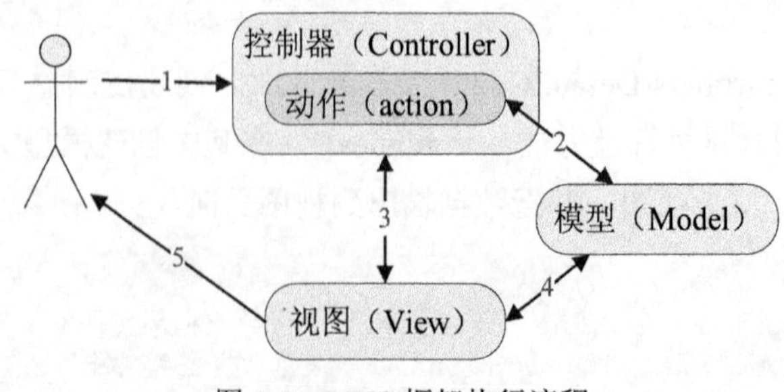

图 1-5　MVC 框架执行流程

1．用户直接调用控制器实例对象。控制器调用类中的 action 方法（动作）。

2．控制器调用模型实例对象从数据库中读取数据。

3．渲染视图。

4．视图读取并显示模型的属性。

5．动作完成视图渲染并将其返回给用户。

本节按照 MVC 框架模式的工作思想，完成了控制器、模型、视图 3 个部分的代码分离。我们访问程序，需要去访问 controllers 目录下的控制器文件，这样做存在明显的设计缺陷。如果控制器文件较多，则会导致系统结构访问混乱，并存在后期维护困难、安全性差等一系列问题，而且不便于系统的统一管理。

下一节将新增入口文件，通过解析用户请求的 URL，提取出控制器名和动作方法名，创建相应控制器实例对象，并执行动作方法。

1.4.2 入口文件

本节首先介绍系统多个请求入口设计带来的不便，然后介绍单一请求入口设计模式实现原理。本节的学习目标是明确单一入口文件设计模式的优点，避免在以后的开发项目中出现多入口。

1．入口文件设计

系统中凡是能够被访问的 PHP 文件称为入口文件。如果用户的不同请求直接对应到 Web 服务器中的不同 PHP 文件，即系统是多入口设计。在刚开始学习 PHP 的时候，通常一个项目都会这样做：

- index.php ——网站首页
- list.php?page=5 ——内容列表页
- info.php?id=12 ——内容详细页
- login.php ——用户登录页

又或者在 1.4.1 节实现 MVC 框架模式后，访问不同的控制器类文件，如 DefaultController.php 或 SiteController.php。

对于这些项目来说，都有多个入口文件，随着项目规模的不断扩大，多入口的设计缺陷会越来越明显，如系统目录结构混乱，后期维护困难，容易暴露程序漏洞，不便于系统的统一管理等。为了避免多入口设计带来的诸多问题，可以使用单一入口设计模式。单一入口设计模式就是一个文件处理所有的 HTTP 请求，也就是说，访问任何控制器文件，无论是 DefaultController.php、SiteController.php，还是其他控制器类文件。每一次请求都是指向服务器的同一个文件，如入口文件 index.php，该文件负责 URL 解析，最终转向所要访问的页面，如图 1-6 所示。

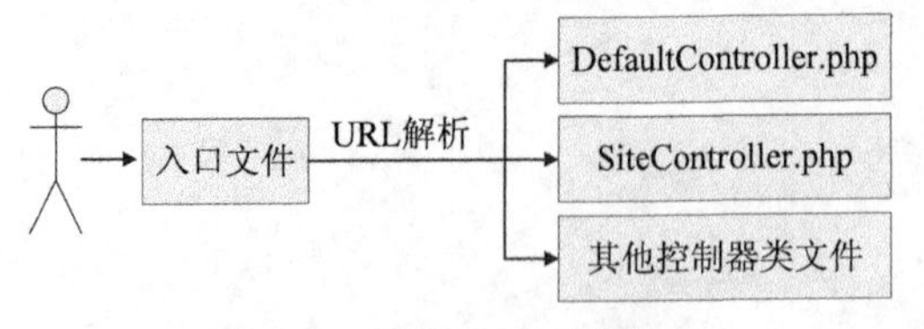

图 1-6　单一入口文件模式

PHP 单一入口模式可谓是现在一种比较流行的大型 Web 应用开发模式。当前比较流行的一些 PHP 开发框架，如 Zend、ThinkPHP 和 Yii 等都是采用单一入口模式。

使用单一入口文件模式的优点如下。

- 更加安全。单一入口模式给用户提供了单一的请求入口，在入口文件可以对请求进行过滤，加入安全处理代码，而传统的多请求入口模式需要为每个文件都加入安全处理程序块。
- 模块化程度高。开发人员只需关注自己所开发的模块，开发人员之间不需考虑程序是否正常运行，因为这一切全部交给入口文件来协调。
- 便于统一管理，定制性强。系统的所有模块都由入口文件进行统一管理，任何一个模块可以不经模块本身启用或禁用。

2．入口文件中实现 URL 的解析

在上文中提到入口文件的 URL 解析，即入口文件会将原始请求转发给相应的处理控制器，完成具体的业务处理。例如，有以下 URL 地址：

```
http://<hostname>/
http://<hostname>/index.php
http://<hostname>/index.php?r=site
http://<hostname>/index.php?r=site/index
```

提示： 自定义框架模仿 Yii 框架采用路径（PATH）URL 模式访问规则。路径 URL 模式采用目录分层的思想，路径格式简洁，URL 解析效率高，此 URL 格式为：http://<hostname>/appname/index.php?r=controllerID/actionID

我们希望上面所有 URL 被解析后都会访问 SiteController 控制器的 actionIndex()方法。URL 解析执行流程如图 1-7 所示，首先访问入口文件，在其中分析请求 URL 的参数，在没有“r”参数的情况下默认访问 SiteController 的 actionIndex()方法，否则依据“r”参数访问 SiteController 的 actionIndex()方法，即所有的访问由 URL 的参数来统一解析和调度。

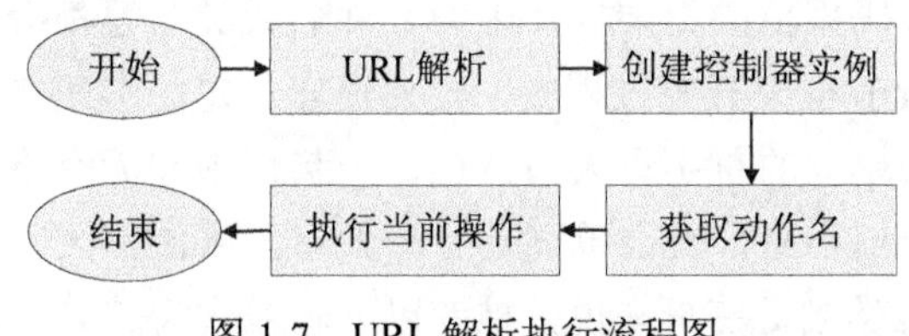

图 1-7 URL 解析执行流程图

入口文件 index.php 中代码实现如下。

```
<?php
    //默认控制器是 SiteController
     $defaultController="site";
    //默认动作 actionIndex
     $defaultAction="index";
      //如 URL 为 http://hostname/index.php?r=controllerid/actionid
      //得到 controllerid/actionid
      if(!empty($_GET['r']))
      {
            $route=$_GET['r'];
            //得到 controllerid 赋值给成员变量
            $pos=strpos($route,'/');
            $defaultController=substr($route,0,$pos);
            $defaultController=strtolower($defaultController);
            //得到 actionid 赋值给成员变量
            $defaultAction=(string)substr($route,$pos+1);
      }
      //得到控制器类名
      $className=ucfirst($defaultController).'Controller';
      //获得控制器文件路径
      $classFile="./controllers/".$className.'.php';
      //最后一步操作：该类文件存在则导入，该类存在则创建对象并调用 acion 方法
      if(is_file($classFile))
      {
            if(!class_exists($className,false))
            {
                  require($classFile);
                  $class= new $className();
                  $functionName="action".ucfirst($defaultAction);
                  $class->$functionName();
            }
      }
?>
```

由上面的程序可知，默认的控制器是 SiteController，默认的执行方法是 actionIndex()方法。控制器的类名首字母大写，以“Controller”结尾，而且控制器类文件必须保存在 controllers 文件夹中；动作方法名必须以“action”为前缀，acitonID 首字母大写。从这段

程序中也可以了解到代码规范的重要性，因为文件名或类名等都会在程序中使用。同样的道理，在将要学习的 Yii 框架开发过程中，也要遵守一定的编码规范。例如，命名类时，使用驼峰风格，即每个单词的首字母大写并连在一起，中间无空格；变量名和方法名应该使它们的第一个单词全部小写，其余单词首字母大写，以使其区别于类名，如$basePath、runController()；对私有类成员变量来说，推荐以下画线作为其名字前缀，如$_actionList。

提示： 为了使 PHP 语言开发的框架能够遵循共同的编码风格，在 2009 年由几个框架的开发者组成了 PHP-FIG（PHP Framework Interoperability Group）小组，一直扩展到现在已经拥有 20 多位成员。

实现入口文件后，框架执行流程如图 1-8 所示。

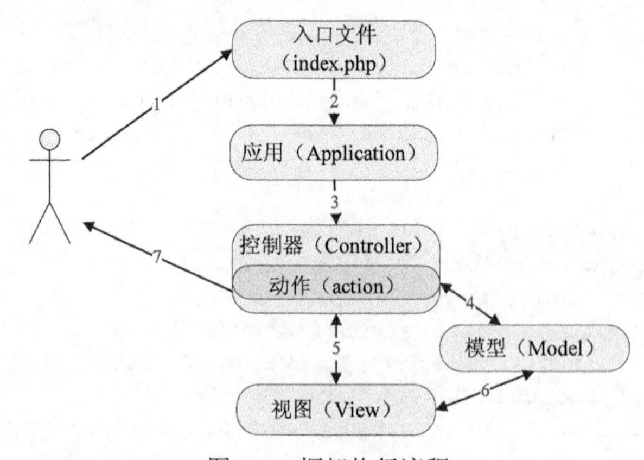

图 1-8　框架执行流程

1. 用户发出了访问 URL 的请求，Web 服务器通过执行入口文件 index.php 处理此请求。

2. 入口文件负责完成 URL 的解析，根据 URL 请求创建控制器并调用动作处理用户请求。

3. 控制器调用模型实例对象从数据库中读取数据。

4. 渲染视图。

5. 视图读取并显示模型的数据。

6. 动作完成视图渲染并将其返回给用户。

3. 单一入口模式服务器环境配置

实现单一入口模式之后，需要确保应用根目录下，除入口文件外的 PHP 文件（所有安全敏感的 PHP 文件）都不允许访问。通过实践证明，使用 Apache 服务器的目录级配置文件.htaccess 文件保护目录比使用其他方式更为有效和安全。更重要的是，使用.htaccess 的方式进行设置，不需要编写程序就可以实现，具体操作比较容易。

（1）目录级配置文件.htaccess

.htaccess是一个纯文本文件，其中存放着Apache服务器配置相关的一些指令，它类似于Apache的站点配置文件，如httpd.conf文件。.htaccess与httpd.conf配置文件不同的是，它只作用于此目录及其所有子目录。另外，httpd.conf是在Apache服务启动的时候就加载的，而.htaccess只有在用户访问目录时加载，其中，修改.htaccess文件不需要重启Apache服务器。.htaccess的功能包括设置网页密码、设置发生错误时出现的文件、禁止读取文件、重新定向文件等。

在需要针对目录改变服务器的配置，而对服务器系统没有root权限时，应该使用.htaccess文件。如果服务器管理员不愿意频繁修改配置，则可以允许用户通过.htaccess文件自己修改配置，尤其是在一台机器上提供多个用户站点，而又期望用户可以自己改变配置的情况下，一般会开放部分.htaccess的功能给使用者自行设置。

注意：.htaccess是一个完整的文件名，不是***.htaccess或其他格式。

如何允许用户使用.htaccess文件呢？在Apache服务器的配置文件httpd.conf中，查找服务器的根目录的配置信息：

```
<Directory "e:/wamp/www/">
    ……
    AllowOverride None
    ……
</Directory>
```

在此块配置项中，把“AllowOverride None”修改成“AllowOverride All”，即允许Apache服务器调用.htaccess文件，在需要时针对目录改变服务器的配置。

提示：httpd. conf配置文件中的AllowOverride会根据设定的值决定是否读取目录中的.htaccess文件，来改变原来所设置的权限。为避免用户自行建立.htaccess文件修改访问权限，httpd.conf文件中默认设置每个目录为：AllowOverride None。

All：读取.htaccess文件的内容，修改原来的访问权限。

None：不读取.htaccess文件。

（2）实现禁止访问除入口文件之外的PHP文件

在Apache服务器的目录级配置文件.htaccess文件中添加“deny from all”（表示全部IP地址都不许可，相对地，“allow from all”表示全部都允许），即可实现包含该.htaccess的文件夹不允许被外部访问。接下来创建protected目录，并把需要保护的文件移到该目录下。

改进后的目录结构如下：

```
│  index.php
├─css
├─framework
│      .htaccess
│      CController.php
├─images
├─js
└─protected
    │  .htaccess
    ├─controllers
    │      DefaultController.php
    │      SiteController.php
    ├─models
    │      Article.php
    └─views
           index.php
```

1.4.3 应用（前端控制器）

1.4.2 节中对原有的 MVC 模式进行了改进，在入口文件中实现了 URL 的解析。用户的每一次请求都指向服务器的唯一可访问文件。经过解析 URL，最终转向所要访问的控制器。但是当系统日趋复杂和多样时，如 URL 参数和 POST 数据需要进行必要的检查和特殊字符过滤、记录日志、访问统计等，如果各种可以集中处理的任务都放在入口文件执行，那么将会出现代码重复、业务逻辑混乱且分散的情况。因此，为了降低系统代码逻辑的复杂度，进一步集中控制系统，并提高系统的安全控制能力，以及可维护性、可重用性和可伸缩性，本节中对原有的 MVC 模式进行了改进，提出了应用（前端控制器）的概念，实现 MVC 在复杂系统中的前端控制器开发模式优化策略。

1. 在应用中实现 URL 解析

采用前端控制器模式，提供一个处理不同请求的中心，处理工作包括安全事务、视图选择、异常处理和响应内容的生成，通过将这些处理工作集中在一点进行，大大降低了 PHP 代码量，同时也减少了视图层的程序逻辑，保证了在不同请求之间可以大量地重用逻辑代码。

应用（前端控制器）的 URL 解析功能在文件 framework/CwebApplication.php 文件中实现，流程图如图 1-9 所示。解析 URL 代码如下。

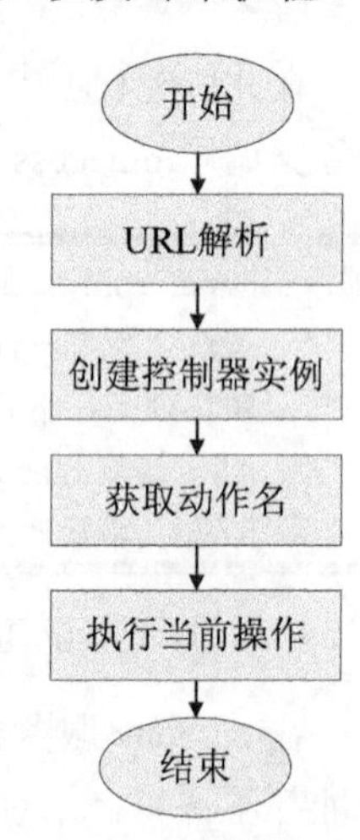

图 1-9 应用中解析 URL 流程图

```
<?php
class CWebApplication {
    public $name;
    //默认控制器是 SiteController
    public $defaultController="site";
    //默认动作是 actionIndex
    public $defaultAction="index";
    //执行应用
    public function run()
    {
        //如 URL 为 http://hostname/index.php?r=controllerid/actionid
        //得到 controllerid/actionid
        if(!empty($_GET['r']))
        {
            $route=$_GET['r'];
            //得到 controllerid 赋值给成员变量
            $pos=strpos($route,'/');
            $this->defaultController=substr($route,0,$pos);
            $this->defaultController=strtolower($this->defaultController);
            //得到 actionid 赋值给成员变量
            $this->defaultAction=(string)substr($route,$pos+1);
        }
        //得到控制器类名
        $className=ucfirst($this->defaultController).'Controller';
        //获得控制器文件路径
        $classFile="./protected/controllers/".$className.'.php';
        //最后一步操作: 该类文件存在及该类存在,则导入并调用 acion 方法
        if(is_file($classFile))
        {
            if(!class_exists($className,false))
            {
                require($classFile);
                $class= new $className();
                $functionName="action".ucfirst($this->defaultAction);
                $class->$functionName();
            }
        }
    }
}
```

2. 单例模式创建应用（前端控制器设计模式）

对于系统中的某些类来说，只有一个实例很重要。例如，一个系统中可以存在多个打印任务，但是只能有一个正在工作的任务；一个系统只能有一个窗口管理器或文件系统；一个系统只能有一个计时工具或 ID（序号）生成器。例如，在 Windows 中就只能打开一个任务管理器。如果不使用机制对窗口对象进行唯一化，将弹出多个窗口，如果这些窗口显示的内容完全一致，则是重复对象，浪费内存资源；如果这些窗口显示的内容不一致，则意味着在

某一瞬间系统有多个状态，与实际不符，也会给用户带来误解，不知道哪一个才是真实的状态。因此，确保系统中某个对象的唯一性（即一个类只能有一个实例）是非常重要的。

我们希望系统中的应用（前端控制器）只有一个实例对象而且该实例对象易于外界访问，从而方便应用实例对象个数的控制并节约系统资源，单例模式是最好的解决方案之一。

单例模式是一种常用的软件设计模式。其要点有3个：一是类只能有一个实例，二是它必须自行创建这个实例，三是它必须自行向整个系统提供这个实例。

从具体实现角度来说，就是以下3点：一是单例模式的类只提供私有的构造方法，二是类定义中含有一个该类的静态私有对象，三是该类提供静态的公有方法用于创建或获取它本身的静态私有对象。在framework/CWebApplication.php文件中添加下面所示的部分代码。

```
<?php
class CWebApplication {
      ……
      //定义类的静态私有对象
      private static $_app;
      //构造方法在实例对象被创建时自动执行
      private function __construct($config=null)
      {
            //获取配置文件中的数组
      }
      //静态的公有方法用于创建它本身的静态私有对象
      public static function createApplication($config=null)
      {
            if(self::$_app===null)
                  self::$_app = new CApplication($config);
            return self::$_app;
      }
      //静态的公有方法用于获取它本身的静态私有对象
      public static function app()
      {
            return self::$_app;
      }
      //执行应用
      public function run(){……}
}
```

3. 应用的配置文件

默认情况下，应用是一个CWebApplication的实例。要自定义它，通常需要提供一个配置文件以在创建应用实例时初始化其属性值。这就好比去组装计算机，客户拿来具体的配置单，按照要求就可以组装符合要求的计算机。而CWebApplication就是组装工人，配置单就是下面要说明的配置文件。

配置信息在配置文件中以数组元素的方式存放，一个元素就是两个字符串组成的键值对，一个字符串是键（key），另一个字符串是这个键的对应的值（value）。大多数的系统都有一些配置常量，将这些常量放在配置文件中，系统通过访问这个配置文件取得配置常量，就可以通过修改配置文件而无须修改程序达到更改系统配置的目的。系统也可以在配置文件中存储一些工作环境信息，这样在系统每次访问时，这些信息可以运行在每一个应用的生命周期中。

通常在一个单独的 PHP 脚本（protected/config/main.php）中保存这些配置。在脚本中，通过以下方式返回此配置数组。

```
<?php
return array(
      //默认控制器
      "defaultController"=>"default",
      //通过应用全局访问方法 Yii::app()->name;直接访问。
      "name"=>"my application",
);
?>
```

在应用的构造方法中添加对配置文件操作的代码：

```
<?php
class CWebApplication {
      ......
    //构造方法在实例对象被创建时自动执行
      private function __construct($config=null)
      {
            //获取配置文件中的数组
            if(is_string($config))
                  $config=require($config);
            /*
                  把配置文件中数组定义的元素赋值给 CWebApplication 类中相同成员属性
                  array(
                        "name"=>"my application",
                        "defaultController"=>"default",
                  );
            */
            if(is_array($config))
            {
                  /*
                        第一次循环: $this->name="my application";
                        第二次循环: $this->defaultController="default";
                  */
                  foreach($config as $key=>$value)
                        $this->$key=$value;
            }
```

```
        }
    ......
    }
```

要应用此配置，将配置文件的名字作为参数传递给应用的构造器，或像下面这样传递到 CApplication::createApplication()，这通常在入口脚本中完成。

```
<?php
//加载 framework 文件夹下的所有文件，为了清楚演示，这里没有用__autoload()
require "./protected/framework/CController.php";
require "./protected/framework/CApplication.php";
//定义配置文件路径
$config="./protected/config/main.php";
//创建应用（前端控制器）对象
$app=CApplication::createApplication($config);
$app->run();
?>
```

实现前端控制器模式后，框架执行流程如图 1-10 所示。

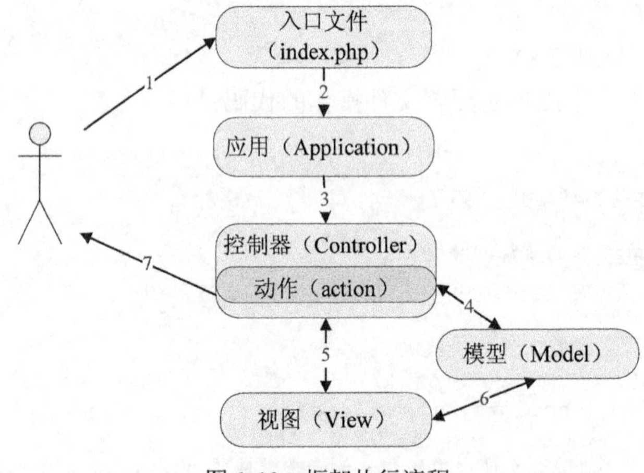

图 1-10 框架执行流程

1．用户发送访问 URL 的请求，Web 服务器通过执行入口脚本 index.php 处理此请求。

2．入口脚本创建一个应用实例并执行。

3．创建一个所请求控制器的实例以进一步处理用户请求。控制器决定动作指向控制器类中的 action 方法。

4．控制器调用模型实例对象从数据库中读取数据。

5．渲染视图。

6．视图读取并显示模型的数据。

7. 动作完成视图渲染并将其呈现给用户。

1.4.4 从自定义框架到 Yii 框架

在前几节中，介绍了框架的概念及使用框架技术的优势，并结合 PHP 的发展历史总结了现阶段 PHP 及其框架技术的应用领域。

为了让读者更好地理解 Yii 框架，并认识到框架技术并不是多么复杂，本节自定义了一个 MVC 框架，实现控制器、模型、视图的分离，创建单一入口模式的目录结构，实现应用的预处理、初始化和执行。显然，自定义的框架功能还很少，不能满足框架作为“半成品”的需要。因此，接下来要进入到 Yii 框架的学习，因为 Yii 提供了目前 Web 2.0 应用开发所需要的几乎一切功能。下面是这些特性的简短说明。

- 模型-视图-控制器（MVC）设计模式：Yii 在 Web 编程中采用这一成熟的技术从而可以更好地将逻辑层和表现层分开。
- 数据库访问对象（DAO）和 Active Record：Yii 允许开发者模型数据库中的数据对象，从而节省他们在编写很长和重复的 SQL 语句上所使用的精力。
- 与 jQuery 整合：作为目前最流行的 JavaScript 框架之一，jQuery 可以编写高效而灵活的 JavaScript 接口。
- 表单输入和验证：Yii 使得收集表单输入变得非常容易和安全。Yii 拥有一套确保数据的有效性的验证器，它也有辅助方法和部件，显示验证失败时的错误。
- Web 2.0 部件：由于 jQuery 的支持，Yii 配备了一套 Web 2.0 的部件，如自动完成输入字段、TreeView 等。
- 身份验证和授权：Yii 具有内置的身份验证支持。它也支持通过分层的基于角色的访问控制（RBAC）的授权。
- 主题：它能够瞬间改变一个 Yii 应用的视图。
- Web 服务：Yii 支持自动生成复杂的 WSDL 服务规范和管理 Web 服务请求处理。
- 国际化（I18N）和本地化（L10N）：Yii 支持消息转换、日期和时间格式、数字格式和界面本地化。
- 分层缓存方案：Yii 支持数据缓存、页面缓存、片段缓存和动态内容。缓存的存储介质，可以轻松地更改而不触及应用程序代码。

- 错误处理和日志记录：错误的处理可以很好地呈现出来，日志信息可以分类、过滤并分配到不同的位置。
- 安全：Yii 拥有许多安全的措施，包括跨站点脚本（XSS）预防、跨站点请求伪造（CSRF）预防和 Cookie 篡改预防等。
- 符合 XHTML：Yii 的组件和命令行工具生成的代码符合 XHTML 标准。
- 自动代码生成：Yii 提供了可以自动生成代码的工具，根据用户的需要可生成一个程序“骨架”、CRUD 应用等。
- 完全面向对象：Yii 框架坚持严格的面向对象编程范式。它没有定义任何全局方法或变量。而且，它定义的类层次结构允许最大程度的可重用性和定制。
- 友好地使用第三方代码：通过 Yii 精心设计，让第三方代码可以非常好地工作。例如，用户可以在自己的 Yii 应用程序中使用 PEAR 或 Zend Framework 的代码。
- 详细的文档：每一个单一的方法或属性都拥有非常清楚的记录。同时，还提供了一个全面的教程和一些新手教程。
- 扩展库：Yii 提供了一个为用户提供组件的扩展库，这使得上述功能列表是不断扩展的。

1.5 小结

本章首先介绍了 PHP 语言的发展历史及其适合的应用领域，希望读者对 PHP 技术未来的发展空间充满信心。

框架是特定应用程序的“半成品”，是面向对象系统最大的复用方式。在项目开发中，如果使用一个成熟的框架，就相当于让别人帮你完成一些基础工作。

本章中自定义框架部分是 PHP 面向技术的实践，分别实现了 MVC 框架模式、单入口文件设计模式和前端控制器设计模式，目的是为了让读者能够更好地理解 Yii 框架的工作机制，并为后续 Yii 框架的学习做好准备。

下面我们将正式进入 Yii 框架的学习，希望读者通过学习 Yii 框架，掌握 Web 开发相关的内容。

第 2 章
Yii 框架基础

从本章开始，我们将通过由浅入深的方式介绍 Yii 框架的各个部分，希望读者逐步了解 Yii 框架。

2.1 Yii 简介

Yii 框架作为一种热门的 PHP 框架技术，在当前的 PHP 开发领域正受到越来越多的关注。本节将首先介绍什么是 Yii、Yii 有什么优点、开发团队、性能及应用案例等内容。通过对本节的学习，读者会对 Yii 有一个大致的认识。

2.1.1 什么是 Yii 框架技术

Yii 是一个基于组件的高性能 PHP 框架，用于快速开发大型 Web 应用。它使 Web 开发中的可复用度最大化，可以显著提高 Web 应用开发速度。Yii 读作“易（Yee）”或“[ji:]”，这个名字是“Yes it is!”的缩写。

“Yii 快不快？安全吗？专业吗？是否适用于我的下一个项目？”“Yes，it is!”

1. 历史与开发团队

Yii 是创始人薛强的心血结晶，于 2008 年 1 月 1 日开始开发。在此之前，薛强开发和维护 PRADO 框架多年，他从这些年的经验和所得到的反馈中了解到，用户需要一个更容易、可扩展、更快速的基于 PHP 5 的框架，以满足应用程序开发人员不断增长的需求。

Yii 正式发布于 2008 年 10 月，最初是 alpha 版本，与其他基于 PHP 的框架表现相比，令人印象深刻，立即引起非常积极的关注。2008 年 12 月 3 日，Yii 1.0 正式发布；2013 年 8

月11日，发布稳定版本1.1.14；2014年4月13日，发布了Yii 2.0的beta测试版。本书中采用的是目前使用广泛且相对比较成熟的Yii 1.1.17版本。

Yii框架有一个不断成长的开发团队，团队部分成员见表2-1。

表2-1　开发团队中的部分成员

姓　名	地　点	时　间	职　责
Qiang Xue（qiang）	美国华盛顿	创建者	参与所有事务
Wei Zhuo（wei）	澳大利亚悉尼	2008年1月加入	核心框架的开发和项目的网站
Sebastián Thierer（sebas）	阿根廷	2009年9月加入	开发官方的扩展库和核心框架的发布
Александр Макаров（samdark）	俄罗斯	2010年3月加入	核心框架开发
Maurizio Domba（mdomba）	克罗地亚	2010年8月加入	核心框架开发
Y!!	德国	2010年8月加入	核心框架开发
Jeffrey Winesett（jefftulsa）	美国德州	2010年9月加入	官方文档和市场推广
István Beregszászi（pestaa）	匈牙利	2009年9月加入	维护论坛和核心框架的发布
Jonah Turnquist（jonah）	美国加利福尼亚	2009年9月加入	开发官方的扩展库

2．环境需求

要运行一个基于Yii框架的Web应用，需要有一个支持PHP 5.1.0或以上版本的Web服务器。

对于打算使用Yii的开发者来说，懂得面向对象编程（OOP）会非常有帮助，因为Yii是一个纯面向对象的框架。

3．特点

- 快速：Yii只加载需要的功能。它具有强大的缓存支持。
- 安全：Yii的标准是安全的。它包括了输入验证、输出过滤、SQL注入和跨站点脚本的预防。
- 专业：Yii可帮助用户开发清洁和可重用的代码。它遵循了MVC框架模式，确保了清晰分离逻辑层和表示层。

4. 集多家所长

Yii 在设计时借鉴和集成了很多其他著名 Web 编程框架和应用的思想。

- PRADO：这是 Yii 的思想的主要来源。Yii 采用了它的基于部件和事件驱动的编程范式、数据库抽象层、模块应用框架、国际化和本地化，以及其他一些东西。
- Ruby on Rails：Yii 继承了它的易于配置的特点。Yii 还参考了它的活动记录设计模式的实现。
- jQuery：作为 JavaScript 框架的基础集成到 Yii 中。
- Symfony：Yii 参考了它的过滤器设计及插件框架。
- Joomla：Yii 参考了它的模块设计及消息传递体系。

2.1.2 优点

- Yii 容易学习和使用。用户只需要知道 PHP 和面向对象编程，便可以很快上手，而不必事先去学习一种新的架构或者模板语言。
- 用 Yii 的开发速度非常之快，除框架本身之外，需要为应用所写的编码极少。并且具有高度的可重用性和可扩展性，是纯粹的面向对象的，也显著提高了 Web 应用开发速度。
- Yii 中的一切都是独立的可被配置、可重用、可扩展的组件，并且是惰性加载（用到的才加载），运行速度非常快。更重要的是，Yii 有着越来越多的扩展库。主要由使用者贡献出的组件组成，这可能有助于大大减少用户的开发时间。
- 有着丰富的功能。从 MVC、DAO/ActiveRecord 到主题化、国际化和本地化，Yii 提供了几乎所有目前 Web 2.0 应用程序开发所需的功能。
- 具有完备的文档和开发手册，有助于学习和掌握所需要的任何信息。
- Yii 一开始就精心设计，以适应复杂的 Web 应用开发。它不是一些项目的副产品或者第三方集成，而是融合了作者丰富的 Web 应用开发经验和其他热门 Web 框架及应用的优秀思想的结晶。
- 最重要的是，Yii 是免费的，它遵循最新的 BSD 许可，确保了第三方开发也循序和 BSD 相兼容的许可。这意味着无论从法律上还是财务上来说，使用者都可以自由地使用 Yii 来开发任何一个开源的或者私有的应用。

2.1.3 性能

可以通过“Hello World”程序在同一计算机下运行的性能对比检测不同框架的性能。测试环境如下所示。

- 操作系统：RedHat Enterprise Linux Server Release 5.2。
- Web 服务器：Apache httpd 2.0.40。
- 主存储器：2GB。
- PHP：5.2.6，禁用所有不必要的扩展。
- CPU：Intel Xeon 3.2GHz。

Yii 是一个高性能的框架，表 2-2 展示了其与其他流行的 PHP 框架比较时的高效率。在表 2-2 中，“fetches/sec”代表“每秒查询次数”，这个数字越大，此框架的性能越高。在这个比较中，Yii 可以达到原生 PHP 的 32%，除了比原生 PHP 差一些，比其他框架都强不少。

表 2-2 PHP 框架性能比较

框架/代码类型	性能（每秒查询次数）
原生 HTML	1318.9 fetches/sec
原生 PHP	8220.17 fetches/sec
CodeIgniter 1.7.0	655.156 fetches/sec
CodeIgniter 1.5.4	768.199 fetches/sec
Zend Framework 1.7	37.9999 fetches/sec
Solar 1.0.0 alpha2	243.4 fetches/sec
Cakephp 1.1.20.7692	288.4 fetches/sec
Yii 1.0.3	2505.58 fetches/sec

Yii 如此快速是因为它广泛地使用“懒性加载”（lazy loading）技术。例如，直到第一次使用到这个类，才会包含进来；直到对象第一次访问，才会创造这个对象。

提示：为什么用“Hello World”？进行“Hello World”的测试主要是为了达到我们的目标，如找出每个框架的最小代价。很多人抱怨说应用程序“hello world”很没意义，因为真实世界中的应用程序经常需要涉及更复杂的任务，如数据库查询。这是不对的。实际上，尤其是在一些大规模的

Web 2.0 应用程序中，经常遇到的情况通常是相当地接近“Hello World”。例如，应用程序要响应 AJAX 请求并返回当前服务器的时间。页面有大部分内容在缓存，应用程序只需要抓取缓存的内容并显示。

2.1.4 应用案例

Yii 是一个通用的 Web 编程框架，可以用于开发几乎所有的 Web 应用。它是轻量级的，而且具备成熟的缓存解决方案，特别适用于开发高流量的应用，如门户网站、论坛、内容管理系统和电子商务系统等。图 2-1 和图 2-2 是使用 Yii 构建的一些 Web 项目的经典案例。图 2-3 为后台管理页面。

图 2-1 门诊预约系统首页

渡手实训中心携您走向成功的彼岸
给你经验　渡你成功
www.dushou.org
渡手科技
国内最专业的PHP培训机构及讲师
QQ群：231113585
首页
渡手建站
渡手简介
渡手课程
就业前景
联系我们
课程安排
PHP研发高薪就业班
WEB设计实战营销班
教学环境
企业之声
更多>>
【招聘职位】中网互联（北京）资讯有限公司
【招聘职位】天津市云信网络科技有限公司
【招聘职位】石家庄都市彩虹文化传播有限公司
【招聘职位】河北德工科技有限公司
【招聘职位】北京四海互通网络科技有限公司
【招聘职位】石家庄易网互联科技有限公司
【招聘职位】河北方卓网络科技有限公司
【招聘职位】石家庄永佳科技有限公司
毕业喜报
更多>>
优秀毕业生王海...
优秀毕业生狄少帅...
渡手优秀学员井焕成长案例...
张娜：从什么都不知道到优秀！...
李慧勤编程和网站设计双料人才...
渡手科技
哦！月薪5000￥如此简单
IT资深技术讲师收徒ing
学费2000￥
我们只做PHP
因为我们够专业！
CSS教程
更多>>
css控制网页背景透明而内容不透
css 浮动元素居中实现方法
CSS中background-position属性的
CSS中调用网络字体资源Google Fo
CSS属性简写，为网页加载提速
织梦管理员之家
更多>>
织梦DedeCMS建站的优势
织梦的产品特性
织梦DedeCms功能
织梦应用领域
织梦的介绍
Javascript教程
更多>>
JavaScript中的Screen屏幕对象
JavaScript中的Window窗口对象
JavaScript中的事件处理
用JAVASCRIPT制作简单动画
JavaScript简介
联系我们
php开发技术文档
更多>>
ZendStudio常见问题解答(一)
ZendStudio常见问题解答(二)
zendstudio9如何新建项目
zendstudio9安装说明
PHP数据库开发你知道多少
网页设计
更多>>
首页高度如何确定
如何处理网页字体
网页设计中的小技巧
让网站风格保持一致
10个网页设计技巧
网络营销
更多>>
网络营销小技巧
网络营销的特点
网络营销简介
自由职业
网络营销与传统营销的区别
渡手教育（免费咨询）
13932158777
15032092356
学员作品
重点合作单位
石家庄培训网
在线咨询
渡手教育，学习+实战，梦想不再遥远！
学习PHP，
360发布通
PHP研发高

图 2-2　渡手网站首页

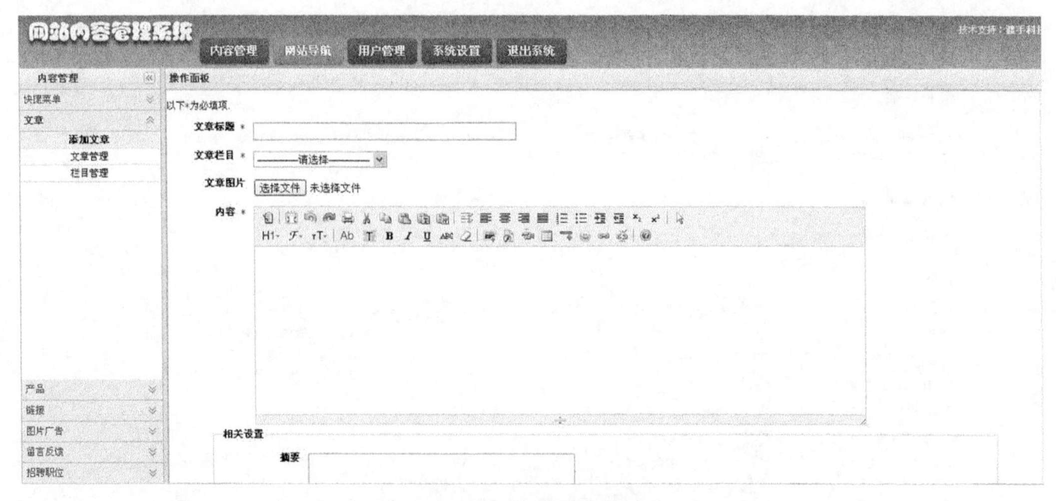

图 2-3 内容管理系统操作页面

除上述案例之外，还有很多互联网应用项目也使用了 Yii 框架技术，这里不再赘述。

2.2 下载 Yii

从 Yii 的官方站点 www.yiiframework.com 可下载 Yii 的程序包，单击“Download Yii”按钮即可下载，如图 2-4 所示。

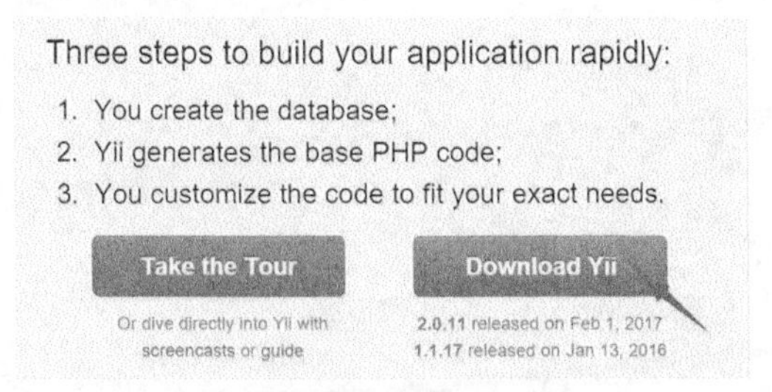

图 2-4 Yii 下载

下载之后的文件夹中包含了如下 3 个文件夹。

```
├─demos             包含演示代码
├─framework         框架源码目录
└─requirements      Yii 配置需求检查
```

requirements 文件夹用于确认当前服务器配置是否能满足运行 Yii Web 项目的要求。它将检查服务器所运行的 PHP 版本，查看是否安装了合适的 PHP 扩展模块，以及确认 php.ini 文件是否正确设置，如图 2-5 所示。

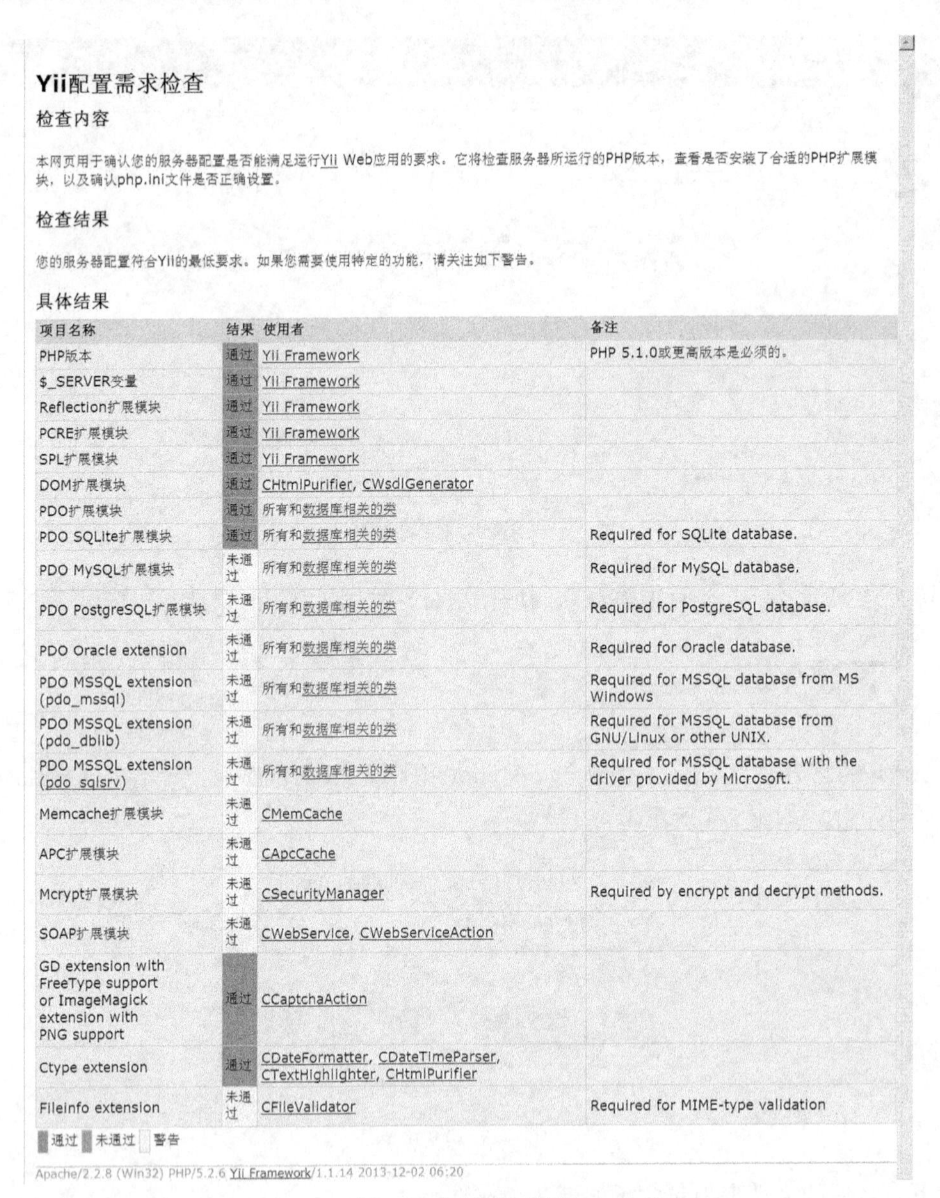

Yii配置需求检查

检查内容

本网页用于确认您的服务器配置是否能满足运行Yii Web应用的要求。它将检查服务器所运行的PHP版本，查看是否安装了合适的PHP扩展模块，以及确认php.ini文件是否正确设置。

检查结果

您的服务器配置符合Yii的最低要求。如果您需要使用特定的功能，请关注如下警告。

具体结果

项目名称	结果	使用者	备注
PHP版本	通过	Yii Framework	PHP 5.1.0或更高版本是必须的。
$_SERVER变量	通过	Yii Framework	
Reflection扩展模块	通过	Yii Framework	
PCRE扩展模块	通过	Yii Framework	
SPL扩展模块	通过	Yii Framework	
DOM扩展模块	通过	CHtmlPurifier, CWsdlGenerator	
PDO扩展模块	通过	所有和数据库相关的类	
PDO SQLite扩展模块	通过	所有和数据库相关的类	Required for SQLite database.
PDO MySQL扩展模块	未通过	所有和数据库相关的类	Required for MySQL database.
PDO PostgreSQL扩展模块	未通过	所有和数据库相关的类	Required for PostgreSQL database.
PDO Oracle extension	未通过	所有和数据库相关的类	Required for Oracle database.
PDO MSSQL extension (pdo_mssql)	未通过	所有和数据库相关的类	Required for MSSQL database from MS Windows
PDO MSSQL extension (pdo_dblib)	未通过	所有和数据库相关的类	Required for MSSQL database from GNU/Linux or other UNIX.
PDO MSSQL extension (pdo_sqlsrv)	未通过	所有和数据库相关的类	Required for MSSQL database with the driver provided by Microsoft.
Memcache扩展模块	未通过	CMemCache	
APC扩展模块	未通过	CApcCache	
Mcrypt扩展模块	未通过	CSecurityManager	Required by encrypt and decrypt methods.
SOAP扩展模块	未通过	CWebService, CWebServiceAction	
GD extension with FreeType support or ImageMagick extension with PNG support	通过	CCaptchaAction	
Ctype extension	通过	CDateFormatter, CDateTimeParser, CTextHighlighter, CHtmlPurifier	
Fileinfo extension	未通过	CFileValidator	Required for MIME-type validation

通过　未通过　警告

Apache/2.2.8 (Win32) PHP/5.2.6 Yii Framework/1.1.14 2013-12-02 06:20

图 2-5　环境配置检测

将未通过的选项调整为符合要求的。

注意： Yii 框架可以安装在文件系统的任何地方，而不是必须在 Web 目录中。它的 framework 目录包含了框架的代码，这也是部署 Yii 应用时唯一一个必要的目录。一个单独的 framework 目录可以用于多个 Yii 应用。

在项目开发时，直接将 framework 目录及子目录的所有文件复制到项目根目录中即可，并不需要对这个框架源文件做任何修改，如图 2-6 所示。

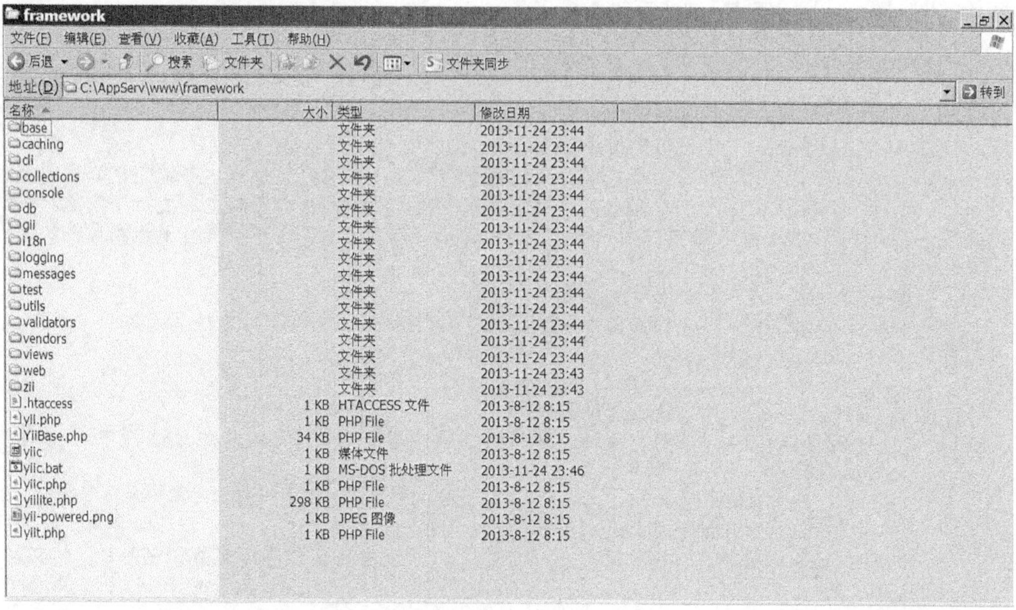

图 2-6　Yii 解压缩保存目录

Yii 框架中的 framework 目录结构功能说明如下。

```
    |-framework   框架核心库
    |--base       底层类库文件夹，包含：
    CApplication(应用类，负责全局的用户请求处理，它管理的应用组件集，将提供特定功能给整个应用程序)
    CComponent(组件类，该文件包含了基于组件和事件驱动编程的基础类，从版本 1.1.0 开始，一个行为的属性（或者它的公共成员变量，或者它通过 getter 和/或 setter 方法定义的属性）可以通过组件的访问来调用)
    CBehavior(行为类，主要负责声明事件和相应事件处理程序的方法、将对象的行为附加到组件等)
    CModel(模型类，为所有的数据模型提供的基类)
    CModule(是模块和应用程序的基类，主要负责应用组件和子模块等)
    |--caching    所有缓存方法，其中包含了 Memcache 缓存、APC 缓存、数据缓存、CDummyCache 虚拟缓存、CEAcceleratorCache 缓存等各种缓存方法
    |--cli        Yii 项目生成脚本
    |--collections  用 PHP 语言构造传统面向对象语言的数据存储单元，如队列、栈、散列表等
    |--console      Yii 控制台
    |--db           数据库操作类
    |--gii          Yii 代码生成器(脚手架)，能生成包括模型、控制器、视图等代码
    |--i18n         Yii 多语言，提供了各种语言的本地化数据，信息、文件的翻译服务，本地化日期和时间格式，数字等
    |--logging      日志组件，Yii 提供了灵活和可扩展的日志记录功能。消息记录可分为根据日志级别和信息类别。应用层次和类别过滤器，可进一步选择消息路由到不同的目的地，如文件、电子邮件
```

```
和浏览器窗口等
    |--messages     提示信息的多语言包
    |--test         Yii 提供的测试，包括单元测试和功能测试
    |--utils        提供了常用的格式化方法
    |--validators   提供了各种验证方法
    |--vendors      第三方由 Yii 框架使用的资料库
    |--views        提供了 Yii 错误、日志、配置文件的多语言视图
    |--web          Yii 所有开发应用的方法
         |---actions       控制器操作类
         |---auth          权限认识类，包括身份认证、访问控制过滤、基本角色的访问控制等
         |---filters       过滤器，可被配置在控制器动作执行之前或之后执行。例如，访问控
制过滤器将被执行以确保在执行请求的动作之前用户已通过身份验证；性能过滤器可用于测量控制器执行
所用的时间
         |---form          表单生成方法
         |---helpers       视图助手，包含 GOOGLE AJAX API，创建 HTML、JSON、JavaScript
相关功能
         |---js            JS 库
         |---renderers     视图渲染组件
         |---services      封装 SoapServer 并提供了一个基于 WSDL 的 Web 服务
         |---widgets       部件
         |---CArrayDataProvider.php  可以配置的排序和分页属性自定义排序和分页的行为
         |---CActiveDataProvider.php ActiveRecord 方法类
         |---CController.php         控制器方法，主要负责协调模型和视图之间的交互
         |---CPagination.php         分页类
         |---CUploadedFile.php       上传文件类
         |---CUrlManager.php         URL 管理
         |---CWebModule.php          应用模块管理，应用程序模块可被视为一个独立的子应用
    |--.htaccess   .htaccess 文件是 Apache 服务器中的一个配置文件，它负责相关目录下的网
页配置
                 通过.htaccess 文件，可以帮用户实现：网页 301 重定向、自定义 404 错误页面、
改变文件扩展名、允许/阻止特定的用户或者目录的访问、禁止目录列表、配置默认文档等功能
    |--Yii.php      引导文件
    |--YiiBase.php YiiBase 类最主要的功能是注册了自动加载类方法，加载框架要用到的所有接口
    |--Yiic         Yii  Linux 命令行脚本
    |--Yiic.bat     Yii   Windows 命令行脚本
    |--Yiic.php     Yii 命令行脚本文件。这个脚本是运行在命令行执行一个预先定义的控制台命令
    |--Yiilite.php 它是一些常用到的 Yii 类文件的合并文件。在文件中，注释和跟踪语句都被去除
                    因此，使用 Yiilite.php 将减少被引用的文件数量并避免执行跟踪语句
    |--Yiit.php     Yii 测试脚本文件。这个脚本是为了被包括在开始的单元测试和功能测试引导文件中
```

2.3 创建第一个 Yii 项目

要创建一个新的项目程序，将使用 Yii 框架附带的一个小工具 yiic，这是一个命令行工具，可以快速地建立一个全新的 Yii 项目。不是必须使用此工具才能创建 Yii 项目，但使用它将节省大量的时间，并保证文件及目录的结构。

1．在如图 2-7 所示的“运行”对话框中输入“cmd”命令，打开命令输入框，如图 2-8 所示。

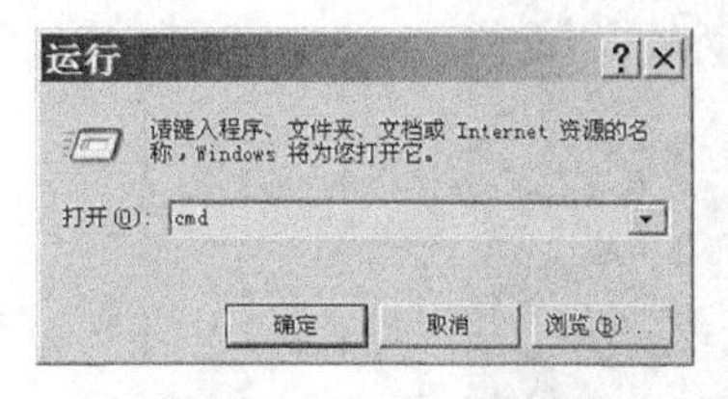

图 2-7 “运行”对话框

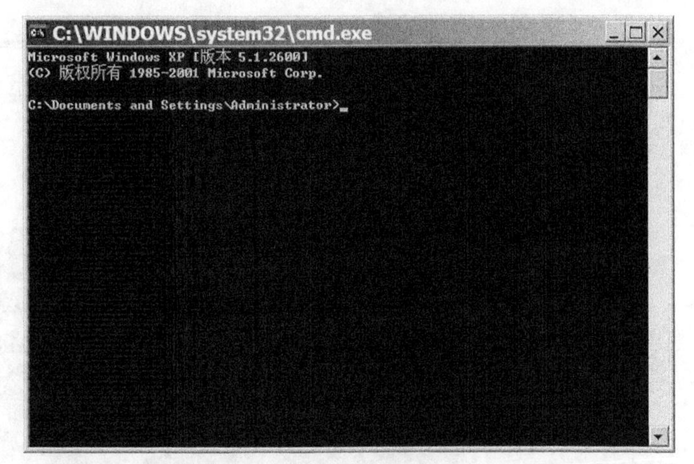

图 2-8 命令输入框

2．输入如图 2-9 所示的命令后转到 Yii 框架目录。

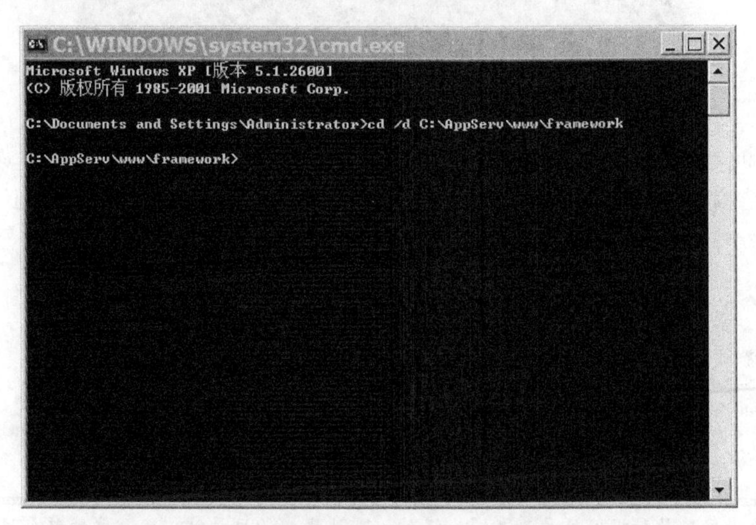

图 2-9 跳转目录（change directory）

3．由于 Yii 自带的 yiic.bat 找不到 php.exe，因此需要明确 php.exe 文件保存路径。使用记事本工具打开 framework/yiic.bat 文件。

```
if "%PHP_COMMAND%" == "" set PHP_COMMAND=php.exe
修改成
if "%PHP_COMMAND%" == "" set PHP_COMMAND=C:/AppServ/php5/php.exe
```

注意： 如果出现“没有找到 php_mbstring.dll，文件无法启动”这个提示框，则解决办法为：在 php.ini 文件中将 extension=php_mbstring.dll 移动到 extension=php_exif.dll 之前即可。

因为 exif 要调用 mbstring，所以 mbstring 必须在前面。

4．使用 yiic（命令行工具）在网站的根目录下创建一个新的 Yii 项目 dscms。在 Yii 框架源码目录下输入命令行，如图 2-10 所示。

```
yiic webapp ../dscms
```

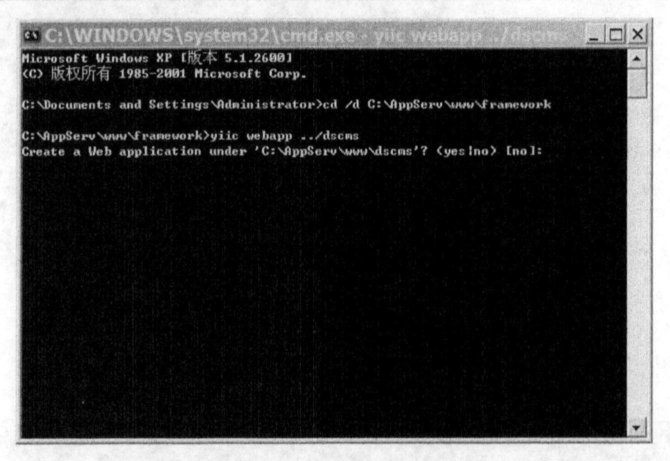

图 2-10　创建项目 dscms

随着在命令行执行一条简单的命令，已建立了 Yii 框架的目录结构和默认所需的文件。项目的目录结构并不需要开发人员手动创建，系统会在执行 yiic（命令行工具）的时候自动生成大多数所需要的目录结构。自动生成目录结构及说明如下所示。

```
├─assets                    包含公开的资源文件
├─css                       包含 CSS 文件
├─images                    包含图片文件
├─protected                 包含受保护的文件
└─themes                    包含主题
│  index-test.php           功能测试使用的入口脚本文件
│  index.php                Web 入口脚本文件
```

提示： 上例是项目目录和框架目录不在同一级时，默认生成的目录结构。具体的每个目录和文件的作用，在应用时可以参照后面部分的详细介绍。

5．生成的代码包括了开发者创建大多数项目需要的最基本文件目录，可以在浏览器中访问如下 URL 来看看 Yii 自带项目。

只要 Web 服务器正在运行，就可以打开浏览器访问 http://hostname/dscms/index.php。将看到 Web 项目程序的首页并显示 Welcome to My Web Application 和一些帮助信息，如

图 2-11 所示。

```
http://hostname/dscms/index.php
```

这个项目包含 3 个页面：首页、联系页和登录页。首页展示一些用户登录状态的信息，联系页显示一个联系表单以便用户填写并提交他们的咨询，登录页允许用户先通过认证然后访问已授权的内容。

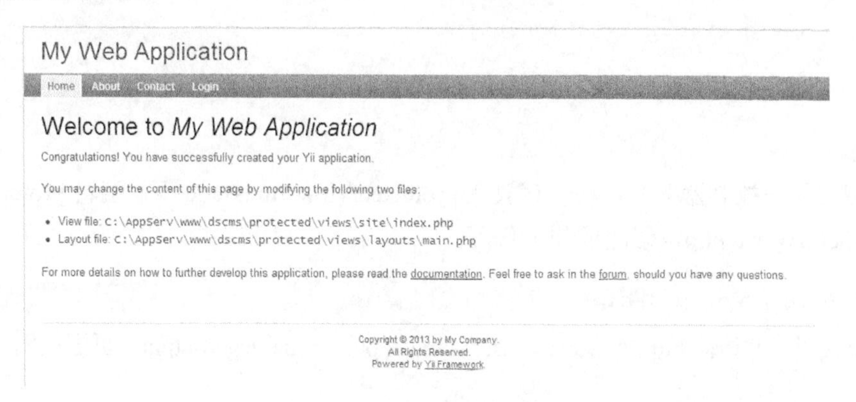

图 2-11 默认首页效果图

使用 Yii 框架的命令行工具 yiic 创建好项目后，会发现很多地方都和之前我们自定义的框架相符合。在本章接下来的内容中，我们参照之前的内容，继续深入学习。

2.4 输出“Hello World”

首先，在新的应用上编写一个“Hello World”程序来试用这个框架。“Hello World”程序在 Yii 中是一个简单的 Web 程序，它发送信息到浏览器。

一个典型 Yii 的 Web 应用程序执行流程从用户通过浏览器输入一个请求后开始，Yii 应用程序首先解析该请求的信息，去查找一个对应的控制器，然后调用该控制器内的动作方法。在该动作方法中，可以渲染一个特定的视图，然后将渲染后的内容返回给用户。如果需要处理数据，那么控制器可以调用模型来处理创建、读取、更新和删除（CRUD）等数据库操作。

本章中的这个“Hello World”示例，只需要一个控制器和视图，不处理任何数据，这样将不需要模型。接下来让我们开始创建控制器。

创建一个新的控制器，PHP 文件名是 MessageController.php，并放到控制器目录 protected/controllers 中。新创建的 MessageController 类继承应用程序的基类 Controller，它

的位置是 protected/components/Controller.php。由于 MessageController 类继承了框架的基础类 Ccontroller，因此，它继承了 Ccontroller 类默认的所有行为。在 MessageController 类中创建一个 actionOutput()动作方法。下面的代码是 MessageController 类的内容。

```
<?php
class MessageController extends Controller
{
      public function actionOutput()
      {
            $this->render('helloWorld');
      }
}
```

视图文件与控制器关联，默认存放在 protected/views/message 下。编辑 protected/views/message/helloWorld.php，修改成如下代码：

```
<h1>Hello, World!</h1>
```

保存代码，并访问 http://hostname/dscms/index.php?r=message/output，页面如图 2-12 所示。

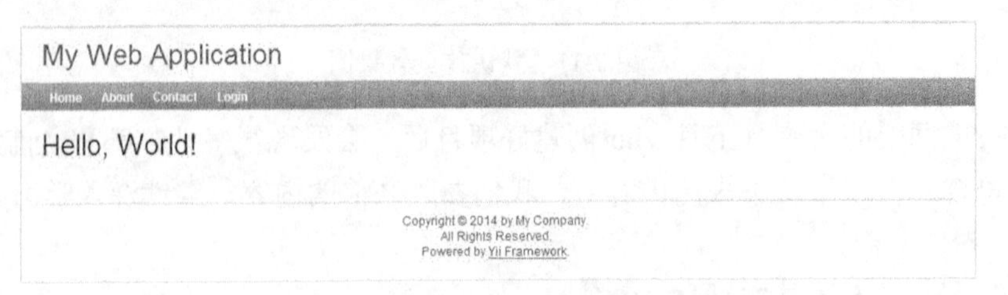

图 2-12　输出“Hello，World!”效果图

回顾一下运行这个应用程序时 Yii 框架是如何分析的，如图 2-13 所示。

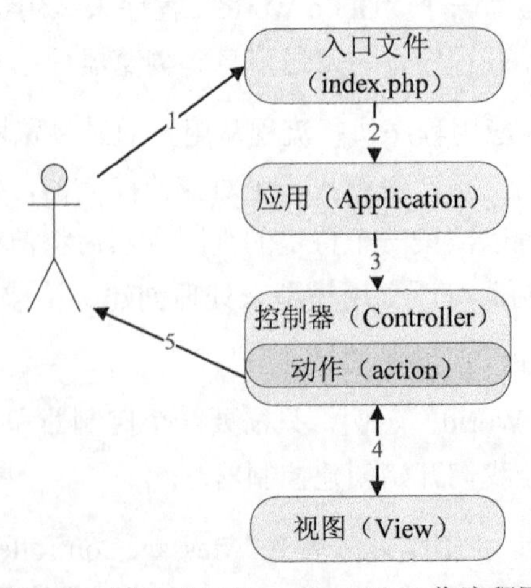

图 2-13　输出“Hello，World!”工作流程图

1．用户发送了访问 http://hostname/index.php?r=message/output 的请求， Web 服务器通过执行入口脚本 index.php 处理此请求。

2．入口脚本创建了一个应用实例对象并执行。

3．应用实例对象分析这个 URL，controllerID 是 message，它将告诉 Yii 应该去请求 MessageController.php 文件，这个文件的位置是 protected/controllers/MessageController.php。Yii 还发现，actionID 指定的是 output，因此，会调用 MessageController 类中的 actionOutput() 操作方法。

4．actionOutput()方法会渲染 helloworld.php 视图文件，这个文件的位置是 protected/views/message/helloworld.php。

5．动作方法完成视图渲染并将其返回给浏览器。

2.5　入口文件

Yii 框架为了提高安全性，把生成的项目中大多数文件都保存在 protected 文件夹中，并且不可以被 Apache 服务器访问。Yii 框架应用就需要通过入口文件调用。入口文件可以自己定义名称，如 index.php、admin.php、blog.php 等之类文件名都可以。但在入口文件中至少要编写两行代码：

- 必须指定 Yii 的引导文件；
- 必须按指定的配置创建一个 Web 应用实例并执行。

编写的入口文件 index.php 的内容示例如下所示。

```
<?php
// 定义 Yii 框架引导文件路径
$Yii=dirname(__FILE__).'/../framework/Yii.php';
//定义应用配置文件路径
$config=dirname(__FILE__).'/protected/config/main.php';
// 在生产环境中请删除此行
defined('Yii_DEBUG') or define('YII_DEBUG',true);
//导入 Yii 的引导文件
require_once($Yii);
// 创建一个应用实例并执行
Yii::createWebApplication($config)->run();
```

Yii 应用可以按常量“YII_DEBUG”的值运行在调试模式或生产模式。在默认情况下，此常量值定义为 false，意为生产模式，以最高效率运行。在调试模式下，框架要维护许多内部日志，并且在错误产生时提供了丰富的调试信息。查看 framework/yii.php 文件，该文件调用了 YiiBase.php 文件，在此文件中定义了如下代码：

```
defined('YII_DEBUG') or define('YII_DEBUG',false);
```

由以上代码可知，如果要运行调试模式，则需要在包含 yii.php 文件之前定义此常量为 true。

2.6 应用（前端控制器）

应用是指请求处理中的最上层对象，它的主要任务是分析用户请求并将其分派到合适的控制器中以做进一步处理。

Yii 框架静态结构图如图 2-14 所示，采用应用（前端控制器）模式。应用提供了一个处理不同请求的中心，处理工作包括安全事务、视图选择、异常处理和响应内容的生成，通过将这些处理工作集中在一点进行，大大减少了 PHP 代码量，同时也降低了视图层的程序逻辑，保证了在不同请求之间可以最大限度地重用相同逻辑代码。

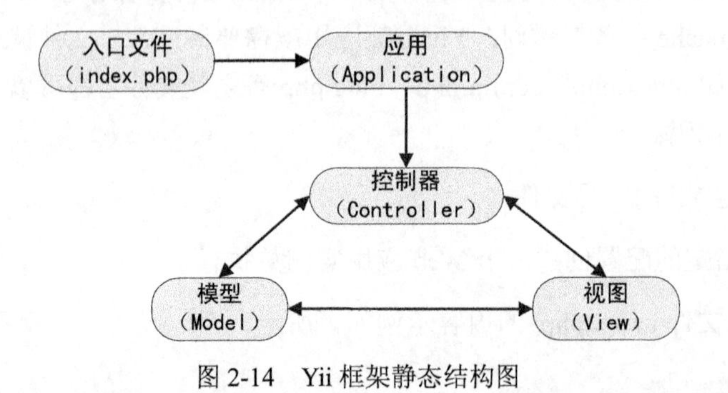

图 2-14 Yii 框架静态结构图

提示：Yii 中的应用由入口脚本创建为一个单例对象。这个应用单例对象可以在任何地方通过 Yii::app() 访问。

2.7 MVC 框架模式

Yii 框架实现了 MVC 框架模式的设计思想，把应用的输入、处理、输出流程按照模型、视图、控制器的方式进行分离，直接把模型、视图和控制器分别保存到了不同目录下，如图 2-15 所示。

实现 MVC 框架模式的目标是将业务逻辑从用户界面中分离，这样开发者就可以更容易地改变每一部分而不会影响其他。

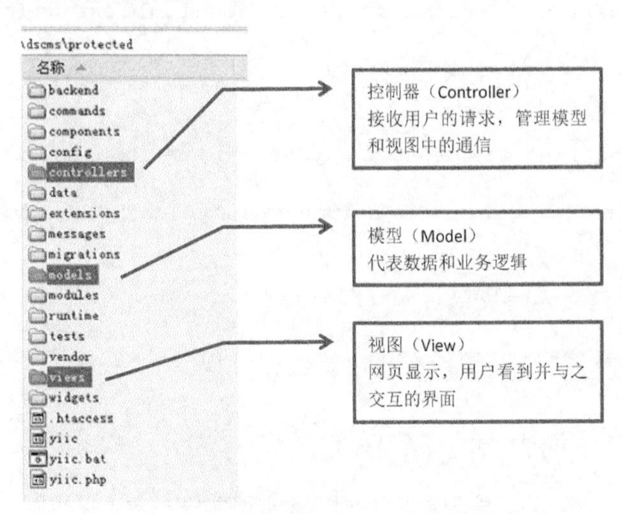

图 2-15 Yii 框架中的 MVC 目录结构

2.8 Yii 框架中的控制器

Yii 框架中的控制器是 CController 或其子类的实例，它在用户请求时由应用创建。当一个控制器运行时，它执行所请求的动作，动作通常会引入所必要的模型并渲染相应的视图。动作的最简形式，就是一个名字以 action 开头的控制器类方法。

下面的代码定义了 MessageController 控制器类，其中包括动作方法 actionOutput()，保存在 MessageController.php 文件中。

```
class MessageController extends CController{
    public function actionOutput()
    {
        $this->render('helloWorld');
    }
}
```

注意： 控制器通常有一个默认的动作。当用户的请求未指定要执行的动作时，默认动作将被执行。默认情况下，默认的动作名为 index。它可以通过设置 CController::defaultAction 修改。

在 Yii 框架自带的演示代码中，有的控制器继承 Controller 类，有的却继承了 CController 类，CController 和 Controller 的关系是什么？首先来分析下面的源码。

```
<?php
/**
 * Controller is the customized base controller class.
 * All controller classes for this application should extend from this base class.
 */
class Controller extends CController
{
    /**
     * @var string the default layout for the controller view. Defaults to
'//layouts/column1',
     *meaning using a single column layout. See 'protected/views/ layouts/
column1.php'.
     */
    public $layout='//layouts/column1';
    /**
     * @var array context menu items. This property will be assigned to {@link
CMenu::items}.
     */
    public $menu=array();
    /**
     * @var array the breadcrumbs of the current page. The value of this
property will
     * be assigned to {@link CBreadcrumbs::links}. Please refer to {@link
CBreadcrumbs::links}
     * for more details on how to specify this property.
     */
    public $breadcrumbs=array();
}
```

由源码可知，Controller 是 CController 的子类，作为一个组件保存在 Components 文件夹下，定义了$breadcrumbs、$layout 和$menu 3 个成员属性的值，这 3 个成员属性可以在布局文件中使用。

提示： 通过这两个类可知，在使用 Yii 框架创建应用时，可以继承所有的框架自带类，并且可以根据需要重新定义 public 类型成员属性的值。

2.9 Yii 框架中的视图

视图是一个包含了主要的用户交互元素的 PHP 脚本，可以包含 PHP 语句，但是建议这些语句不要去改变数据模型，且最好能够保持其单纯性（单纯作为视图）。为了实现逻辑和界面分离，大段的逻辑应该被放置于控制器或模型中，而不是视图中。

视图有一个名字，当渲染（render）时，这个名字会被用于识别视图脚本文件，视图的名称与其视图脚本名称是一样的。例如，视图 helloWorld 的名称出自一个名为 helloWorld.php

的脚本文件。要渲染时，需通过传递视图的名称调用 CController::render()。这个方法将在 protected/views/ControllerID 目录下寻找对应的视图文件。也就是说，对应在 protected/views 中，文件夹名称应该和默认路由中的控制器 ID 保持一致。

在视图脚本内部，可以通过$this 来访问控制器实例。可以在视图中以$this->propertyName 的方式读取控制器的任何属性。也可以用以下推送的方式传递数据到视图文件。

```
$this->render('helloWorld', array( 'var1'=>$value1));
```

在以上的代码中，render()方法将提取数组的第二个参数到变量中。其产生的结果是，在视图脚本中可以直接访问变量$var1。控制器父类 CController 的 render()方法的详细说明见表 2-3。

表 2-3　　CController 的成员方法 render ()

public string render(string $view, array $data=NULL, boolean $return=false)		
$view	string	视图文件名
$data	array	数组中元素的键转化为在视图文件中可以使用的变量名，对应元素的值转化为该变量的值
$return	boolean	当为“true”时，渲染视图的结果调用“renturn”语句返回 当为“false”时，渲染视图的结果调用“echo”语句输出
{return}	string	返回渲染视图的结果

2.10　小结

本章以输出“Hello，World!”为案例，介绍了 Yii 框架的执行流程。本章是第 1 章中自定义框架部分在 Yii 框架中的体现，希望读者能够参照“自定义框架”部分（1.4 节）深入理解 Yii 框架中的相关内容。

读者通过学习本章内容首先能够理解入口文件需要包含 Yii 框架的引导文件，并且按指定的配置创建 Web 应用实例并执行。

其次，能够理解应用（前端控制器）是最上层对象，主要任务是分析用户请求并将其分派到合适的控制器中以做进一步处理。

再次，能够掌握 Yii 框架中控制器和视图的编写规范，完成控制器渲染视图的操作。

下一章将深入介绍视图部分的内容。

第3章
布局

第 2 章中我们介绍了 CController::render()方法，用于控制器中渲染视图。本书提供了一套网站的前台模板，包括首页、列表页和内容页。其中首页完整静态代码包括 index.htm 文件、CSS 文件、图片文件及 JavaScript 文件，目录结构如下所示。

```
│  index.htm
├─css
├─images
└─js
```

接下来根据提供的静态页面创建视图文件，并创建首页控制器去渲染它。但是在这之前，先介绍视图文件中的布局（Layout）。

3.1 布局概述

以本书提到的前台首页和“新闻中心”列表页为例，如图 3-1 所示，它们存在相同的元素，即头部导航栏和底部版权信息栏。一般把用户界面中通用的一部分视图代码取出来并放到单独的一个文件中，而这个文件就称为布局文件。

将通用的头部导航栏和底部版权信息栏放到布局文件中，即首页和列表页都使用同一个布局文件，然后每个页面有各自的局部视图文件，即呈现如图 3-2 所示的效果。

使用布局进行页面的渲染，可以减少代码量，提高工作效率，并且利于项目维护。例如，如果头部导航栏和底部版权信息栏中有内容需要调整，就可以直接修改布局文件，不用再分别修改首页和列表页视图文件。

在 3.2 节中我们通过一个实例说明如何创建并使用布局。

图 3-1 首页和“新闻中心”列表页效果图

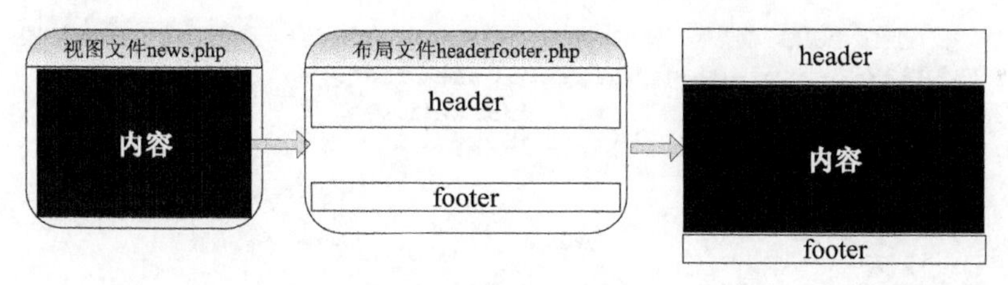

图 3-2 布局文件效果图

3.2 项目实现迭代一：创建并使用布局渲染首页视图

本节把首页的头部导航栏和底部版权信息栏创建成布局文件，然后用控制器渲染带布局的视图，具体实现步骤如下。

步骤 1：创建首页控制器。创建 protected/controllers/IndexController.php 文件，控制器代码如下。

```
<?php
class IndexController extends CController{
     public function actionIndex(){
          $this->renderPartial('index');
     }
}
```

提示：CController 类的 renderPartial()方法的作用是不带布局，只渲染视图。

步骤 2：创建首页视图。因为控制器名为 IndexController，所以在 protected/views 文件夹下创建 index 文件夹，然后把本书配套的首页静态页面创建成首页视图文件“index.php”，并把相应 images、js 和 css 文件夹复制到入口文件 index.php 同一路径。最后，通过浏览器访问首页控制器 IndexController 的 actionIndex()方法。

```
http://hostname/dscms/index.php?r=index/index
```

控制器渲染视图的步骤比较简单，这里会出现的问题是找不到 css 文件、js 文件和图片文件，我们只需要把在视图文件中引入的 css 文件、js 文件和图片文件的路径设置成相对入口文件即可。

下面提取出视图文件中头部导航栏和底部版权信息栏的内容，放入到布局文件中。

步骤 3：创建布局文件 headerfooter.php，并保存到 protected/views/layouts 目录下。部分代码如下所示。

```
<!DOCTYPE HTML PUBLIC "-//W3C//DTD HTML 4.01 Transitional//EN" "http://www.w3c.org/TR/1999/REC-html401-19991224/loose.dtd">
<HTML xmlns="http://www.w3.org/1999/xhtml">
<HEAD><TITLE>全自动洗碗机</TITLE></HEAD>
<BODY id=oneColFixCtr>
......
<!--Main Start-->
<?php echo $content;?>
<!--Main End-->
......
</BODY>
</HTML>
```

之所以把布局文件保存到 protected/views/layouts 文件夹中，是因为 CWebApplication 的 $layoutPath 属性默认关联到 protected/views/layouts 文件夹，也就是说，Yii 框架默认布局文件保存在上述目录下，如果应用程序路径有所改变，那么可以在应用配置文件中重写该值。

提示：在布局文件中需要输出变量“$content”，这个变量的值是视图文件中的所有内容，读者可能现在并不能完全理解，作者将在 3.3 节中解释这部分的内容。

步骤 4：修改控制器 IndexController.php 文件，代码如下所示。

```
<?php
class IndexController extends CController{
    public function actionIndex(){
        //定义布局文件
```

```
            $this->layout='headerfooter';
            $this->render ('index');
        }
}
```

CController 类的成员属性 layout 用来指定布局文件，这里只需要把文件名赋值给 layout 即可。Yii 框架会从布局文件默认存储路径 protected/views/layouts 目录下查找相应布局文件。

另外一个修改的地方是使用 render()方法替换 renderPartial()方法，这两个方法都是用来渲染视图，区别是前者渲染带布局的视图，后者只渲染视图，即使指定了布局也不渲染。

这时，首页视图文件 protected/views/default/index.php 保存的是除去头部导航栏和底部版权信息栏后剩下的代码。

最后，再一次通过浏览器访问首页。

```
http://hostname/dscms/index.php?r=index/index
```

如果能够正常访问，就代表控制器成功渲染带布局的视图文件。

虽然实现了创建布局，并使用布局渲染首页视图，但是有些读者可能并不明白 CController 类中 render()方法内部的执行流程和渲染视图的原理，以及为什么要在布局文件中输出变量"$content"，那么在下一节中将回答这个问题。

3.3 CController 类的 render()方法执行流程

CController 类的 render()方法用于渲染带布局的视图，为了了解 render()方法的执行流程，需查看 framework/web/CController.php 文件中 render()方法源代码。

```
class CController extends CBaseController
{
     /**
      * Renders a view with a layout.
      *
      * This method first calls {@link renderPartial} to render the view
(called content view).
      * It then renders the layout view which may embed the content view at
appropriate place.
      * In the layout view, the content view rendering result can be accessed
via variable
      * <code>$content</code>. At the end, it calls {@link processOutput}
to insert scripTS
      * and dynamic contents if they are available.
      *
      * By default, the layout view script is "protected/views/layouts/main.php".
```

```
         * This may be customized by changing {@link layout}.
         *
         * @param string $view name of the view to be rendered. See {@link
getViewFile} for details
         * about how the view script is resolved.
         * @param array $data data to be extracted into PHP variables and made
available to the view script
         * @param boolean $return whether the rendering result should be returned
instead of being displayed to end users.
         * @return string the rendering result. Null if the rendering result
is not required.
         * @see renderPartial
         * @see getLayoutFile
         */
        public function render($view,$data=null,$return=false)
        {
             if($this->beforeRender($view))
             {
                  $output=$this->renderPartial($view,$data,true);
                  if(($layoutFile=$this->getLayoutFile($this->layout))!==false)
                          $output=$this->renderFile($layoutFile,array(
'content'=>$output),true);

                  $this->afterRender($view,$output);

                  $output=$this->processOutput($output);

                  if($return)
                          return $output;
                  else
                          echo $output;
             }
        }
        ……
    }
```

分析 render()方法的源代码，画出流程图，如图 3-3 所示。

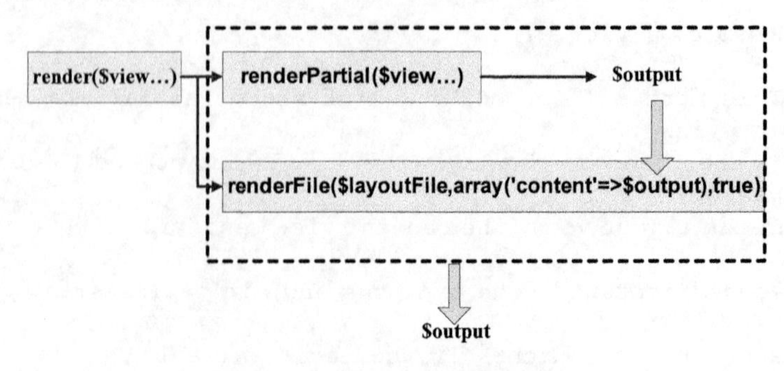

图 3-3 render()方法执行流程图

当 render()方法被调用时，首先针对视图文件调用 renderPartial()，这一步的输出内容保存在$output 变量中，并且在接下来的渲染文件方法 renderFile()中，作为数组元素“content”的值，传到布局文件。通过分析以上源码，希望读者能够理解为什么要在布局文件中输出变量“$content”。

例如，在 3.2 节中执行 IndexController 的 actionIndex()方法，IndexController 的成员属性“layout”指定使用“headerfooter”布局，那么在布局文件 headerfooter.php 中一定要输出变量$content，代码示例如下。

```
......header here......
<?php echo $content; ?>//其中的$content 存储了局部视图文件的渲染结果
......footer here......
```

变量$content 会保存视图文件 protected/views/index/index.php 的内容。

提示： 要渲染一个不带布局的视图，可以在控制器中把 layout 属性设置为 false，或者直接调用 renderPartial()方法渲染视图文件。

最后，由 render()方法执行流程可知，先加载视图，再加载布局。

3.4 应用级布局

在 3.2 节中，通过设置控制器父类 CController 的$layout 属性来设置调用的布局文件。Yii 框架允许在不同控制器中设置布局也是为了程序的灵活性考虑。但是，如果我们再创建一个“新闻中心”列表页控制器，那么是不是需要在“新闻中心”列表页控制器中再次指定布局呢？答案是否定的，我们不需要做重复的事情。

在一个应用中，如果多个控制器使用同一个布局文件，那么可以在应用配置文件 protected/config/main.php 中设置 CWebApplication 的$layout 属性，代码示例如下。

```
return array(
    'layout'=>'headerfooter',
```

接下来创建并使用布局渲染“新闻中心”列表页。

首先，创建“新闻中心”列表页控制器。在 protected/controllers/目录下，创建 ArticleController.php 文件，控制器代码如下。

```
<?php
/**
 * ArticleController 控制器主要实现新闻中心等栏目的设计与呈现* @author 刘琨
```

```
 */
class ArticleController extends CController{
    public function actionNews(){
        $this->render('news');
    }
}
```

然后，创建“新闻中心”列表页视图文件。在本书配套资源中，包含该视图文件对应的静态页面。我们需要从静态页面中去掉和布局文件 headerfooter.php 重复的头部导航栏和底部版权信息栏代码。把创建好的视图文件 news.php 保存在 protected/views/article 目录下。

最后，通过浏览器访问 ArticleController 控制器的 actionNews()方法，如果能够正常访问，就代表成功渲染带应用级布局的视图文件。

注意：控制器类对布局文件的设置优先级高于应用类中的设置。

3.5 嵌套布局

在初始应用程序建立时，所有的控制器都设计成继承 protected/components/Controller.php 文件中的 Controller 类。如果观察一下 Controller 类源码，就会发现$layout 属性被定义成“column1”。

```
<?php
/**
 * Controller is the customized base controller class.
 * All controller classes for this application should extend from this base
class.
 */
class Controller extends CController
{
    /**
     * @var string the default layout for the controller view. Defaults to
'//layouts/column1',
     * meaning using a single column layout. See 'protected/views/layouts/
column1.php'.
     */
    public $layout='//layouts/column1';
        ……
}
```

因此，除非在子类中重写该属性，自建的控制器都将使用 column1.php 为主布局文件。column1.php 是基于 main.php 实现布局的。column1.php 文件内容如下：

```
<?php $this->beginContent('/layouts/main'); ?>
<div class="container">
     <div id="content">
          <?php echo $content; ?>
     </div>
</div>
<?php $this->endContent(); ?>
```

protected\views\layouts\main.php 文件也是一个布局文件，其中的代码如下。

```
<?php /* @var $this Controller */ ?>
<html xmlns="http://www.w3.org/1999/xhtml" xml:lang="en" lang="en">
<head></head>
<body>

<div class="container" id="page">
     <div id="header">
     </div><!-- header -->
     <?php echo $content; ?>

     <div id="footer">
     </div><!-- footer -->
</body>
</html>
```

由以上代码可知，在布局文件 column1.php 中调用布局文件 main.php，需要在布局文件 column1.php 中调用 Ccontroller 类的 beginContent()方法，并传入布局文件 main.php 的路径作为参数，然后在渲染结束后调用 CController 类的 endContent()方法结束渲染过程。介于 beginContent()和 endContent()之间的内容将作为输出内容存储在布局文件 main.php 中的 $content 位置。

注意： 这里不再分析 CBaseController 类的 beginWidget()方法，因为这个方法调用的是小物件 Ccontent-Decorator。小物件的内容会在后面章节详细介绍。

综上所述，并非只有视图文件可以使用布局文件，布局文件也可以使用其他布局文件，即嵌套布局。这为设计的实现提供了极大的灵活性，同时也减少了视图文件之间的代码重复。

下面通过一个实例让读者更好地了解嵌套布局的使用。

3.6 项目实现迭代二：使用嵌套布局渲染“新闻中心”列表页

在前面的内容中，我们完成了首页视图的渲染和“新闻中心”列表页视图的渲染，接下来使用嵌套布局重新渲染列表页。“新闻中心”列表页和内容页效果图如图 3-4 所示。

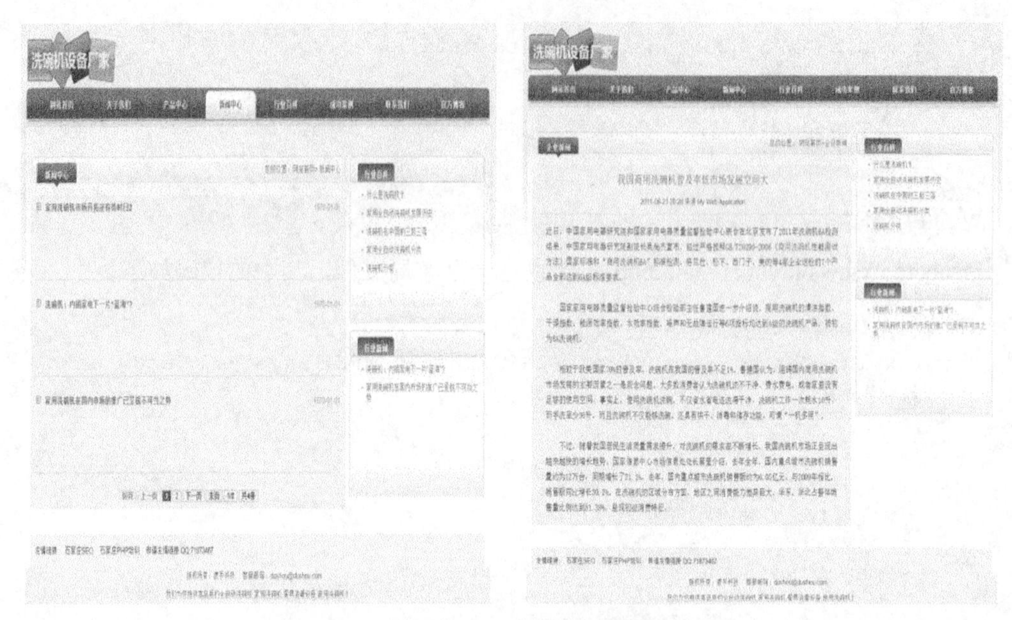

图 3-4 “新闻中心”列表页和内容页效果图

比较“新闻中心”列表页和内容页效果图，发现除了头部导航栏和底部版权信息栏相同之外，右侧部分也相同。头部导航栏和底部版权信息栏的内容我们放到了布局文件 headerfooter.php 文件中，右侧部分我们放在新的布局文件 article.php 文件中，比如渲染“新闻中心”列表页执行流程。渲染执行流程如图 3-5 所示。

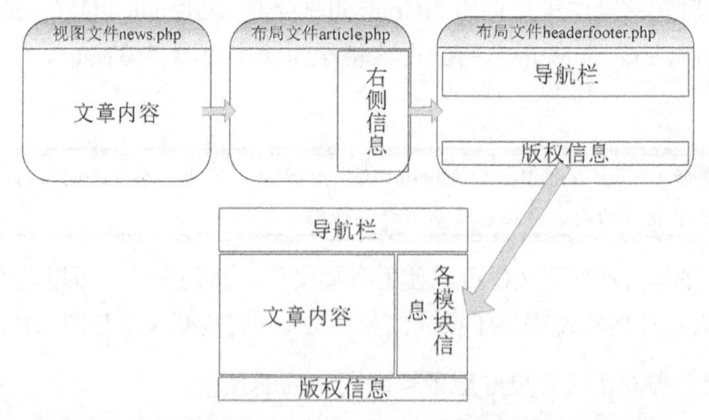

图 3-5 嵌套布局实现“新闻中心”列表页渲染执行流程图

具体实现步骤如下。

步骤 1： 修改“新闻中心”列表页控制器 protected/controllers/ArticleController.php 文件，代码如下。

```
/**
 * ArticleController 控制器主要实现新闻中心等栏目的设计与呈现
 *
 * @author 刘琨
 */
class ArticleController extends Controller{
    //Article 控制器中的所有动作方法都要用到 article 布局文件，
    //所以重写成员属性$layout 在所有动作方法外部
    public $layout='article';
    //实现新闻中心栏目列表页视图渲染
    public function actionNews(){
        $this->render("news");//栏目新闻中心
    }
}
```

控制器修改好后，接下来创建控制器中 render()方法渲染的“新闻中心”内容页视图文件 news.php。

步骤 2：创建“新闻中心”内容视图。在 protected/views/article 目录下创建视图文件 news.php，其中部分代码如下。

```
<div class="indexLeft">
    <div class="location marginbtm10">
        <h1>新闻中心</h1>
        <span>您的位置：网站首页>新闻中心</span>
    </div>
    <div class="listPanle marginbtm15">
        <div class="listItem">
            <div class="">
                <div class="title"><span>2011-08-23</span><h3 class="Blue
bold">我国商用洗碗机普及率低市场发展空间大</h3></div>
                <div class="pvcontent">
                    <p>近日，中国家用电器研究院和国家家... <span class="more1">
[阅读全文]</span></p>
                </div>
            </div>
        </div>
        ......
        <!--pages start-->
        <div class="pages"></div>
        <!--pages end-->
    </div>
</div>
```

这部分的代码是栏目列表内容，也就是和内容页不同的中部左侧部分。列表页和内容页相同的中部右侧部分，我们放到布局文件 article.php 中。

步骤 3：创建布局文件 article.php。在 protected/views/layouts 目录下的 article.php 文件中的代码如下：

```
<?php $this->beginContent('//layouts/headerfooter); ?>
<div id="main" class="marginbtm20">
    <div class="indexMain">
    <?php echo $content; ?>
        <!--右侧-->
        <div class="indexRight">
            <div class="title2 indextt4"><span><a href="#">行业百科
</a></span></div>
            ……
            <div class="title2 indextt4"><span><a href="#">行业新闻
</a></span></div>
            ……
        </div>
    </div>
</div>
<?php $this->endContent(); ?>
```

在布局文件 article.php 中调用了之前创建的 headerfooter.php 文件。headerfooter.php 文件中包含了头部导航栏和底部版权信息栏的内容，这里不再展示其源码。

由嵌套布局实现“新闻中心”列表页渲染的执行流程如下。

- 首先渲染视图文件 news.php 的内容，存储至布局文件 article.php 的$content 中。
- 因为在布局文件 article.php 中使用了另外一个布局文件 headerfooter.php，所以又把 news.php 和 article.php 两个文件中的内容存储至 headerfooter.php 文件的$content 中。
- 最后，渲染 headerfooter.php 布局文件，并将结果返回至用户。

提示：嵌套布局经常应用在类似前台开发这种场合，如首页和内容页相同的部分可能只是网页的头部、导航和尾部，这几部分可以创建一个布局文件。因为每一个内容页右侧又都相同，所以内容页又有自己的布局文件。

“新闻中心”内容页的渲染请读者自行完成。

3.7 视图文件的存储路径

本章最后分析一下 Yii 框架中视图文件的存储路径。我们知道，Yii 框架中所有视图文件默认情况下都存储在 protected/views 文件夹内。假如，需要改变视图文件的存储路径，该怎么办呢？

首先，查看 Yii 框架源码，framework\web\CWebApplication.php 文件中定义了 getViewPath()和 setViewPath()方法，用来获得和设置视图文件路径，源码如下所示。

```
class CWebApplication extends CApplication
{
    ……
private $_viewPath;
     /**
      * @返回视图文件存储路径，默认是'protected/views'
      */
     public function getViewPath()
     {
               if($this->_viewPath!==null)
                    return $this->_viewPath;
          else
          return
$this->_viewPath=$this->getBasePath().DIRECTORY_SEPARATOR.'views';
     }

     /**
      * @param 参数$path 可以用来设置视图文件存储路径
      * @当该路径不存在时，抛出异常
      */
     public function setViewPath($path)
     {
          if(($this->_viewPath=realpath($path))===false
|| !is_dir($this->_viewPath))
                    throw new CException(Yii::t('yii','The view path
"{path}" is not a valid directory.',
                         array('{path}'=>$path)));
     }
     ……
}
```

在 CWebApplication 中并没有设置成员属性$viewPath，但是对于 PHP 5，由于语言对动态特性（魔术方法）的支持，在使用$viewPath 成员属性时，将通过调用__get()魔术方法间接调用 getViewPath()方法，在设置$viewPath 成员属性时，将通过调用__set()魔术方法间接调用 setViewPath()方法。

提示： 魔术方法__get()和__set()在 Yii 框架 framework\base\CComponent.php 组件类中定义，会在后面的章节中详细介绍。

通过分析 Yii 框架源码可知，在 protected\config\main.php 主配置文件中，可以通过 CWebApplication 成员属性$viewPath 指定视图文件存储路径，代码示例如下。

```
return array(
     ......
     'viewPath'=>'XXX',
     )
```

提示：本节只是分析了视图文件的存储路径，举一反三，布局文件的存储路径可以在主配置文件中通过“layoutPath”属性设置。

3.8 小结

本章通过实现控制器渲染前台模板（首页、列表页、内容页），介绍了布局的概念及使用方法。与布局有类似功能的技术有很多，读者理解起来应该比较容易。本章的难点是CController 类的 render()方法的执行流程和如何使用嵌套布局。

最后，希望读者通过分析视图文件的存储路径，更好地理解和使用 Yii 框架。

第4章 模块

第3章实现了前台的首页、列表页和内容页的页面渲染。前台页面通常是数据的输出，而相应的数据的输入和修改则需要后台管理系统。后台管理系统通常作为一个独立的模块（modules）存在。

Yii 框架中的模块是一个独立的软件单元，它可以包含自己的模型、视图、控制器和其他支持的组件。后台管理系统以模块的形式开发后，就可以单独维护和部署，并且可以在其他项目中被重复使用。

本章主要介绍 Yii 框架中模块的相关内容。下面以后台管理系统模块为例，先来了解模块的目录结构。

4.1 模块概述

Yii 框架中的模块保存在 protected/modules 文件夹下的一个目录中，目录的名字即模块名，也是该模块的唯一 ID。例如，下面列出的为后台管理系统模块“admin”的目录结构。

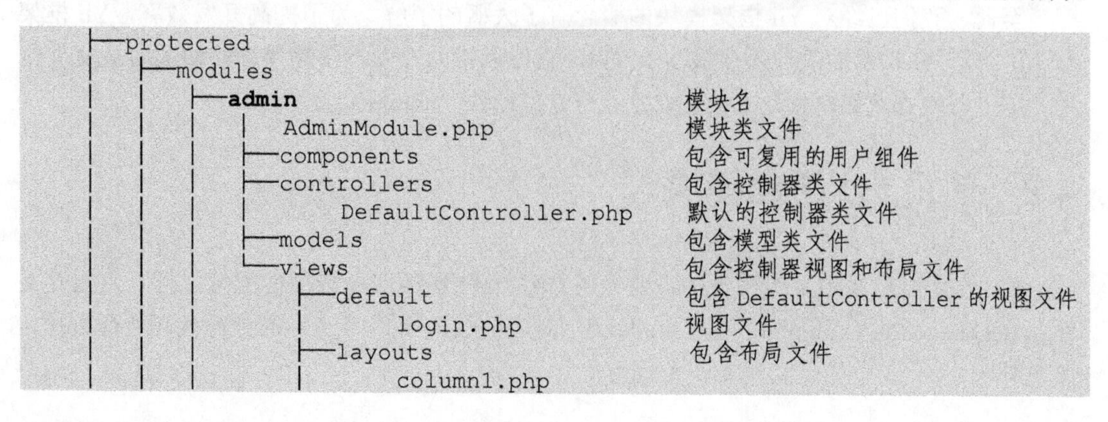

```
├─protected
│  ├─modules
│  │  ├─admin                                模块名
│  │  │  │  AdminModule.php                  模块类文件
│  │  │  ├─components                        包含可复用的用户组件
│  │  │  ├─controllers                       包含控制器类文件
│  │  │  │      DefaultController.php        默认的控制器类文件
│  │  │  ├─models                            包含模型类文件
│  │  │  └─views                             包含控制器视图和布局文件
│  │  │     ├─default                        包含 DefaultController 的视图文件
│  │  │     │      login.php                 视图文件
│  │  │     ├─layouts                        包含布局文件
│  │  │     │      column1.php
```

```
|   |   |         |         column2.php
|   |   |         |         main.php
```

Yii 框架规定，一个模块中必须有模块类继承 CWebModule 或它的子类，该模块类的名字由首字母大写的模块 ID 和字符串“Module”拼接而成。因此，admin 模块类文件命名为 AdminModule.php。后面章节会详细介绍模块类的作用，简单来说，该类在模块中的作用类似应用程序中的 CWebApplication 对整个应用程序的作用。

模块目录中除了包含模块类之外，其结构与应用目录很相似，包含了 controllers、models 和 views 等文件夹。当然，也可以根据项目需要，在基本的目录结构中加入一些自定义的文件。

模块目录结构创建完成之后，如何才能让所属应用识别呢？

模块创建完成后，需要把模块的 ID 添加到所属应用中。打开应用的配置文件 protected/config/main.php，在“modules”对应的数组中添加元素“admin”，如下所示。

```
'modules'=>array(
    'admin',
    ……
),
```

上面的内容修改后保存，模块 admin 就可以通过以下 URL 访问。

```
index.php?r=admin/default/index
```

与之前的 URL 访问规则相比，唯一的区别是在路由中添加模块 ID（moduleID），即如下形式：moduleID/controllerID/actionID。URL 请求 admin/default/index 解释为 admin 模块的 DefaultController 控制器的 actionIndex()方法。

提示： 模块可以无限级嵌套，这就是说，一个模块可以包含另一个模块，而这另一个模块又可以包含其他模块。称前者为父模块，后者为子模块。要访问子模块中的控制器动作，使用如下形式调用：parentModuleID/childModuleID/controllerID/actionID。

至此，我们已经对 Yii 框架模块的概念有了大概的了解。为了提高开发效率，Yii 框架装备了基于 Web 界面的代码生成工具 Gii，它可以帮助开发者快速搭建模块的目录文件结构。下一节将介绍如何使用 Gii 来创建后台管理模块“admin”。

4.2 使用 Gii 创建模块

Gii 也是以模块的方式实现的，要使用 Gii，首先更改应用程序的配置，打开主配置文件 protected/config/main.php，在“modules”对应的数组中把“gii”部分的代码注释去掉，如下所示。

```
return array(
      //..省略若干行代码
      'modules'=>array(
            ......
            'gii'=>array(
                  'class'=>'system.gii.GiiModule',
                  'password'=>'Enter Your Password Here', //设置密码，临时设置成"1"
                  //ipFilters 用于需要在当前计算机不是服务器的情况下开启
                  'ipFilters'=>array('127.0.0.1','::1'),
            ),
      ),
      //..省略若干行代码
);
```

使用 Gii 模块时非常简单，只需要为这个模块设置一个密码即可（如'password'=>'1'），这样就可以通过如下 URL 来访问 Gii 模块。

```
http://hostname/dscms/index.php?r=gii
```

访问 Gii 时会有一个文本框要求填写密码，如图 4-1 所示。

图 4-1 Gii 登录页面

输入之前在配置文件中设置的密码后，选择“Module Generator”（模块生成器），将会看到如图 4-2 所示的页面。

yii code generator
help | webapp | yii | logout
Generators
Controller Generator
Crud Generator
Form Generator
Model Generator
Module Generator
Module Generator
This generator helps you to generate the skeleton code needed by a Yii module.
Fields with * are required. Click on the highlighted fields to edit them.
Module ID *
Module ID is case-sensitive. It should only contain word characters. The generated module class will be named after the module ID. For example, a module ID forum will generate the module class ForumModule.
Code Template *
default (C:\AppServ\www\framework\gii\generators\module\templates\default)
Preview

图 4-2 模块生成器

在该页面中，只有一个文本框 Module ID，当光标定位到该文本框时，会有一个提示框显示出来（Module ID 是区分大小写的，并且必须是由字母组成的）。为了和 4.1 节中后台管理模块目录保持一致，这里输入 admin，然后单击 Preview 按钮，该按钮的功能是展示所有将会被生成的文件，并且这些文件允许在创建之前进行预览，如 图 4-3 所示。

Preview Generate

Code File	Generate ☑
modules\admin\AdminModule.php	new ☑
modules\admin\controllers\DefaultController.php	new ☑
modules\admin\views\default\index.php	new ☑

图 4-3 模块所包含文件预览

最后单击 Generate 按钮，生成所有文件。因为 Web 服务器进程需要“写入”权限，所以要确保 protected 文件夹对于该应用程序是可写入的。模块的基本目录结构创建成功后，会看到如图 4-4 所示的页面。

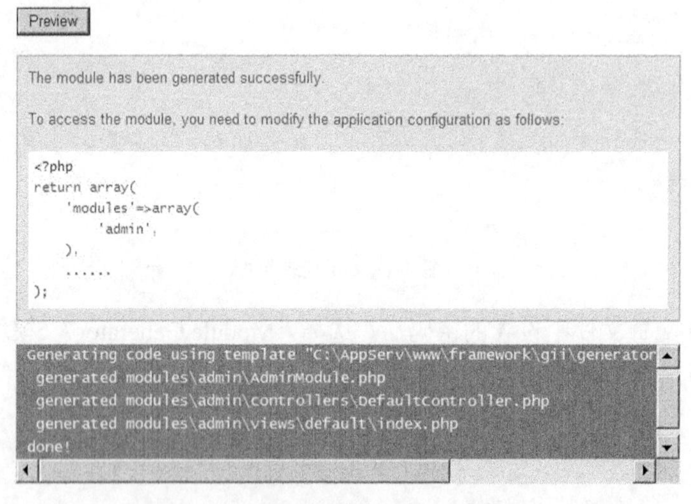

图 4-4 模块创建完成后显示的页面

该页面中有关于模块的配置使用说明，和 4.1 节中介绍的一样，只需要修改应用主配置文件，生成的模块就可以被正确调用。

注意：Gii 是一个代码生成工具。因此，Gii 只应当用于开发环境。因为它可以在应用程序中生成新的 PHP 文件，所以会带来一些不安全问题。

4.3 模块中的资源文件

如果想要模块能够在不同的应用中直接复制使用，模块中的资源文件（图片、css 文件和 js 文件等）就必须和模块中的其他文件保存在一起。那么，能否在模块“admin”目录下创建 images 文件夹保存图片，然后在页面中直接调用呢？例如，要访问如下 URL：

```
http://hostname/dscms/protected/modules/admin/images/a.jpg
```

显然，“protected”目录下的文件是不允许通过 URL 访问的。

Yii 框架使用 yiic 工具创建应用目录，会创建“assets”文件夹，用来包含资源文件。参照这种做法，在模块文件夹下创建 assets 文件夹，把模块中的资源文件保存到这个目录下，再调用 CAssetManager 类的 publish()方法，这个方法首先会在应用的 assets 文件夹下创建一个随机不冲突的文件夹，如 6dedffc2，然后将模块的 assets 目录复制到 6dedffc2 文件夹中，以便在视图文件中调用这些资源文件。

下面通过一个实例详细说明模块中资源文件的保存与调用。

步骤 1：首先把模块用到的资源文件放到“modules/模块名/assets”目录中。例如，在 modules/admin/assets 目录中创建 images 文件夹，并把 logo.jpg 文件保存在该目录下。

步骤 2：调用 CAssetManager 类的 publish()方法，该方法的详细用法见表 4-1。

表 4-1 publish()方法

public string publish(string $path, boolean $hashByName=false, integer $level=-1, boolean $forceCopy=false)		
$path	string	要发布的 assets 目录名或者路径别名（如 application.modules.admin. assets）
$hashByName	boolean	要发布的目录是否以散列原文件名后的值来命名。如果为 false，则散列要发布的路径。默认为 false。如果要发布的路径是被不同的扩展所共享的，则设为 true
$level	integer	当 assets 是一个目录的时候，要递归的深度。深度为-1 意味着发布所有的子目录和文件；深度为 0 意味着只是发布当前目录下的文件；深度为 *N* 意味着复制 *N* 层目录及它们的文件
$forceCopy	boolean	是否重新发布那些之前已经发布的文件或目录。在开发过程中，应该将这个参数设为 true，因为开发过程中源文件是不断修改的。然而，无论是在开发过程，还是在网站运营情况下，设为 true 都会导致性能下降
{return}	string	发布 assets 的相对路径

修改 protected\modules\admin\AdminModule.php 文件，如下所示。

```
<?php
class AdminModule extends CWebModule
{
    ......
    public function getAssetsUrl()
    {
        $assetManager = new CAssetManager();
        return $assetManager->publish(Yii::getPathOfAlias('application.
modules.admin.assets'),false,'N',true);
    }
}
```

publish()方法第一个参数$pash 是要发布的 assets 目录保存路径，这里使用了路径别名“application.modules.admin.assets”，指定保存 assets 目录为“/protected/modules/admin/assets”。

提示： 为了方便操作，Yii 预定义了以下几个根别名。

system：指向 Yii 框架目录/framework。

zii：指向/framework/zii。

application：指向应用程序基本目录/protected。

webroot：指向包含入口脚本文件的目录/dscms（本书第 1 章创建的应用名称）。

ext：指向包含所有第三方扩展的目录/protected/extensions。

参数$forceCopy 的值为 false，表示不会重复发布内容。

publish()方法返回一个相对路径，指向刚刚发布到外部 assets 的目录，接下来就可以在视图文件中调用该方法，获取发布图片的路径。

步骤 3： 在视图文件 protected/modules/admin/views/default/index.php 中获取图片路径，代码如下。

```
<img src="<?php echo $this->module->assetsUrl;?>/images/logo.jpg" alt="logo"/>
```

“$this”表示当前的 DefaultController 控制器，“module”表示该控制器所属的模块，这里表示模块类 AdminModule 的实例对象，该对象调用不存在的属性“assetsUrl”的时候，就会通过魔术方法__get()调用“getAssetsUrl()”方法。以上代码在浏览器中显示的内容如下。

```
<img src=" /assets/6dedffc2/images/logo.jpg" alt="logo"/>
```

在调用 publish()方法的过程中，在应用目录下创建了“6dedffc2”文件夹，并把 modules/admin/assets 目录下的文件复制过去。这样在视图中实际访问的就是应用目录“6dedffc2”下的资源文件。

至此，模块的所有文件都保存在同一目录下，真正单独存储。为了更好地理解模块的相关内容，我们在下一节中实现后台管理系统模块的文章管理部分的功能。

4.4 项目实现迭代三：文章管理

后台管理系统主要的功能之一就是文章管理，如添加、删除、更新数据库文章表。添加文章和管理文章页面分别如图 4-5 和图 4-6 所示。

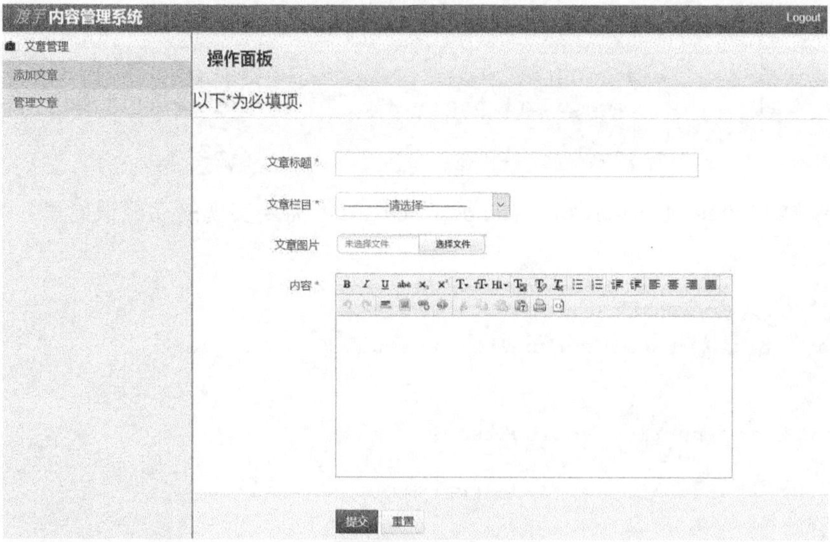

图 4-5 添加文章页面

图 4-6 管理文章页面

要实现如图 4-5 和图 4-6 的页面效果，需创建的目录结构如下。

```
admin
    │  AdminModule.php                    模块类文件
    ├─assets                              保存模块中资源文件（css 文件、js 文件等）
    │  ├─css
    │  ├─font-awesome
    │  ├─images
    │  ├─img
    │  └─js
    ├─controllers
    │      ArticleManagerController.php     文章管理控制器
    └─views
        ├─articleManager
        │       adminHtml.php                添加文章视图文件
        │       createHtml.php               管理文章视图页面
        └─layouTS
                headerleftHtml.php           布局文件
```

在控制器 ArticleManagerController.php 文件中，需要实现的功能很简单，就是渲染视图。

```
<?php
class ArticleManagerController extends CController
{
    //添加文章
    public function actionCreate()
    {
        $this->render("createHtml");
    }
    //管理文章
    public function actionAdmin()
    {
        $this->render("adminHtml");
    }
}
```

视图和布局文件中用到了 HTML 5、Bootstrap 和富文本编辑器等一些前端技术，由于和本书的主线不相符，这里就不再详细介绍了。

模块类文件 AdminModule.php 中的代码如下。

```
<?php
class AdminModule extends CWebModule
{
    public function init()
    {
        //当模块创建时，调用该方法，主要作用是初始化模块
        //导入模块的models和components目录的类
```

```
            $this->setImport(array(
                'admin.models.*',
                'admin.components.*',
            ));
            $this->layout = 'headerleftHtml';
        }

        public function beforeControllerAction($controller, $action)
        {
            if(parent::beforeControllerAction($controller, $action))
            {
                //在模块中的任意一个控制器动作方法被访问前，调用该方法
                return true;
            }
            else
                return false;
        }
        public function getAssetsUrl()
        {
            $assetManager = new CAssetManager();
            return $assetManager->publish(Yii::getPathOfAlias('application.
modules.admin.assets'),false,'N',true);
        }
    }
```

其中包含了以下 3 个方法，功能如下。

- init()方法，该方法的作用是初始化模块，通常在这里定义模块的布局。
- beforeControllerAction()方法用于任一控制器的 action()方法执行之前进行的相关操作。
- getAssetsUrl()方法用于获取模块发布到应用的资源文件的路径。

4.5 小结

本章通过实现后台管理系统模块，介绍了模块的概念及配置使用方法。在大型应用项目中，一些通用的功能都会设计成模块。在后续的章节中，还会继续深入系统地分析模块部分的源码。

第 5 章 ActiveRecord 模型

Yii 框架中的模型分为两类，一类是表单模型，另一类是 ActiveRecord 模型。本章重点介绍 ActiveRecord 模型的概念和作用。另外，本章通过对文章表的 CRUD（创建、读取、更新和删除）操作，介绍 Yii 框架中 CActiveRecord 类的相关方法。

5.1 模型的概念

模型用于存储数据以及与数据相关的业务逻辑（如对数据的增加、查询、修改、删除等操作）。模型是单独的数据对象。数据对象可以是数据库表中的一行记录，或者用户输入的表单。Yii 框架中这两种类型的模型分别对应 CFormModel（表单模型）和 CActiveRecord（Active Record 模型），二者均继承于相同的基类 Cmodel，如图 5-1 所示。

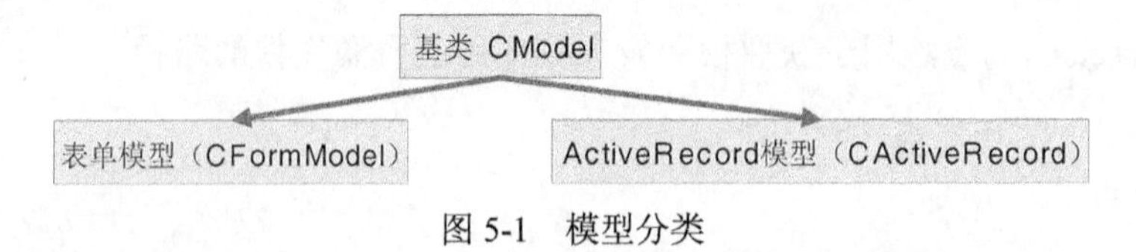

图 5-1　模型分类

表单模型用于存储从用户的输入获取的数据。这些数据经常在被获取、使用后丢弃。例如，在一个登录页面中，可以使用表单模型获取用户提供的用户名和密码，登录成功后就不再需要这些数据了。

ActiveRecord 模型是一种设计模式，即用面向对象的方式抽象的访问数据的模式。在 Yii 中，每一个 ActiveRecord 模型对象的实例是 CActiveRecord 类或它的子类，它封装了数据库表或视图中的一行记录，并封装了所有逻辑和访问数据库的细节，如果有大部分的业务逻辑，则必须使用这种模型。下一节是 ActiveRecord 模型的更多详细介绍。

5.2 ActiveRecord 模型概述

在大多数企业级开发中，都需要用到面向对象方法和关系型数据库。在软件的业务逻辑层和用户界面层，都需要操作对象，而在操作对象后，需要把对象的信息存储至数据库中。因此，在 MVC 模式下开发一个应用程序时，程序员要写很多数据访问层的代码，用来执行新增、读取、保存、删除数据对象信息等任务。通常情况下，这些数据访问层的代码基本上都是先传入操作对象，然后设置存储过程，再设置对象与属性对应，最后执行存储过程。这些具有相同模式的代码，在每个软件项目都重复出现，这显然是一种资源的浪费，由此，可以使用 ActiveRecord 模型解决这些问题。

ActiveRecord（AR）模型是一种流行的对象-关系映射技术。对象-关系映射（Object Relational Mapping，ORM）是一种为了解决面向对象与关系型数据库存在的互不匹配现象的技术。ORM 在关系型数据库和对象之间产生一个自动映射，这样在具体的数据库操作中就不需要再与复杂的 SQL 语句打交道。软件设计人员只需要关注业务逻辑中的对象架构，而不是底层重复性的数据库 SQL 语句。

如图 5-2 所示，ActiveRecord 模型类对应关系型数据库中的一个表，而模型类的一个实例对应表中的一行记录，类的成员属性对应表中的列。关系型数据库往往通过外键来表述实体关系，ActiveRecord 在数据源层面上也将这种关系映射为对象的关联和聚集。下面的代码演示了向文章表中插入一条记录的操作。

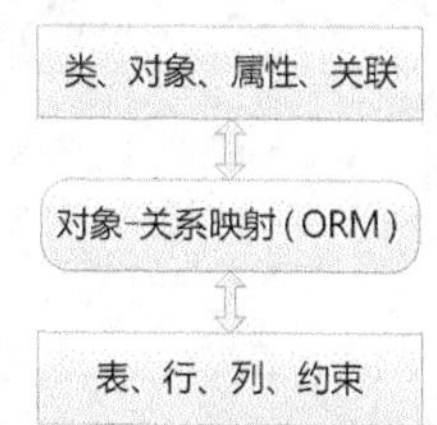

图 5-2 对象-关系映射

```
$article = new Article();//创建 ds_article 表对应的 ActiveRecord 模型类
$article->title = "文章标题";//给表中的 title 字段赋值
$article->content = "文章内容";//给表中的 content 字段赋值
$article->save();//执行 insert into 语句完成插入一条记录的操作
```

上面的代码相当于执行了下面的 SQL 语句。

```
insert into ds_article("title","content") value("文章标题","文章内容");
```

ActiveRecord 的优点是简单、直观，一个类就包括了数据访问和业务逻辑。这些优点使 ActiveRecord 特别适合 Web 快速开发。据统计，采用 AR 模型可将软件开发时间和成本压缩 40%，并且由于极大地提高了数据的可读写性，也简化了代码的调优与测试。

Yii 框架中的 CActiveRecord 类实现了 ActiveRecord 设计模式，是所有 ActiveRecord 模型的基类。在下一节中，将详细介绍 ActiveRecord 设计模式思想在 Yii 框架中的具体体现。

5.3　通过 CRUD（增查改删）操作理解 CActiveRecord 类

本节通过 CActiveRecord 类对数据库表进行的 CRUD 操作介绍 ActiveRecord 设计模式思想在 Yii 框架中的体现。

首先介绍本节中用到的数据库表——文章表的结构。

5.3.1　文章表（ds_article）

文章表中保存网站后台内容管理系统中的文章信息，包括文章编号、标题、所属栏目 ID 和文章内容等信息。其表结构如下。

```
--
-- 表的结构 'ds_article'
--
CREATE TABLE IF NOT EXISTS 'ds_article' (
  'id' int(11) NOT NULL AUTO_INCREMENT,
  'title' varchar(32) COLLATE utf8_unicode_ci NOT NULL,
  'cid' int(11) DEFAULT NULL,
  'imgurl' varchar(200) COLLATE utf8_unicode_ci DEFAULT NULL,
  'linkurl' varchar(200) COLLATE utf8_unicode_ci DEFAULT NULL,
  'summary' varchar(500) COLLATE utf8_unicode_ci DEFAULT NULL,
  'content' text COLLATE utf8_unicode_ci,
  'tags' varchar(100) COLLATE utf8_unicode_ci DEFAULT NULL,
  'seotitle' varchar(100) COLLATE utf8_unicode_ci DEFAULT NULL,
  'keywords' varchar(100) COLLATE utf8_unicode_ci DEFAULT NULL,
  'description' text COLLATE utf8_unicode_ci,
  'userid' int(11) DEFAULT NULL,
  'create_time' int(11) DEFAULT NULL,
  'update_time' int(11) DEFAULT NULL,
  'recommend' varchar(100) COLLATE utf8_unicode_ci DEFAULT NULL,
  'recommend_level' tinyint(2) DEFAULT '0',
  'status' tinyint(1) DEFAULT NULL,
  'hits' int(11) DEFAULT NULL,
  PRIMARY KEY ('id')
) ENGINE=InnoDB  DEFAULT CHARSET=utf8 COLLATE=utf8_unicode_ci AUTO_INCREMENT=24 ;
```

提示： 上面创建的文章表包含的和本节内容不相关的字段，这里就不再介绍了，有经验的读者可以根据字段名称分析出每个字段的含义。

在对文章表进行 CRUD 操作之前，需要先连接数据库，下一小节中将介绍 Yii 框架连接数据库的方法。

5.3.2　在配置文件中初始化数据库连接

Yii 框架中的数据库操作基于 PDO 构建，数据库内部处理需要 PDO 类库支持，因此需要让 PHP 开启 PDO 扩展。因为本书中采用 MySQL 数据库，所以必须安装 PDO_MYSQL 扩展，在 php.ini 文件中开启 php_pdo_mysql.dll，让 PDO 支持访问 MySQL 数据库。

```
Extension=php_pdo_mysql.dll
```

Yii 框架中的 CDbConnection 类的主要功能是为用户封装了 PDO 的实例，并且自定义了一些配置，方便用户使用，我们使用它来连接数据库。

CDbConnection 作为应用的核心组件，在应用初始化时会自动进行初始化，对于使用者来说，只需要在应用配置文件中添加一个 db 应用组件，代码如下所示。

```
//protected/config/main.php:
'components'=>array(
    ……
'db'=>array(
        'class'=>'CDbConnection',//本行代码可省略
        //连接字符串，设置数据库类型、数据库主机地址、数据库名，即 PDO 的数据源(DNS)
        'connectionString' => 'mysql:host=localhost;dbname=dscms',
        //数据库登录用户名
        'username' => 'root',
        //数据库登录密码
        'password' => '',
        //字符集
        'charset' => 'utf8',
    ),
    ……
```

在任意控制器的 action*Xxx* 方法中调用下面的语句，校验数据库是否连接成功。通过这种方式，这个唯一的数据库连接就可以在 Yii 框架中的很多地方共享。

```
var_dump(Yii::app()->db);
```

至此，完成了数据库操作的准备工作，下面开始 Yii 框架操作数据库部分，从创建 ActiveRecord 模型开始。

5.3.3　创建 ActiveRecord 模型

在创建 ActiveRecord 模型之前，先了解一下 CActiveRecord 类中的部分成员方法，见表 5-1。其中 model()和 tableName()是在创建模型类时用到的方法，save()、find()和 delete()方法则用于 CRUD 操作。

表 5-1 CActiveRecord 类的部分成员方法

方 法	描 述
model()	返回指定 CActiveRecord 类的静态模型
tableName()	返回关联的数据库表的名称
save()	保存或更新当前的记录
find()	查找指定条件的单条数据
delete()	删除对应的行

以创建文章表 ds_article 的 ActiveRecord 模型为例，在 protected/models 目录下新建 Article.php 文件，注意，该文件名要和其中的类名相同，创建继承 CActiveRecord 的 Article 类，重写 model()和 tableName()两个方法，实现代码如下。

```
class Article extends CActiveRecord{
    public static function model($className=__CLASS__){
        return parent::model($className);
    }
    public function tableName(){
        return 'ds_article';
    }
}
```

Article 模型类在创建时使用方法 model()和 tableName()可以简单、快速地创建 ActiveRecord 模型。下面将分别介绍这两种方法。

1. 用于创建静态实例对象的 model()方法

创建 ActiveRecord 模型的 Article 类首先需要覆盖其父方法 model()。写法参照上面的例子，不需要任何修改，因为参数是魔术常量（__CLASS__），其值总是当前类名。framework\db\ar\CActiveRecord.php 文件中该方法源码如下。

```
public static function model($className=__CLASS__)
{
    if(isset(self::$_models[$className]))
        return self::$_models[$className];
    else
    {
        $model=self::$_models[$className]=new $className(null);
        $model->attachBehaviors($model->behaviors());
        return $model;
    }
}
```

CActiveRecord 类中的 model()方法设定成 static 静态方法，在该静态方法中，把加载过的所有模型都放在一个静态数组（self::$_models[$className]）中统一管理，可以把这个数组看作是集中的模型对象管理器。该模型对象管理器的作用是即使模型不再实际使用，已经建立的模型对象也不会被释放，这样做可以节省每次创建对象时占用的空间。

2．确定映射数据表方法 tableName()

如果创建的 ActiveRecord 模型类和数据库表名称相同，则会直接建立对象和关系映射。但是通常情况下，二者的名字不同，那么就需要在创建 ActiveRecord 模型时覆盖 CActiveRecord 的 tableName()方法，该方法返回映射的数据库表名称，代码如下所示。

```
class Article extends CActiveRecord{
    ......
    public function tableName(){
        return 'ds_article';
    }
}
```

除了上述写法之外，还可以在主配置文件 protected/config/main.php 中添加表前缀配置项，代码如下。

```
'db'=>array(
    ......
    'tablePrefix'=>'ds_',
),
```

tableName()方法中返回的数据库表名写法改成如下所示。

```
public function tableName(){
    return '{{ article }}';
}
```

如果查看 Yii 框架源码，就会发现，在调用 tableName()方法获取数据库表名时，会把“{{}}”替换，添加表前缀，还原成完整表名。这样做的好处是提高了代码的适应性，即使修改了表前缀，代码也不需要再进行修改。

在本节中，文章表 ds_article 对应的 Article 模型类中通过重写父类 CActiveRecord 的 model()和 tableName()两个方法，把类名和数据库表名告诉给了父类，就完成了 ActiveRecord 模型的创建，整个过程简单且快速。

下面将通过查询操作进一步了解 Yii 框架的 CActiveRecord 类。

5.3.4 通过查询操作理解 CActiveRecord 类

在本章 5.2 节关于 ActiveRecord 模型的概述中，提到了 ActiveRecord 模型实例对象对应数据表中的一行记录，其成员属性对应数据表的字段。本小节使用 CActievRecord 类的 find()

方法进行查询操作，通过读取 find()方法的返回结果，就可以充分理解 ActiveRecord 模型的对象和关系映射。

为了更好地理解本小节的内容，在“\protected\controllers\”目录下创建了“TestController.php”文件，用于学习使用，并在该控制器中添加 actionRead()动作方法，代码如下所示。

```
class TestController extends CController{
    public function actionRead()
    {
        $article = Article::model()->find();
        print_r($article);
    }
}
```

提示： 由于 AR 类经常在多处被引用，因此 Yii 框架在创建应用时默认导入包含所有 ActiveRecord 模型类的整个目录，而不是一个个导入。所有的 ActiveRecord 模型类文件都在 protected/models 目录中，在主配置文件 main.php 实现，代码如下所示。

```
return array(
    'import'=>array('application.models.*'),
);
```

静态方法 model()返回了 Article 类的静态实例对象，从而可以访问该类的 find()方法，查询 Article 模型实例。如果在数据库中没有找到任何数据，那么 find()方法将返回 null。正常情况下，会打印如下类似的信息，表示该模型操作类可以正常使用。

```
Article Object
(
    [_new:CActiveRecord:private] =>
    [_attributes:CActiveRecord:private] => Array
        (
            [id] => 1
            [title] => 家用洗碗机市场开拓还有待时日
            [cid] => 6
            [imgurl] =>
            [linkurl] =>
            [summary] =>
            [content] =>在我国，家用洗碗机市场面临着市场潜力巨大却无法打开的窘局。
            [tags] =>
            [seotitle] =>
            [keywords] => 家用洗碗机
            [description] => 在我国，家用洗碗机市场面临着市场潜力巨大却无法打开的窘局。
            [userid] => 1
            [create_time] => 1313388943
            [update_time] => 1314096853
```

```
                [recommend] =>
                [recommend_level] => 0
                [status] => 1
                [hits] => 4
            )
        [_related:CActiveRecord:private] => Array
            (
            )
        [_c:CActiveRecord:private] =>
        [_pk:CActiveRecord:private] => 1
        [_alias:CActiveRecord:private] => t
        [_errors:CModel:private] => Array
            (
            )
        [_validators:CModel:private] =>
        [_scenario:CModel:private] => update
        [_e:CComponent:private] =>
        [_m:CComponent:private] =>
)
```

如上所示，find()方法找到了一个满足查询条件的行，返回一个 Article 实例对象，实例的属性含有数据表行中相应列的值。然后，就可以像读取普通对象的属性那样读取查询结果，如下所示。

```
echo $article ->title;//输出“家用洗碗机市场开拓还有待时日”
```

如果是传统面向对象语言，如 C++或 Java，这里就会报编译错误，因为 Article 类没有定义“title”成员属性。而对于 PHP 5 而言，由于语言对动态特性（魔术方法）的支持，这样的调用就没有任何问题。

在给$article 对象的“title”属性赋值时，会触发父类 CActiveRecord 中定义的__set()方法，在 framework\db\ar\CActiveRecord.php 文件中的源码如下所示。

```
abstract class CActiveRecord extends CModel
{
        ......
        /**
         * PHP setter magic method.
         * This method is overridden so that AR attributes can be accessed like properties.
         * @param string $name property name
         * @param mixed $value property value
         */
        public function __set($name,$value)
        {
                if($this->setAttribute($name,$value)===false)
                {
```

```
                    if(isset($this->getMetaData()->relations[$name]))
                            $this->_related[$name]=$value;
                    else
                            parent::__set($name,$value);
            }
    }
}
```

上述代码中的 setAttribute()方法会把“title”添加到$_attributes 这个数组类型的成员变量中，也就是说，$_attributes 充当了模型所对应的数据表属性动态管理器的角色。

另外，当$article 对象调用成员属性“title”时，将触发__get()方法，返回$_attributes 数组中相应属性的值，源码如下所示。

```
abstract class CActiveRecord extends CModel
{
    ......
    /**
     * PHP getter magic method.
     * This method is overridden so that AR attributes can be accessed like properties.
     * @param string $name property name
     * @return mixed property value
     * @see getAttribute
     */
    public function __get($name)
    {
            if(isset($this->_attributes[$name]))
                    return $this->_attributes[$name];
            elseif(isset($this->getMetaData()->columns[$name]))
                    return null;
            elseif(isset($this->_related[$name]))
                    return $this->_related[$name];
            elseif(isset($this->getMetaData()->relations[$name]))
                    return $this->getRelated($name);
            else
                    return parent::__get($name);
    }
}
```

为了深入了解 Yii 框架的 CActiveRecord 类，接下来看一下数据的插入和更新操作。

5.3.5 通过插入和更新操作理解 CActiveRecord 类

在控制器 TestController 中添加包含插入操作的 actionInsert()方法，代码如下。

```
class TestController extends CController{
    public function actionInsert(){
```

```
            $article = new Article; //1. 创建 Article 类实例
            $article ->title="标题"; //2. 给 Article 类的属性赋值
            $article ->content="内容";
            $article ->save(); //3. 存入数据库
        }
}
```

执行 actionInsert()方法之后，数据库中就会插入一条新的记录。

在 Article 实例填充了列的值之后，也可以修改属性值并把数据存回数据表。例如，在 TestController 中添加 actionUpdate()方法，代码如下所示。

```
        public function actionUpdate()
        {
            $article=Article::model()->find(array("condition"=>"title='标题'"));
            $article->title="新标题";
            $article->save(); // 将更改保存到数据库
        }
```

可以看到，使用同样的 save() 方法执行插入和更新操作。如果 Article 实例对象是使用 new 操作符创建的，调用 save() 时就会向数据表中插入一行新数据；如果 Article 实例对象是 find()方法的结果，那么调用 save() 将更新表中现有的行。

为了更好地理解在创建 Article 实例对象时使用哪种方法，可查看在 framework\db\ar\CActiveRecord.php 文件中的源码。

```
    abstract class CActiveRecord extends CModel
    {
        /*
         * 保存当前的记录
         * 插入记录到数据表的一行,如果它的 isNewRecord 属性为 true( 通常情况下使用‘new’
         * 运算符来创建记录)
         * 否则，将被用于更新表中的相应行（通常情况下，使用 ‘find’ 方法查找记录）
         */
        public function save($runValidation=true,$attributes=null)
        {
                if(!$runValidation || $this->validate($attributes))
                        return $this->getIsNewRecord() ? $this->insert
    ($attributes) : $this->update($attributes);
                else
                        return false;
        }
    }
```

如果还不能完全理解在创建 Artcle 实例对象时使用哪种方法，可查看下一节中通过删除操作理解 CActiveRecord 类的内容。

5.3.6 通过删除操作理解 CActiveRecord 类

在 TestController 中添加包含删除操作的 actionDelete()方法，代码如下所示。

```
public function actionDelete()
{
    $article=Article::model()->find(array("condition"=>"title='新标题'"));
    $article->delete(); // 从数据表中删除此行
}
```

执行该方法之后，数据表中相应的行就被删除了。

注意： 在插入记录的时候，使用 new 关键字创建 AR 模型对象；在查询、更新、删除的时候，都使用 model()方法创建对象。

5.4 小结

本章介绍了 Yii 框架中的 CActiveRecord 类，该类主要用于数据库操作环境中。使用该类可以快速、便捷地对数据库、表、语句以及各种记录集等数据库资源进行操作。而同样的操作，使用传统的方法则会比使用 CActiveRecord 类更为复杂且需要更多的代码。合理地使用 CActiveRecord 类将会提高数据应用程序的执行效率，使程序更加清晰明了，能够起到事半功倍的效果。

第 6 章
CactiveRecord 模型类的查询方法

Yii 框架的 CActiveRecord 模型类的查询方法使用频率最高，既可以完成简单的单表查询，又可以完成复杂的多表关联查询。通过适当的查询方法的调用，可以让数据库服务器根据需求检索出所需要的数据，并按照指定的格式进行处理并返回。

本章将通过大量的实例围绕前台首页页面演示 Yii 框架中 CactiveRecord 模型类查询方法的用法。

首先介绍 CActiveRecord 模型中的最简单的查询方法——find()。

6.1 CActiveRecord 类的 find()方法与重载

在 Yii 框架类参考手册中，对 CActiveRecord 类的 find() 方法有详细的说明，见表 6-1。

表 6-1 find()方法

<table>
<tr><td colspan="3">public CActiveRecord find(mixed $condition='', array $params=array( ))</td></tr>
<tr><td>$condition</td><td>mixed</td><td>查询条件或标准:
• 如果一个字符串，那么它将作为查询条件（WHERE 子句）
• CDbCriteria 对象的一个实例对象
• 如果一个数组，那么它被视为构建 CDbCriteria 对象初始值</td></tr>
<tr><td>$params</td><td>array</td><td>要绑定到 SQL 语句的参数。这仅仅是第一个参数为一个字符串（查询条件）时使用。在其他情况下，可使用 CDbCriteria::params 设置参数</td></tr>
<tr><td>{return}</td><td>array</td><td>CActiveRecord 找到的记录。如果没有找到任何记录，就为 null</td></tr>
</table>

由表 6-1 可知，find()方法的参数类型可以是字符串、CDbCriteria 类实例对象或数组。下面是 find()方法中 3 种参数类型的简单示例。

- 字符串：作为查询条件（WHERE 子句）。

```
$news = Article::model()->find('cid=7');
//查询栏目 ID 为 7 的文章表中的记录所有字段
//或者写成:
$news = Article::model()->find('cid=:cid', array(':cid '=>7));
//使用占位符查询，更加安全
```

- CdbCriteria 类实例对象。

```
$criteria=new CDbCriteria;
$criteria->select='title';  // 只选择 'title' 字段
$criteria->condition='cid=:cid';
$criteria->params=array(':cid'=>7);
$news = Article::model()->find($criteria);
```

提示： Db-Criteria 就是数据库查询条件的意思，CDbCriteria 这个类专门用来定义查询条件。

- 数组为构建 CDbCriteria 对象初始值。数组的键和值各自对应 CDbCriteria 的属性名和值，上面的例子可以重写为如下所示。

```
$news = Article::model()->find(array(
    'select'=>'title',
    'condition'=>'cid=:cid',
    'params'=>array(':cid'=>7),
));
```

介绍完 find()方法之后，再让读者了解一下重载的定义——重载是通过“参数的个数”不同或“参数的类型”不同，来访问相同方法名的不同方法。

CActiveRecord 类中的 find()方法，如果严格套用重载的定义的话，只能算是一种伪重载。这是因为即使传入的参数类型不同，但是处理这些参数的程序都在一个方法体中，即只有一个 find()方法。

为什么要用伪重载的方式实现 find()方法？作者认为，因为实现重载可以不用为了对不同的参数类型或参数个数而写多个方法，所以在调用方法的时候，就不需要记那么多的方法名称，而只是知道了方法的功能就可以直接给它传递不同的参数，Yii 框架程序会明确地知道我们需要实现的功能。

下一节将详细介绍不同参数类型的具体使用方法。

6.2 查询方法 find()实例

本节将使用 CActiveRecord 的 find()方法分别实现在查询条件中带有逻辑运算符、比较运算符，并实现范围比较查询和模糊查询。

6.2.1 实现带有逻辑运算符和比较运算符的查询

首先用 find()方法实现带有逻辑运算符“=”和比较运算符“and”的查询语句。

SQL 语句如下。

```
select * from ds_article where cid=6 and title="家用洗碗机市场开拓还有待时日";
```

用 find()方法在 Yii 框架中实现 SQL 语句，可以有如下三种方式。

1. 字符串类型参数

```
Article::model()->find("cid=6 and title='家用洗碗机市场开拓还有待时日'");
```

或者写成使用占位符的形式。

```
Article::model()->find("cid=:cid and title=:title",array(":cid"=>6,":title"=>
" 家用洗碗机市场开拓还有待时日"));
```

提示：使用占位符使程序更加安全，如会防止 SQL 注入等网络攻击。

2. CDbCriteria 实例对象类型参数

```
$criteria=new CDbCriteria;
$criteria->select='*'; //本行代码可以省略
$criteria->condition='cid=:cid and title=:title';
$criteria->params=array(':cid'=>6,":title"=>"家用洗碗机市场开拓还有待时日");
Article::model()->find($criteria);
```

3. 数组类型参数

```
Article::model()->find(array("condition"=>"cid=:cid and title=:title",
"params"=> array(':cid'=>6,":title"=>"家用洗碗机市场开拓还有待时日")));
```

6.2.2 实现范围比较查询

带有范围比较运算符的查询语句，其查询结果通常都是多条记录，而 find()方法返回一个 CActiveRecord 类的实例对象，因此，如果查询条件中带有范围比较运算符，那么可以使用 findAll()方法来实现。findAll()方法参数和 find()方法完全一样，返回值是由 CActiveRecord 实例对象组成的数组，见表 6-2。

表 6-2 findAll()方法

public array findAll(mixed $condition='', array $params=array ( ))		
$condition	mixed	查询条件或标准
$params	array	要绑定到 SQL 语句的参数
{return}	array	满足指定条件的活动记录列表，如果没有找到，就返回一个空的数组

例如，用 findAll()方法实现带有范围比较运算符“between”和“and”的查询语句。

SQL 语句如下：

```
select * from ds_article where cid between 1 and 10;
```

对应的代码如下。

1．字符串类型参数

```
Article::model()->findAll("cid between 1 and 10 ");
```

或者写成使用占位符的形式：

```
Article::model()->findAll("cid between :start and :end ",array(":start"=>1,
":end"=>10));
```

2．CDbCriteria 实例对象类型参数

```
$criteria=new CDbCriteria;
$criteria->select='*'; //本行代码可以省略
$criteria->condition="cid between :start and :end";
$criteria->params=array(":start"=>1,":end"=>10);
Article::model()->findAll($criteria);
```

3．数组类型参数

```
Article::model()->findAll(array("condition"=>" cid between :start and
:end", "params"=>array(":start"=>1,":end"=>10)));
```

6.2.3 实现模糊查询

模糊查询的结果通常也会是多条记录，因此，也需要使用 findAll()方法实现。例如，带有模糊查询关键词“like”的 SQL 语句。

```
SELECT * FROM 'ds_article' WHERE title LIKE '%洗碗机%'
```

对应的代码如下。

1. 字符串类型参数

```
Article::model()->findAll("title like '%洗碗机%'");
```

2. CDbCriteria 实例对象类型参数

```
$criteria=new CDbCriteria;
$criteria->condition="title like '%洗碗机%'";
Article::model()->findAll($criteria);
```

3. 数组类型参数

```
Article::model()->findAll(array("condition"=>"title like '%洗碗机%'"));
```

注意：特别简单的固定参数直接用字符串作为参数，别费劲写 CDbCriteria 了。对于数组和 CdbCriteria，基本上就是一个东西的两种写法，个人推荐使用 CDbCriteria，因为其可读性强。

6.3 数据库查询条件类 CDbCriteria

Yii 框架中的类 CDbCriteria 用来拼接查询条件，如 where、order、limit、in/not in、like 等常用短句。在 CActiveRecord 类的查询方法中，使用 CDbCriteria 实例对象作为参数，会使代码显得比较规范，一目了然，并且更加灵活。

6.3.1 CDbCriteria 成员属性介绍

首先了解一下 CDbCriteria 常用成员属性，见表 6-3。

表 6-3 CDbCriteria 常用成员属性

属　性	类　型	描　述
alias	string	表别名
condition	string	查询条件
distinct	boolean	是否只选择不相同的数据行
group	string	如何进行分组查询结果

（续）

属　　性	类　　型	描　　述
having	string	作为 GROUP-BY 子句的条件
index	string	作为查询结果数组的索引
join	string	如何加入其他的表
limit	integer	要返回最多记录数
offset	integer	要返回从 0 开始的偏移量
order	string	如何对结果进行排序
paramCount	integer	绑定域名的全局记数器
params	array	以参数占位符为索引的查询参数列表
scopes	mixed	定义多个查询条件，进行组合
select	mixed	被选中的列
together	boolean	关联查询中多对多关系时需添加
with	mixed	相关联的查询标准

使用 CDbCriteria 类的成员属性组织查询语句。

```
SELECT id, title FROM  ds_article WHERE cid =14
//查询文章表中栏目 ID 为 14 的所有文章 ID 和标题
```

代码如下所示。

```
$criteria = new CDbCriteria();
$criteria -> select = "id,title";
//除了可以写成字符串形式之外，也可以写成数组形式，如 array("id","title")
$criteria -> condition = "cid=:cid";//查询条件
$criteria -> params = array(":cid"=>14);//以参数占位符为索引的查询参数列表
$article = Article::model()->findAll($criteria);
```

6.3.2 CDbCriteria 成员方法介绍

接下来了解一下 CDbCriteria 常用的成员方法，见表 6-4～表 6-10。

表 6-4 成员方法 addBetweenCondition ()

public CDbCriteria addBetweenCondition(string $column, string $valueStart, string $valueEnd, string $operator='AND')		
$column	string	范围比较查询的字段名
$valueStart	string	范围比较查询起始值
$valueEnd	string	范围比较查询终止值
$operator	string	运算符，确定和后续查询条件的关系，默认为“AND”
{return}	CDbCriteria	当前 CDbCriteria 实例对象

成员方法 addBetweenCondition()的参数与返回值如表 6-4 所示，作用是使用“between and”进行范围比较查询，例如：

```
$criteria->addBetweenCondition('id', 1, 4);
```

转化成 SQL 查询语句，如下所示。

```
id between 1 and 4
```

表 6-5 成员方法 addColumnCondition ()

public CDbCriteria addColumnCondition(array $columns, string $columnOperator='AND', string $operator='AND')		
$columns	array	添加相匹配的“字段名=>值”的查询条件
$columnOperator	string	复杂字段匹配条件连接运算符，默认为“AND”
$operator	string	运算符，确定和后续查询条件的关系，默认为“AND”
{return}	CDbCriteria	当前 CDbCriteria 实例对象

成员方法 addColumnCondition()的参数与返回值如表 6-5 所示，作用是添加相匹配的“字段名=>值”的查询条件到查询语句中，例如：

```
$criteria -> addColumnCondition(array("id"=>11));
```

转化成 SQL 查询语句，如下所示。

```
WHERE … AND  id=11
```

表 6-6 成员方法 addCondition()

public CDbCriteria addCondition(mixed $condition, string $operator='AND')		
$condition	mixed	查询条件，可以是字符串或者字符串数组
$operator	string	运算符，确定和后续查询条件的关系，默认为“AND”
{return}	CDbCriteria	当前 CDbCriteria 实例对象

成员方法 addCondition()的参数与返回值如表 6-6 所示，作用是添加查询条件到查询语句中，例如：

```
$criteria->addCondition("id=1");
```

转化成 SQL 查询语句，如下所示。

```
where id =1
```

或者写成使用占位符的形式，如下所示。

```
$criteria->addCondition("id = :id");
$criteria->params[':id']=1;
```

表 6-7 成员方法 addInCondition()

public CDbCriteria addInCondition(string $column, array $values, string $operator='AND')		
$column	string	字段名或 SQL 表达式
$values	array	查询字段所属值域
$operator	string	运算符，确定和后续查询条件的关系，默认为“AND”
{return}	CDbCriteria	当前 CDbCriteria 实例对象

成员方法 addInCondition()的参数与返回值如表 8-7 所示，作用是使用 IN 进行范围比较查询，例如：

```
$criteria->addInCondition('id', array(1,2,3,4,5));
```

转化成 SQL 查询语句，如下所示。

```
where id IN (1,2,3,4,5,);
```

表 6-8 成员方法 addNotInCondition()

public CDbCriteria addNotInCondition(string $column, array $values, string $operator='AND')		
$column	string	字段名或 SQL 表达式
$values	array	查询字段不属于的值域
$operator	string	运算符，确定和后续查询条件的关系，默认为“AND”
{return}	CDbCriteria	当前 CDbCriteria 实例对象

成员方法 addNotInCondition()的参数与返回值如表 6-8 所示，作用与方法 addInCondition()正好相反，使用“NOT IN”进行范围比较查询。

```
$criteria->addNotInCondition('id',array(1,2,3,4,5));
```

表 6-9 成员方法 addSearchCondition ()

public CDbCriteria addSearchCondition(string $column, string $keyword, boolean $escape=true, string $operator='AND', string $like='LIKE')		
$column	string	字段名或 SQL 表达式
$keyword	string	模糊查询关键字
$escape	boolean	默认为 true，查询条件为“%$keyword%”
$operator	string	运算符，确定和后续查询条件的关系，默认为“AND”
$like	string	默认为通配符“LIKE”或者设置成“NOT LIKE”
{return}	CDbCriteria	当前 CDbCriteria 实例对象

成员方法 addSearchCondition()的参数与返回值如表 6-9 所示，作用是使用 LIKE 进行模糊查询，例如：

```
$criteria->addSearchCondition('title','洗碗机');
```

转化成 SQL 查询语句，如下所示。

```
where name like '%洗碗机%'
```

表 6-10 成员方法 compare ()

public CDbCriteria compare(string $column, mixed $value, boolean $partialMatch=false, string $operator='AND', boolean $escape=true)		
$column	string	字段名或 SQL 表达式
$value	mixed	查询字段值。如果是字符串，就会变成 addInCondition()
$partialMatch	boolean	是否支持 LIKE 模糊查询，默认为 false
$operator	string	运算符，确定和后续查询条件的关系，默认为“AND”
$escape	boolean	默认为 true，查询条件为“%$keyword%”
{return}	CDbCriteria	当前 CDbCriteria 实例对象

成员方法 compare()的参数与返回值如表 6-10 所示，作用是添加带有比较表达式的查询条件，例如：

```
$criteria->compare('id',1);
```

转化成 SQL 查询语句，如下所示。

```
WHERE … AND  id=11
```

6.4 CActiveRecord类的其他查询方法

在前面的内容中，重点介绍了CActiveRecord类的find()方法和findAll()方法。为了使用方便，Yii框架还提供了如下方法（见表6-11～表6-13），在实际工作中，读者灵活掌握就可以了。

表6-11　findByAttributes ()方法

public CActiveRecord findByAttributes(array $attributes, mixed $condition='', array $params=array ( ))		
$attributes	array	列表中的属性值（属性名索引）与活动记录相匹配。属性值可以是一个数组，将被用来生成一个条件
$condition	mixed	查询条件或标准
$params	array	要绑定到SQL语句的参数
{return}	CActiveRecord	找到的记录。如果没找到任何记录，就为null

如表6-11所示，方法findByAttributes ()用来查找具有指定属性值的单个活动记录。

代码示例如下。

```
//查找 ID=8 的栏目中的文章标题、文章内容
$article_model = Article::model()->findByAttributes(
                    array("cid"=>8),
                    //除了可以写成数组形式之外，也可以写成字符串形式，如“title,content”
                    array("select"=>array("title","content"))
);
```

表6-12　findByPk()方法

public CActiveRecord findByPk(mixed $pk, mixed $condition='', array $params=array ( ))		
$pk	mixed	主键值。对多个主键使用数组。复合键，对于每个键的值，必须是一个数组（列名=>列值）
$condition	mixed	查询条件或标准
$params	array	要绑定到SQL语句的参数
{return}	CActiveRecord	找到的记录。如果没找到任何记录，就为null

如表6-12所示，方法findByPk()用来查找具有指定主键值的单个活动记录。

代码示例如下。

```
//假设有一篇文章 ID 为 40
$article=Article::model()->findByPk(40);
```

表 6-13 findBySql()方法

public CActiveRecord findBySql(string $sql, array $params=array ( ))		
$sql	string	SQL 语句
$params	array	要绑定到 SQL 语句的参数
{return}	CActiveRecord	找到的记录。如果没找到任何记录，就为 null

如表 6-13 所示，方法 findBySql()通过指定的 SQL 语句查找，并返回结果中的第一行。代码示例如下。

```
/*
* 查询指定栏目下的文章数
*/
$sql = "SELECT c.title,a.cid,COUNT( a.cid ) AS category_num
            FROM 'ds_article' as a, ds_category as c
            WHERE
            a.cid>6 AND a.cid<15 AND a.cid=c.id
            GROUP BY a.cid
            Order By category_num desc";
$article = Article::model()->findBySql($sql);
```

当有多行数据匹配指定的查询条件时，使用 findAll 系列方法即可，例如：

```
// 查找带有指定主键的所有行
$posts=Post::model()->findAllByPk($pk,$condition,$params);
// 查找带有指定属性值的所有行
$posts=Post::model()->findAllByAttributes($attributes,$condition,$params);
// 通过指定的 SQL 语句查找所有行
$posts=Post::model()->findAllBySql($sql,$params);
```

除了上面讲述的 find 和 findAll 系列方法之外，Yii 还提供了如下方法。

```
// 获取满足指定条件的行数
count($condition,$params);
// 通过指定的 SQL 获取结果行数
countBySql($sql,$params);
// 检查是否至少有一行符合指定的条件
exists($condition,$params);
```

6.5 关联查询

之前已经了解了如何使用ActiveRecord模型从单个数据表中查询数据。在本节中，将介绍如何使用ActiveRecord模型连接多个相关数据表并查询关联（join）后的数据集。

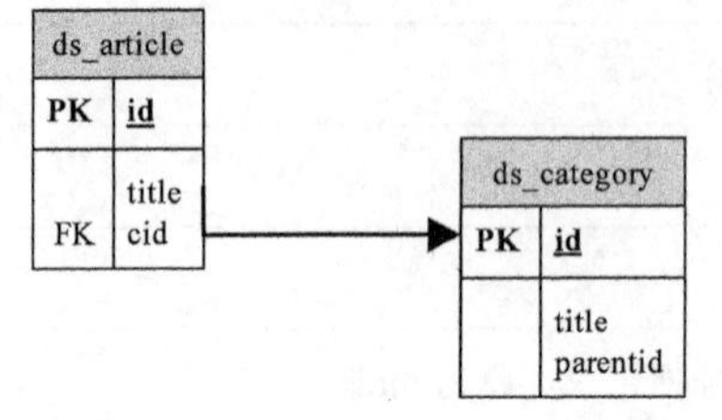

图6-1 文章表与栏目表ER图

本节的内容以栏目表和文章表为例，为了使用关系型ActiveRecord模型，在需要关联的表中定义主键-外键约束，因此，把文章表的cid字段设置成外键，如图6-1所示。这些约束可以保证相关数据的一致性和完整性。

在使用ActiveRecord模型执行关联查询之前，如何让ActiveRecord模型类之间的关系映射其所代表的数据表之间的关系？

在ActiveRecord模型中定义关系需要重写CActiveRecord中的relations()方法。此方法返回一个关系配置数组。每个数组元素通过如下格式表示一个单独的关系。

```
    'VarName'=>array('RelationType','ClassName','ForeignKey', ...additional
options)
```

- VarName：关系名。
- RelationType：4种关系，分别为self::BELONGS_TO、self::HAS_ONE、self::HAS_MANY和self::MANY_MANY。
- ClassName：代表当前AR类要关联的那个AR类名。
- ForeignKey：实现关系的外键，有可能有多个，即列名。

从数据库的角度来说，表A和表B之间有3种关系：一对多（one-to-many）、一对一（one-to-one）和多对多（many-to-many）。体现在CActiveRecord类中，有如下4种关系。

- BELONGS_TO（属于）：如果表A和表B之间的关系是一对多，则表B属于表A。
- HAS_MANY（有多个）：如果表A和表B之间的关系是一对多，则表A有多个表B。
- HAS_ONE（有一个）：对应表之间的一对一关系。
- MANY_MANY：对应于数据库中的多对多关系。

栏目表和文章表之间是一对多的关系，也就是说，一个栏目可以包含多篇文章。Category模型中声明与Article模型的关系为HAS_MANY，Article模型中声明与Category模型的关系为 BELONGS_TO，因此可以定义模型 Category 和 Article 如下所示。

```
//Category.php
class Category extends CActiveRecord{
     public static function model($className = __CLASS__) {
          return parent::model($className);
     }
     public function tableName(){
          return "{{category}}";
     }
     public function relations(){
          return array(
               'articles'=>array(self::HAS_MANY, 'Article','cid'),
               //注意外键名
          );
     }
}
//Article.php
class Article extends CActiveRecord{
     public static function model($className = __CLASS__) {
          return parent::model($className);
     }
     public function tableName()
     {
          return "{{article}}";
     }
     public function relations()
     {
          return array(
               'category'=>array(self::BELONGS_TO, 'Category','cid'),
          );
     }
}
```

使用时，如果$category 代表一个 Category 类的实例对象，那么可以使用$category->articles 来获取与它相关的所有的 Article 对象。

为了便于读者理解本章内容，下一节将完成本书配套的项目实现迭代四，把首页中显示的内容动态地从数据库中查询出来。

6.6 项目实现迭代四：完成首页中的数据填充

在本节将使用 ActiveRecord 模型的查询方法，完成如图 6-2 所示的首页中 5 个部分内容的数据填充，目的是进一步完善 MVC 框架模式，把应用的输入、处理、输出流程按照模型、视图、控制器的方式进行分离。

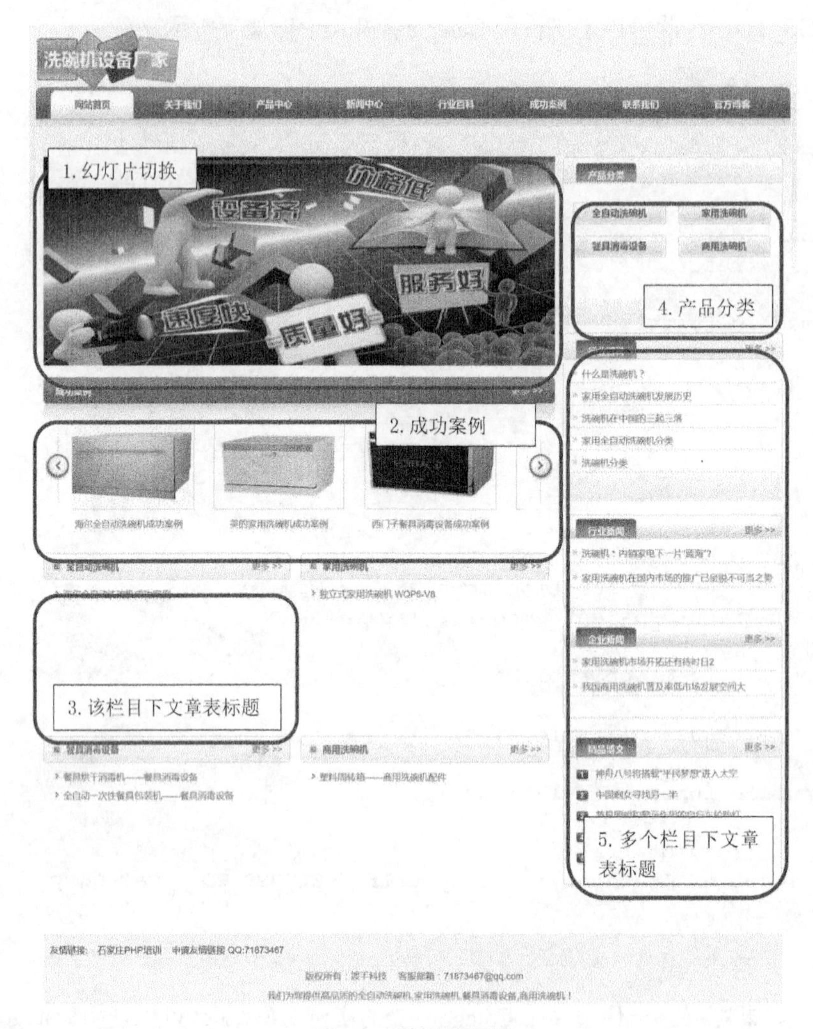

图 6-2 首页效果图

6.6.1 实现幻灯片切换

在本书提供的案例中，首页导航栏左下方就是一个像幻灯片切换效果一样的图片展示区。所展示的图片保存在服务器端的某个文件中，存储路径保存在图片表中，表结构如下所示。

```
--
-- 表的结构 'ds_picture'
--

CREATE TABLE IF NOT EXISTS 'ds_picture' (
  'id' int(11) NOT NULL AUTO_INCREMENT,
```

```
  'title' varchar(32) COLLATE utf8_unicode_ci NOT NULL,
  'cid' int(11) DEFAULT NULL,
  'imgurl' varchar(200) COLLATE utf8_unicode_ci DEFAULT NULL,
  'linkurl' varchar(200) COLLATE utf8_unicode_ci DEFAULT NULL,
  'summary' varchar(500) COLLATE utf8_unicode_ci DEFAULT NULL,
  'create_time' int(11) DEFAULT NULL,
  'update_time' int(11) DEFAULT NULL,
  'recommend' varchar(100) COLLATE utf8_unicode_ci DEFAULT NULL,
  'recommend_level' tinyint(2) DEFAULT '0',
  'status' tinyint(1) DEFAULT NULL,
  'hits' int(11) DEFAULT NULL,
  PRIMARY KEY ('id')
) ENGINE=InnoDB  DEFAULT CHARSET=utf8 COLLATE=utf8_unicode_ci AUTO_INCREMENT=6
;
```

在Yii框架中创建该数据表对应的ActiveRecord模型，保存在/dscms/protected/models/Picture.php文件中，代码如下。

```
<?php
class Picture extends CActiveRecord{
    public static function model($className = __CLASS__) {
        return parent::model($className);
    }
    public function tableName()
    {
        return "{{picture}}";
    }
}
```

实现幻灯片切换效果，只需要从ds_picture表中读取所有记录的title和imgurl两个字段的内容即可，控制器中实现代码如下所示。

```
$pictures_model = Picture::model()->findAll(array("select"=>array("title",
"imgurl")));
```

视图层文件中，实现动态获取图片标题和存储路径的功能。相应的静态代码如下所示。

```
<div class=current><a href="#"><img src="./images/1313596175-433568441.jpg"
width=680 height=269></a></div>
<div><a href="#"><img src="./images/1313596641-1492950193.jpg" width=680
 height=269></a> </div>
<div><a href="#"><img src="./images/1313597081-218708415.jpg" width=680
height=269></a></div>
<div><a href="#"><img src="./images/1313597012-1647807175.jpg" width=680
 height=269></a></div>
<div><a href="#"><img src="./images/1313595259-1765138983.jpg" width=680
 height=269></a></div>
```

替换后的代码如下。

```
        <?php
        //幻灯片切换效果，从 ds_picture 表中读取所有记录的 title 和 imgurl 两个字段的内容
          foreach($pictures_model as $k=>$picture){
        ?>
        < div <?php if($k==0)echo "class=current";?>>
        <a href="#"><img src="<?php echo Yii::app()->request->
hostInfo."/chap6".$picture->imgurl;?>" width=680 height=269></a>
        </ div >
        <?php } ?>
```

6.6.2 实现成功案例

首页中“成功案例”栏目下显示的是文章表中保存的“成功案例”的图片和标题。“成功案例”是一个顶级栏目，其下面包含了 4 个二级栏目，分别为餐具消毒设备、家用洗碗机、全自动洗碗机和商用洗碗机。如何查询出“成功案例”的所有子栏目下的文章的内容呢？我们先来分析一下栏目表的结构。

```
    --
    -- 表的结构 'ds_category'
    --

    CREATE TABLE IF NOT EXISTS 'ds_category' (
      'id' int(11) NOT NULL AUTO_INCREMENT,
      'title' varchar(32) COLLATE utf8_unicode_ci NOT NULL,
      'parentid' int(11) DEFAULT NULL,
      'module' tinyint(2) DEFAULT NULL,
      'userid' int(11) DEFAULT NULL,
      'type' tinyint(1) DEFAULT NULL,
      'imgurl' varchar(200) COLLATE utf8_unicode_ci DEFAULT NULL,
      'seotitle' varchar(100) COLLATE utf8_unicode_ci DEFAULT NULL,
      'keywords' varchar(100) COLLATE utf8_unicode_ci DEFAULT NULL,
      'description' text COLLATE utf8_unicode_ci,
      'sort' tinyint(2) DEFAULT '0',
      'status' tinyint(1) DEFAULT NULL,
      'mark' varchar(32) COLLATE utf8_unicode_ci DEFAULT NULL,
      PRIMARY KEY ('id')
    ) ENGINE=InnoDB  DEFAULT CHARSET=utf8 COLLATE=utf8_unicode_ci
AUTO_INCREMENT=33 ;
```

本书配套的栏目表实现了多级（无限级）分类的设计。在数据表中添加了父栏目 ID（parentID）字段，用来保存该栏目的上一级栏目 ID，如果该栏目是顶级栏目，那么父栏目 ID 为 0。“成功案例”在栏目表中的 ID 为 10，只要在栏目表中找出父栏目 ID 为 10 的栏目就可以找出“成功案例”的所有子栏目，代码实现如下。

```
    $suss_case_id=Category::model()->findAllByAttributes(array("parentid"=>10),
array("select"=>"id"));
```

然后根据每个子栏目的 ID 到文章表中找到对应记录。

```
foreach($suss_case_id as $sid){
    $suss_case[]=Category::model()->findByPK($sid->id)->articles;
}
```

这部分代码使用的是关联查询，$suss_case 中保存的是餐具消毒设备、家用洗碗机、全自动洗碗机和商用洗碗机 4 个栏目下的所有文章。在视图页面调用时，需要进行嵌套循环，才能把文章表的内容获取到，代码实现如下。

```
<?php
  foreach($suss_case as $articles)
  {
        foreach($articles as $article)
        {?>
             <LI>
             <A title="<?php echo $article->title; ?>" href="#" target=_blank>
             <IMG alt="<?php echo $article->title; ?>" src="<?php echo Yii
::app()->request->hostInfo."/chap6".$article->imgurl; ?>" width=171
height=112>
             </A>
             <P class=Blue>
             <A title="<?php echo $article->title; ?>" href="#"><?php echo
 $article->title; ?></A>
             </P>
             </LI>
<?php    }
      }
?>
```

6.6.3 实现其他栏目的文章内容查询

参照图 6-2 所示，接下来还需要查询栏目“全自动洗碗机”下的所有文章，栏目产品中心的所有分类，栏目“行业百科”、“行业新闻”、“企业新闻”、“精品博文”下的所有文章。

首先查找栏目“全自动洗碗机”下的文章的标题，代码实现如下。

```
$qzd_xwj=Article::model()->findAllByAttributes(array('cid'=>11),array
('select'=>"title"));
```

栏目产品中心的所有分类，即父 ID 是 22（产品中心）的所有记录的标题。

```
$products_model = Category::model()->findAllByAttributes(array("parentid"
=>22),array("select"=>"title"));
```

“行业百科”栏目表中的 ID 为 14，代码如下。

```
    public function getIndustryBaike()
    {
        return self::model()->findAllByAttributes(array('cid'=>14),array
('select'=>"title"));
    }
```

"行业新闻"栏目表中的 ID 为 7，代码如下。

```
    public function getEnterpriseNews()
    {
        return self::model()->findAllByAttributes(array('cid'=>7),array(
'select'=>"title"));
    }
```

"企业新闻"栏目表中的 ID 为 6，代码如下。

```
    public function getEnterpriseNews()
    {
        return self::model()->findAllByAttributes(array('cid'=>6),array(
'select'=>"title"));
    }
```

"精品博文"栏目包含了"热点博文"和"社会热点"两个子栏目的标题（title）字段内容，两个子栏目在表中的 ID 为 23 和 18，代码如下。

```
    public function getHotBlog()
    {
        return self::model()->findAllByAttributes(array('cid'=>array(23,18)
),array('select'=>"title"));
    }
```

至此，完成的前台首页中显示的大部分内容都是从数据库中查询出来的，首页控制器迭代后代码如下。

```
    <?php
    class IndexController extends CController{
        //6.6 项目实现迭代四: 完成首页中的数据填充
        public function actionIndex(){
            //定义布局文件
            $this->layout='headerfooter';
        //1.幻灯片切换效果，从 ds_picture 表中读取所有记录的 title 和 imgurl 两个字段的内容
            $pictures_model = Picture::model()->findAll(array("select"=>
            array("title","imgurl")));

            //2.在首页中显示所有"成功案例"的文章内容
            $suss_case= Article::model()->sussCase;

            //3.查找栏目为"全自动洗碗机"的文章的标题
            $qzd_xwj=Article::model()->findAllByAttributes(array('cid'=>11)
            ,array('select'=>"title"));
```

```
            //4.产品分类，分类表中父 ID 是 22（产品中心）的所有记录的标题
            $products_model = Category::model()->findAllByAttributes(array
            ("parentid"=>22),array("select"=>"title"));

            //5.查找栏目 ID 为 6 的“企业新闻”标题的值
            $enterprise_news=Article::model()->enterpriseNews;
            //查找栏目 ID 为 7 的“行业新闻”标题的值
            $industry_news=Article::model()->industryNews;
            //查找栏目 ID 为 14 的“行业百科”标题的值
            $industry_baike=Article::model()->industryBaike;
            //查找栏目 ID 为 23 或 18 的“热点博文”或“社会热点”标题的值
            $hot_blog=Article::model()->hotBlog;

            //渲染视图
            $this->render('index',array("pictures_model"=>$pictures_model,
                                        "suss_case"=>$suss_case,
                                        "qzd_xwj"=>$qzd_xwj,
                                        "enterprise_news"=>$enterprise_news,
                                        "industry_news"=>$industry_news,
                                        "industry_baike"=>$industry_baike,
                                        "hot_blog"=>$hot_blog,
                                        "products_model"=>$products_model));
        }
    }
```

在视图文件 protected/views/index/index.php 里使用 PHP 代码获取数据，实现页面动态化处理，代码如下。

```
    <!--Main Start-->
    <DIV id=main class=marginbtm20>
    <DIV class=indexMain>
    <DIV class=indexLeft>
      <!-- 幻灯片 -->
      <DIV class="bannerFlash marginbtm15">
      <STYLE type=text/css>
      #slideshow{position:relative;height:269px;width:680px;}
      #slideshow div{position:absolute;top:0;left:0;z-index:8;opacity:0.0;
      height:269px;overflow:hidden;background-color:#FFF;}
      #slideshow div.current{z-index:10;}
      #slideshow div.prev{z-index:9;}
      #slideshow div img{display:block;border:0;margin-bottom:10px;}
      </STYLE>

      <DIV id=slideshow>
      <?php
        //幻灯片切换效果
        //从 ds_picture 表中读取所有记录的 title 和 imgurl 两个字段的内容
```

```
    foreach($pictures_model as $k=>$picture){
  ?>
  <DIV <?php if($k==0)echo "class=current";?>>
  <A href="#"><IMG src="<?php echo Yii::app()->request->hostInfo."/chap6"
  .$picture->imgurl;?>" width=680 height=269></A>
  </DIV>
  <?php } ?>
  </DIV>
  <SCRIPT type=text/javascript>
  function slideSwitch() {
       var $current = $("#slideshow div.current");
       // 判断div.current个数为0时 $current的取值
       if ( $current.length == 0 ) $current = $("#slideshow div:last");
       // 判断div.current存在时，则匹配$current.next(),否则转到第一个div
       var $next =  $current.next().length ? $current.next() : $("#slide
       show div:first");
       $current.addClass('prev');

       $next.css({opacity: 0.0}).addClass("current").animate({opacity:
       1.0}, 1000, function() {
              //因为原理是层叠,删除类,让z-index的值只放在轮转到的div.current,
              //从而最前端显示
               $current.removeClass("current prev");
               });
  }

  $(function() {
      //$("#slideshow span").css("opacity","0.7");
      $(".current").css("opacity","1.0");

      // 设定时间为3秒(1000=1秒)
      setInterval( "slideSwitch()", 3000 );
  });
  </SCRIPT>
  </DIV>

<DIV class="title1 indextt2 White">
  <SPAN><A href="#">更多 &gt;&gt;</A></SPAN>成功案例
</DIV>
<DIV class="caseShow marginbtm20">
<DIV class=leftarrow></DIV>
<DIV class=centerCase>

<UL class=ulIndexCase>
<?php
  foreach($suss_case as $articles)
  {
       foreach($articles as $article)
       {?>
           <LI>
```

```
                <A title="<?php echo $article->title; ?>" href="#" target=_blank>
                <IMG alt="<?php echo $article->title; ?>" src="<?php echo Yii::
app()->request->hostInfo."/chap6".$article->imgurl; ?>" width=171 height=112>
                </A>
                <P class=Blue>
                <A title="<?php echo $article->title; ?>" href="#"><?php echo
 $article->title; ?></A>
                </P>
                </LI>
    <?php    }
        }
    ?>
    </UL>
    </DIV>
    <DIV class=rightarrow></DIV></DIV>
    <SCRIPT type=text/javascript>
            $(".centerCase").jCarouselLite({btnNext: ".rightarrow",btnPrev
: ".leftarrow",visible:3,scroll: 3,auto: 5000,speed: 100000});
    </SCRIPT>

    <DIV class=indexleftList>
    <DL class=dlIndexList1>
      <DT><EM class=Blue><A href="#">更多 &gt;&gt;</A>
      </EM><SPAN class="Blue bold"><A title=全自动洗碗机 href="#">全自动洗碗机
</A></SPAN>
      </DT>
        <?php foreach ($qzd_xwj as $record){?>
      <DD>
        <A title="<?php echo $record->title?>" href="" target=_blank><?php
echo $record->title?></A>
      </DD>
      <?php
          }
      ?>
    </DL>
      <DL class=dlIndexList1>
        <DT><EM class=Blue><A href="#">更多 &gt;&gt;</A></EM><SPAN class=
"Blue bold"><A title=家用洗碗机 href="#">家用洗碗机</A></SPAN></DT>
        <DD><A title="独立式家用洗碗机 WQP6-V8" href="#" target=_blank>独立式家
用洗碗机 WQP6-V8</A></DD>
      </DL>
      <DL class=dlIndexList1>
        <DT><EM class=Blue><A href="#">更多 &gt;&gt;</A></EM><SPAN class= "Blue bold">
<A title=餐具消毒设备 href="#">餐具消毒设备</A></SPAN></DT>
        <DD><A title=餐具烘干消毒机—餐具消毒设备 href="#" target=_blank>餐具烘干
消毒机—餐具消毒设备</A></DD>
        <DD><A title=全自动一次性餐具包装机—餐具消毒设备 href="#" target=_blank>
全自动一次性餐具包装机—餐具消毒设备</A></DD>
      </DL>
      <DL class=dlIndexList1>
```

```
        <DT><EM class=Blue><A href="#">更多 &gt;&gt;</A></EM><SPAN class= "Blue bold">
<A title=商用洗碗机 href="#">商用洗碗机</A></SPAN></DT>
        <DD><A title=塑料周转箱—商用洗碗机配件 href="#" target=_blank>塑料周转箱
—商用洗碗机配件</A></DD>
      </DL>
    </DIV>
    </DIV>
    <DIV class=indexRight>
    <DIV class="title2 indextt4">
        <SPAN>
            <A title=产品分类 href="#">产品分类</A>
        </SPAN>
    </DIV>
    <DIV class="rightList3 marginbtm10">
        <DIV class=rightList6><BR>
            <UL class=ulRightnav3>
                <?php foreach ($products_model as $products){?>
              <LI><A title="<?php echo $products->title; ?>" href="#"><?php
echo $products->title; ?></A></LI>
                <?php } ?>
            </UL>
        </DIV>
    </DIV>
    <DIV class="title2 indextt4">
      <SPAN><A title=行业百科 href="#">行业百科</A></SPAN>
      <EM><A href="#">更多 &gt;&gt;</A></EM>
    </DIV>
    <DIV class="rightList2 marginbtm15">
    <UL class=ulRightList1s>
        <?php foreach ($industry_baike as $record){?>
        <LI>
          <A title="<?php echo $record->title?>" href="" target=_blank><?php
 echo $record->title?></A>
        </LI>
        <?php
            }
        ?>
    </UL>
    </DIV>
    <DIV class="title2 indextt3">
      <SPAN><A title="行业新闻" href="#">行业新闻</A></SPAN>
      <EM><A href="#">更多 &gt;&gt; </A></EM>
    </DIV>
    <DIV class="rightList1 marginbtm15">
      <UL class=ulRightList1>
          <?php foreach ($industry_news as $record){?>
          <LI>
            <A title="<?php echo $record->title?>" href="" target=_blank>
<?php echo $record->title?></A>
          </LI>
```

```
        <?php
            }
        ?>
      </UL>
      <DIV><IMG src="<?php echo Yii::app()->baseUrl;?>
/images/list_bg1_bottom.jpg"></DIV>
    </DIV>
    <DIV class="title2 indextt3">
      <SPAN><A title="企业新闻" href="#">企业新闻</A></SPAN>
      <EM><A href="#">更多 &gt;&gt;</A></EM>
    </DIV>
    <DIV class="rightList1 marginbtm15">
      <UL class=ulRightList1>
          <?php foreach ($enterprise_news as $record){?>
        <LI>
          <A title="<?php echo $record->title?>" href="" target=_blank><?php
 echo $record->title?></A>
        </LI>
        <?php
            }
          ?>
      </UL>
      <DIV><IMG src="<?php echo Yii::app()->baseUrl;?>
/images/list_bg1_bottom.jpg"></DIV>
    </DIV>
    <DIV class="title2 indextt4">
      <SPAN><A title=精品博文 href="#">精品博文</A></SPAN>
      <EM><A href="#">更多 &gt;&gt; </A></EM>
    </DIV>
    <DIV class=rightList4>
      <UL class=ulRightList2>
          <?php
            //栏目 id 为 23 或 18 的“热点博文”或“社会热点”标题的值
            $num=1;
            foreach ($hot_blog as $record){?>
          <LI>
            <EM><?php echo $num++;?></EM>
            <A title="<?php echo $record->title?>" href="" target=_blank>
<?php echo $record->title?></A>
          </LI>
          <?php
              }
          ?>
      </UL>
      <DIV><IMG src="<?php echo Yii::app()->baseUrl;?>
/images/list_bg3_bottom.jpg"></DIV>
    </DIV>
    </DIV></DIV></DIV>
    <!--Main End-->
```

在浏览器中通过 URL 访问 IndexController 的 actionIndex()方法，如果上述代码正确执行，那么效果如图 6-2 所示。

```
http://hostname/dscms/index.php?r=index/index
```

6.7 小结

本章深入介绍了 CActiveRecord 类中查询数据的知识，以最基础的 find()方法开始，然后介绍了各种查询方法的使用。CActiveRecord 提供了多种查询参数类型，应用好这些不同类型的参数是有效提高开发效率的手段。最后，为了更好地理解本章所学内容，实现了项目迭代四。为了更好地理解项目的实现过程，建议读者参考配套的视频和代码，里面包含了该项目的完整实现过程和详细的代码说明。

第 7 章 Widget（小物件）

如果视图中存在复杂且独立性强的代码，通常会把这些代码独立出来，保存成 Widget（小物件），这样做能够有效提高代码的复用性，且使用户界面布局的移动更加灵活。为了理解小物件的概念，下面先来介绍小物件的调用方式。

7.1 调用小物件的两种方式

视图中需要调用小物件时，可以把小物件作为参数，传入当前视图文件所属控制器的 widget()方法或者 beginWidget()方法中，下面分别介绍调用小物件的两种方式。

7.1.1 使用 widget()方法调用小物件 CJuiDatePicker

本节通过实现在视图文件中调用小物件 CJuiDatePicker 的例子，介绍如何使用 widget()方法调用小物件，这样读者可以进一步了解小物件的作用。

首先在 protected/controllers/DemoController.php 文件中创建 actionDemoWidget()方法。

```
<?php
class DemoController extends CController{
    public function actionDemoWidget(){
        //需要把 renderPartial()方法的第 4 个参数指定为 true，否则不渲染输出 JS 脚本
        $this->renderPartial("testWidget",null,false,true);
    }
}
```

然后在 protected/views/demo/DemoWidget.php 视图文件中调用小物件 CJuiDatePicker，并通过传递数组参数来初始化小物件 CJuiDatePicker 的属性，代码如下。

```
<?php
$this->widget('zii.widgets.jui.CJuiDatePicker',array(
      'language'=>'zh_cn',
      'name'=>'date',
      'options'=>array(
            'showAnim'=>'fold',
            'showOn'=>'both',
            'buttonText'=>'查看日期',
            'minDate'=>'new Date()',
           'dateFormat'=>'yy-mm-dd',
      ),
));
?>
```

在浏览器中访问 DemoController 控制器的 actionDemoWidget()方法，在页面中显示的日期选择器的效果如图 7-1 所示。

图 7-1　日期选择器效果图

并且可以验证小物件 CJuiDatePicker 生成的代码，如下所示。

```
    <link rel="stylesheet" type="text/css" href="/dscms/assets/835dd64c/jui/
css/base/jquery-ui.css" />
    <script type="text/javascript" src="/dscms/assets/835dd64c/jquery.js"></
script>
    <input id="date" type="text" name="date" /><script type="text/javascript
" src="/dscms/assets/835dd64c/jui/js/jquery-ui.min.js"></script>
    <script type="text/javascript" src="/dscms/assets/835dd64c/jui/js/jquery
-ui-i18n.min.js"></script>
    <script type="text/javascript">
    /*<![CDATA[*/
    jQuery('#date').datepicker(jQuery.extend({showMonthAfterYear:false},
jQuery.datepicker.regional['zh_cn'],{'showAnim':'fold','showOn':'both','
buttonText':'查看日期','minDate':'new Date()','dateFormat':'yy-mm-dd'}));
    /*]]>*/
    </script>
```

通过这个例子，我们了解了 CJuiDatePicker 的功能是显示一个日期选择器，其封装了 jQuery 的 UI datepicker 插件。除此之外，更重要的是，希望读者理解在视图中调用小物件就是输出一段被封装的代码。

注意：widget()方法第一个参数是加载小物件类的保存路径，这里使用了路径别名 zii.widgets.jui.CJuiDatePicker 指定保存小物件类文件为/framework/zii/widgets/jui/CJuiDatePicker.php。

7.1.2 使用 beginWidget()和 endWidget()方法调用小物件 CActiveForm

7.1.1 节中介绍的小物件 CJuiDatePicker 封装了 jQuery 的 UI datepicker 插件。本小节将介绍小物件 CActiveForm，其封装了创建基于模型数据的可交互的 HTML 表单。我们先来看一下调用小物件 CActiveForm 的演示代码。

首先在 protected/controllers/DemoController.php 文件中创建 actionActiveForm()方法。

```
<?php
class DemoController extends CController{
    ...
    public function actionActiveForm(){
        $model = new Article();
        $this->renderPartial("activeform",array("model"=>$model));
    }
}
```

然后在 protected/views/demo/activeform.php 视图文件中调用小物件“CActiveForm”。

```
<?php
$form=$this->beginWidget('CActiveForm');
echo "文章标题";
echo $form->textField($model,'title');
$this->endWidget();
```

在浏览器中访问 DemoController 控制器的 actionActiveForm()方法，小物件 CActiveForm 生成的 HTML 代码如下。

```
<form id="yw0" action="/index.php?r=demo/activeForm" method="post">
文章标题<input name="Article[title]" id="Article_title" type="text" />
</form>
```

如上面的演示代码所示，视图文件 activeform.php 调用小物件 CActiveForm 时，把小物件作为参数，传入 beginWidget()方法，beginWidget()方法的返回值是参数小物件 CActiveForm 的实例对象，使用这个实例对象调用 textField()方法创建表单文本输入框，最后以 endWidget()方法结尾。

下面详细说明一下 beginWidget()方法，见表 7-1。

表 7-1 CBaseController 的成员方法 beginWidget ()

public CWidget beginWidget(string $className, array $properties=array())		
$className	string	小物件类名或者路径别名（如 application.widgets.MyWidget）
$properties	array	可以通过传递数组参数来初始化小物件的属性
{return}	CWidget	返回小物件实例对象

如表 7-1 所示的 beginWidget()方法的第二个参数可以给小物件类的成员属性赋值。例如，小物件 CActiveForm 的部分成员属性见表 7-2。

表 7-2 CActiveForm 类的部分成员属性

属　性	描　述
id	返回标签的 id
action	表单提交的 URL，默认值是当前页面的 URL
method	表单提交的方式，可以是“post”或“get”，默认值是“post”
htmlOptions	<form>标签的属性

视图文件中的代码修改成如下所示。

```
<?php $form=$this->beginWidget('CActiveForm',array(
                "id"=>"article_create_form",
                "htmlOptions"=>array(
                    "class"=>"form-horizontal",
                  ),
                "action"=>"index.php?r=admin/article/create",
            )
    ); ?>
......
<?php $this->endWidget(); ?>
```

小物件 CActiveForm 生成的 HTML 代码就会包含相关的属性和值。

```
<form class="form-horizontal" id="article_create_form" action="index.php
?r=admin/article/create" method="post">
......
</form>
```

下面介绍如何使用 CActiveForm 小物件替换添加文章视图页面中的 HTML 表单标签。

7.2 项目实现迭代五：使用 CActiveForm 小物件替换添加文章视图页面中的 HTML 表单标签

在 4.4 节中的添加文章视图部分中，使用 HTML 表单实现添加文章标题、内容等功能。本章 7.1 节介绍了小物件 CActiveForm，使用该小物件可以降低表单创建的复杂性。本节将使用小物件 CActiveForm 替换添加文章视图文件中的 HTML 表单标签。

添加文章页面的效果如图 7-2 所示，该页面的表单中包含文本框、下拉列表框、文件选择框和文本域，使用 CActiveForm 替换 HTML 表单标签对应的成员方法见表 7-3～表 7-6。

以下*为必填项.
文章标题 *
文章栏目 * ———请选择———
文章图片 未选择文件 选择文件
内容 *
提交 重置

图 7-2 添加文章表单效果图

表 7-3 CActiveForm 的成员方法 textField()

public string textField(CModel $model, string $attribute, array $htmlOptions=array ( ))		
$model	CModel	模型实例对象
$attribute	string	数据库表的字段名或表单中标签名
$htmlOptions	array	附加的 HTML 属性
{return}	string	生成的文本框

表 7-4 CActiveForm 的成员方法 dropDownList ()

public string dropDownList(CModel $model, string $attribute, array $data, array $htmlOptions=array ( ))		
$model	CModel	模型实例对象
$attribute	string	数据库表的字段名或表单中标签名
$data	array	用于生成列表的选项的数据 (value=>display)
$htmlOptions	array	附加的 HTML 属性
{return}	string	生成的下拉列表框

表 7-5 CActiveForm 的成员方法 fileField()

public string fileField(CModel $model, string $attribute, array $htmlOptions=array ( ))		
$model	CModel	模型实例对象
$attribute	string	数据库表的字段名或表单中标签名
$htmlOptions	array	附加的 HTML 属性
{return}	string	生成的文件上传控件

表 7-6 CActiveForm 的成员方法 textArea()

public string textArea(CModel $model, string $attribute, array $htmlOptions=array ( ))		
$model	CModel	模型实例对象
$attribute	string	数据库表的字段名或表单中标签名
$htmlOptions	array	附加的 HTML 属性
{return}	string	生成的多行文本输入控件（文本域）

在“添加文章”视图文件 protected/modules/admin/views/articleManager/create.php 中调用 CActiveForm 小物件替换 HTML 表单标签。

首先使用 beginWidget()方法调用小物件 CActiveForm，并给其成员属性赋值。

```
<?php $form=$this->beginWidget('CActiveForm',array(
            "id"=>"article_create_form",
            "htmlOptions"=>array(
                "class"=>"form-horizontal",
                "enctype"=>"multipart/form-data"
                //指定文件上传表单，enctype 属性一定是要设置的
            ),
```

```
            "action"=>"index.php?r=admin/article/create",
        )
);  ?>
......
<?php $this->endWidget(); ?>
```

替换的 HTML 表单标签如下。

```
<form class="form-horizontal" id="article_create_form" name=
"article_create_form" action="index.php?r=admin/article/create" method="post">
......
</form>
```

然后使用 textField()等方法依次替换 HTML 标签。

```
    //使用 textField()替换文本框标签
    <?php echo $form->textField($model,'title',array("class"=>"span6
typeahead","data-provide"=>"typeahead","data-items"=>"4")); ?>
    <!--<input type="text" class="span6 typeahead" id="typeahead" name=
"typeahead"  data-provide="typeahead" data-items="4">-->
    //使用 dropDownList()方法替换下拉列表框标签
    <?php echo $form->dropDownList($model,'cid',$categorys); ?>
    <!--<select name="Article[cid]" id="Article_cid">
      <option value="" selected="selected">——请选择——</option>
      <option value="15">首页幻灯图片</option>
      <option value="16">友情链接</option>
      <option value="17">官方博客</option>
      <option value="18">—社会热点</option>
      <option value="23">—热点博文</option>
      <option value="19">网站相关</option>
      <option value="20">—网站底部</option>
      <option value="21">—关于我们</option>
      <option value="22">产品中心</option>
      <option value="1">—全自动洗碗机</option>
      <option value="2">—家用洗碗机</option>
      <option value="3">—餐具消毒设备</option>
      <option value="4">—商用洗碗机</option>
      <option value="14">行业百科</option>
      <option value="5">新闻中心</option>
      <option value="6">—企业新闻</option>
      <option value="7">—行业新闻</option>
      <option value="8">关于我们</option>
      <option value="27">—联系方式</option>
      <option value="9">联系我们</option>
      <option value="10">成功案例</option>
      <option value="24">—商用洗碗机</option>
      <option value="13">—餐具消毒设备</option>
    </select>-->
```

```
    //使用 fileField()方法替换文件选择框标签
    <?php echo $form->fileField($model,'imgurl',array('size'=>50,"class"=>
"input-file uniform_on")); ?>
    <!--<input class="input-file uniform_on" id="fileInput" name="fileInput"
 type="file">-->
    //使用 textArea()方法替换文本输入域标签
    <?php echo $form->textArea($model,'content',array("name"=>"textarea2",
"class"=>"cleditor","cols"=>50,"rows"=>3)) ?>
    <!--<textarea class="cleditor" id="textarea2" name="textarea2" rows="3">
</textarea>-->
```

这里之所以使用小物件 CActiveForm 替换 HTML 表单标签，是因为小物件 CActiveForm 提供了比使用 HTML 标签创建表单更多的功能，如从数据库中读取数据和表单验证，这些内容在后面章节会详细介绍。

提示：使用 dropDownList()方法替换下拉列表框标签，需要在 Category 模型类中实现级联显示分类目录递归列表，这部分代码可参照本书配套代码。

前两节中提到的 CJuiDatePicker 和 CActiveForm 都是 Yii 框架自带的小物件，在实际项目中，经常需要用户自己把视图中带有复杂逻辑的代码封装成小物件，以便提高代码的复用性。下一节将介绍如何自定义小物件。

7.3 自定义小物件

要在 Yii 框架中使用自定义的小物件，需要符合 Yii 框架的"内部机制"，而这些已经在 CWidget 类中实现了，因此，我们自定义的小物件首先需要继承 CWidget 类。

7.3.1 继承 CWidget

Yii 框架的小物件都是 CWidget 或其子类的实例，自定义一个新的小物件，需要继承 CWidget 并覆盖 init()和 run()方法，详细说明如下所示。

```
class TestWidget extends CWidget{
    public function init(){
        //可以在这里进行查询数据操作
    }
    public function run(){
        //可以在这里进行渲染视图的操作
        $this->render('test', array(
            'str'=>'widget 视图变量',
        ));
    }
}
```

为什么自定义小物件需要覆盖 CWidget 类的 init()和 run()方法？要知道答案，就得分析 Yii 框架的源码了，源码目录 framework\web\CBaseController.php 中的相应代码如下。

```
abstract class CBaseController extends CComponent
{
        public function beginWidget($className,$properties=array())
        {
                $widget=$this->createWidget($className,$properties);
                $this->_widgetStack[]=$widget;
                return $widget;
        }
        public function createWidget($className,$properties=array())
        {
                $widget=Yii::app()->getWidgetFactory()->createWidget($this,
                $className,$properties);
                $widget->init();
                return $widget;
        }
        public function endWidget($id='')
        {
                if(($widget=array_pop($this->_widgetStack))!==null)
                {
                        $widget->run();
                        return $widget;
                }
                else
                        throw new CException(Yii::t('yii','{controller} has
 an extra endWidget({id}) call in its view.',
                                array('{controller}'=>get_class($this),'{id}'
=>$id)));
        }
        public function widget($className,$properties=array(),
$captureOutput=false)
        {
                if($captureOutput)
                {
                        ob_start();
                        ob_implicit_flush(false);
                        $widget=$this->createWidget($className,$properties);
                        $widget->run();
                        return ob_get_clean();
                }
                else
                {
                        $widget=$this->createWidget($className,$properties);
                        $widget->run();
                        return $widget;
                }
        }
```

由上述源码可知，在执行 beginWidget()方法时，会调用 CWidget 类 init()方法，在执行 endWidget()方法时，会调用 CWidget 的 run()方法，而当执行 widget()方法时，依次会调用 CWidget 的 init()和 run()方法，因此，在 Yii 框架中自定义小物件时，只需要覆盖 CWidget 的 init()和 run()方法即可。

了解了 Yii 框架中自定义小物件的“内部机制”，接下来通过创建一个小物件的例子，进一步了解自定义小物件的 MVC 结构。

7.3.2 自定义小物件的 MVC 结构

Yii 框架中的小物件也是 MVC 结构，默认情况下，小物件的视图文件位于小物件类同级的“views”目录里。通常，在小物件的“run()”方法中调用 CWidge 的 render()方法渲染小物件自己的视图，这一点和控制器很相似。唯一不同的是，小物件的视图不支持布局文件。

创建 protected\widgets\DemoWidget.php 文件，在其中自定义一个带有视图的小物件。

```
<?php
class DemoWidget extends CWidget
{
    public function init()
    {
        echo "首先执行小物件的 init()方法"."<br/>";
    }

    public function run()
    {
        echo "然后是 run()方法"."<br/>";
        //渲染小物件自己的视图
        $this->render('widgetview', array(
            'str'=>'在 run()方法中可以向小物件的视图文件传递变量',
        ));
    }
}
```

这个小物件的视图文件保存在同级 views 目录中，即在 protected/widgets/views 目录下创建视图文件 widgetview.php。

```
<?php
echo "这是小物件 DemoWidget 的视图"."<br/>";
echo $str;
```

小物件创建好后，就可以在视图中调用了。首先在 protected/controllers/DemoController.php 文件中创建动作方法 actionCustomWidget()。

```
<?php
class DemoController extends CController{
    ......
    public function actionCustomWidget()
    {
        //渲染带有自定义小物件的视图
        $this-> renderPartial("include_custom_widget");
    }
}
```

该方法中渲染带有自定义小物件的视图文件\protected\views\demo\include_custom_widget.php。

```
<?php
//调用自定义小物件 DemoWidget
$this->widget('application.widgets.DemoWidget');
?>
```

以上代码需创建的文件结构如图 7-3 所示。

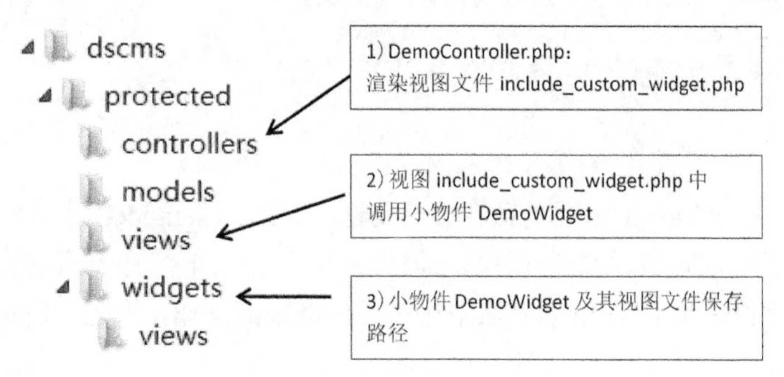

图 7-3　自定义小物件文件结构

在浏览器中访问 DemoController 的 actionCustomWidget()方法，输出内容如下：

```
首先执行小物件的 init()方法
然后是 run()方法
这是小物件 DemoWidget 的视图
在 run()方法中可以向小物件的视图文件传递变量
```

通过以上演示代码，能够了解小物件的目录结构，以及小物件中 init()方法和 run()方法的调用流程。在下一节中，将把首页幻灯片切换部分代码拿出来，保存成一个小物件，希望读者更好地理解及掌握自定义小物件。

7.4　项目实现迭代六：自定义首页幻灯片小物件

以本书提供的前台首页为例，其中的幻灯片部分比较复杂，而且相对独立性比较强，可以封装成一个小物件。我们按照下面的步骤可以完成首页幻灯片小物件的编写过程。

步骤 1：创建小物件 SlidesWidget。定义 SlidesWidget 类继承 CWidget，并存储到 protected\widgets\SlidesWidget.php 文件中，代码如下。

```
<?php
//创建首页幻灯片小物件
class SlidesWidget extends CWidget {
     private $pictures_model;
     public function init()
     {
          //从 ds_picture 表中读取所有记录的 title 和 imgurl 两个字段的内容
          $this->pictures_model = Picture::model()->findAll(array("selec
t"=>array("title","imgurl")));
     }
    public function run(){
      //小物件视图中的$this 指向小物件实例对象
      $this->render('slides',array(
        "pictures_model"=>$this->pictures_model,
      ));
    }
}
```

在小物件 SlidesWidget 中定义私有成员属性“$pictures_model”，用来保存图片表模型实例对象，然后在成员方法 init()中给该属性赋值，查询出图片表所有记录的“title”和“imgurl”两个字段，最后在 run()方法中进行视图渲染的操作，并把“$pictures_model”的值传递到视图层。

步骤 2：创建小物件中调用的视图文件 protected\widgets\views\slides.php，代码如下所示。

```
<style type=text/css>
#slideshow{position:relative;height:269px;width:680px;}
#slideshow div{position:absolute;top:0;left:0;z-index:8;opacity:0.0;
height:269px;overflow:hidden;background-color:#FFF;}
#slideshow div.current{z-index:10;}
#slideshow div.prev{z-index:9;}
#slideshow div img{display:block;border:0;margin-bottom:10px;}
</style>
<div class="bannerFlash marginbtm15">
     <div id=slideshow>
```

```
            <?php foreach($pictures_model as $k=>$picture){?>
            <div <?php if($k==0)echo "class=current";?>>
                <a href="#">
                     <img src="<?php echo Yii::app()->request->hostInfo.
"/chap6".$picture->imgurl;?>" width=680 height=269>
                </a>
            </div>
            <?php } ?>
        </div>
    </div>
    <script type=text/javascript>
        function slideSwitch() {
             var $current = $("#slideshow div.current");
             // 判断 div.current 个数为 0 时 $current 的取值
             if ( $current.length == 0 ) $current = $("#slideshow div:last");
             // 判断 div.current 存在时，则匹配$current.next(),否则转到第一个 div
             var $next =  $current.next().length ? $current.next() :
$("#slideshow div:first");
             $current.addClass('prev');
             $next.css({opacity: 0.0}).addClass("current").animate({opacity
: 1.0}, 1000, function() {
             //因为原理是层叠,删除类,让 z-index 的值只放在轮转到的 div.current,从而最前端显示
                     $current.removeClass("current prev");
                     });
        }
        $(function() {
             //$("#slideshow span").css("opacity","0.7");
             $(".current").css("opacity","1.0");
             // 设定时间为 3 秒(1000=1 秒)
             setInterval( "slideSwitch()", 3000 );
        });
    </script>
```

小物件 SlidesWidget 的视图文件 slides.php 中封装了创建幻灯片效果的所有前台代码，在需要时直接调用就可以使用。

步骤 3：在前台首页视图文件，即 protected\views\index\index.php 文件中调用自定义小物件 SlidesWidget，替换已经在小物件中封装的代码。

```
<?php
//自定义小物件，首页幻灯片小物件
$this->widget('application.widgets.SlidesWidget');
?>
```

步骤 4：在浏览器中访问 IndexController 控制器的 actionIndex()方法，验证小物件 SlidesWidget 的输出结果。

注意：小物件中调用的CSS文件、JS文件和图片等资源文件，应该和小物件类文件保存在一起，以便实现独立调用，可参照4.3节关于模块中的资源文件的内容，本节就不再重复介绍了。

7.5 项目实现迭代七：分页显示列表页

在项目实现迭代二中，实现了“新闻中心”列表页。通常，在Web应用中，列表页中会显示很多文章，这时就需要用到分页显示，使页面不会变得冗长，并且用户体验很友好。

Yii框架中的CPagination类用于实现分页功能，如何使用这个类，将在本节中详细介绍。

7.5.1 分页组件CPagination

对于分页组件CPagination类，首先需要设置的值是显示的记录总个数。这个值也是该类的构造方法的参数，构造方法的说明见表7-7。

表7-7 __construct方法

public void __construct(integer $itemCount=0)		
$itemCount	integer	项目总数

其次需要设置的是每页中包含的记录数，查看framework/web/CPagination.php文件中的源码。

```
class CPagination extends CComponent
{
	/**
	 * The default page size.
	 */
	const DEFAULT_PAGE_SIZE=10;
	private $_pageSize=self::DEFAULT_PAGE_SIZE;
	/**
	 * @return integer number of items in each page. Defaults to 10.
	 */
	public function getPageSize()
	{
		return $this->_pageSize;
	}
	/**
	 * @param integer $value number of items in each page
	 */
```

```
        public function setPageSize($value)
        {
                if(($this->_pageSize=$value)<=0)
                        $this->_pageSize=self::DEFAULT_PAGE_SIZE;
        }
        ......
}
```

由源码可知，在 CPagination 类中，可以通过设置“pageSize”属性来规定每页显示的记录数，默认显示 10 条记录。

最后需要了解的是 CPagination 类中的成员方法 applyLimit()，其详细介绍见表 7-8。

表 7-8 applyLimit ()方法

public void applyLimit(CDbCriteria $criteria)		
$criteria	CDbCriteria	将会和 limit 一起应用的查询条件

framework/web/CPagination.php 文件中该方法源码如下。

```
public function applyLimit($criteria)
{
        $criteria->limit=$this->getLimit();
        ......
}
public function getLimit()
{
        return $this->getPageSize();
}
```

该方法的功能就是把成员属性“pageSize”的值作为查询的 limit 限制条件。

介绍完了 CPagination 类，我们看一下在新闻中心栏目分页显示时它的具体应用。在 protected/controllers/ArticleController.php 控制器文件中定义 actionNews()方法。

```
<?php
/**
 * ArticleController控制器主要实现新闻中心等栏目的设计与呈现
 */
class ArticleController extends Controller{
     public $layout='article';
     //项目实现迭代七：分页显示列表页
     public function actionNews(){
          //新闻中心包含企业新闻和行业新闻两个子栏目
          $criteria=new CDbCriteria;
          $criteria->addInCondition('cid',array(6,7));
          $criteria->select='id,title,description';
          //查询数据库表ds_article中cid是6和7的记录个数
```

```
                $total = Article::model()->count($criteria);
                //创建分页类对象时，设置需要分页显示内容的总个数
                $pages=new CPagination($total);
                $pages->pageSize=1;//假设每页显示记录数为 1
                $pages->applyLimit($criteria);//为查询条件增加 limit 限制
                //把设置了 limit 参数的 CDbCriteria 实例对象作为查询条件,得到模型数据对象
                $article_model=Article::model()->findAll($criteria);
                //通过 render()方法把文章模型对象和分页实例对象传到视图层
                $this->render("news",array("article_model"=>$article_model,
"pages"=>$pages));
        }
    }
```

以上代码实现步骤如下。

1）获取新闻中心栏目下所有记录的总个数，保存在变量“$total”中。

2）创建 CPagination 实例对象，并把“$total”作为构造函数的参数。

3）设置每页显示的记录数。

4）调用 applyLimit()方法为 CDbCriteria 实例对象设定 limit 限制。

5）使用被设置 limit 限制的 CDbCriteria 实例对象，获得模型数据对象数组。

6）把模型对象和分页类对象传递到视图层。

在控制器中完成了模型的调用，下面将在视图文件中完成数据的填充。

7.5.2 新闻中心列表页实现数据填充

新闻中心列表页中显示的是文章表的“title”和“description”两个字段的内容，处理起来非常简单，先来看一下原有视图文件（protected/views/article/news.php）中的代码。

```
    <div class="listPanle marginbtm15">
        <div class="listItem">
            <div class="title"><span>2011-08-23</span><h3 class="Blue bold">
<a href=#title="我国商用洗碗机普及率低市场发展空间大">我国商用洗碗机普及率低市场发展空间
大</a> </h3></div>
            <div class="pvcontent">
                <p>近日，中国家用电器研究院和国家家用电器质量监督检验中心联合在北京发布
了2011年洗碗机 6A检测结果。中国家用电器研究院副院长吴尚杰宣布,经过严格按照GB/T20290-2006
《商用洗碗机性能测试方法》国家标准和"商用洗碗机 6A"标准检测，格兰仕、松下、西门子、美的等 4
家企业送检的 7 个产品全部达到 6A 级标准要求。... <span class="more1"> <a href=
#target="_blank">[阅读全文]</a></span> </p>
            </div>
        </div>
        <div class="listItem">
            <div class="title"><span>2011-08-23</span><h3 class="Blue bold">
```

```
<a href=#target="_blank" title="家用洗碗机在国内市场的推广已呈锐不可当之势">家用洗碗机在国内市场的推广已呈锐不可当之势</a></h3></div>
            <div class="pvcontent">
                <p>近日，由中国家用电器研究院主办的"厨房新势力·悦享净生活"，2011 年家用洗碗机 6A 检测标准发布会在北京召开。会上发布了清洁器具"6A 检测标准"，即 JDYB007-2011《家用和类似用途家用洗碗机性能分等分级》技术规范(以下简称"洗碗机 6A"标准)。... <span class="more1"><a href=#target="_blank">[阅读全文]</a></span></p>
            </div>
        </div>
        <div class="listItem">
            <div class="title"><span>2011-08-15</span><h3 class="Blue bold"><a href=#target="_blank" title="洗碗机：内销家电下一片"蓝海"?">洗碗机：内销家电下一片"蓝海"?</a></h3></div>
            <div class="pvcontent">
                <p>未来几年洗碗机的内销市场将会进入一个迅速扩大的时期，有望成为家电内销产品的"新蓝海"。... <span class="more1"><a href=#target="_blank">[阅读全文]</a></span></p>
            </div>
        </div>
        <div class="listItem">
            <div class="title"><span>2011-08-15</span><h3 class="Blue bold"><a href=#target="_blank" title="家用洗碗机市场开拓还有待时日">家用洗碗机市场开拓还有待时日</a></h3></div>
            <div class="pvcontent">
                <p>在我国,家用洗碗机市场面临着市场潜力巨大却无法打开的窘局。... <span class="more1"><a href=#target="_blank">[阅读全文]</a></span></p>
            </div>
        </div>
```

替换后的代码如下。

```
    <?php
    foreach($article_model as $vo){
    ?>
        <div class="listItem">
            <div class="">
                <div class="title">
                    <span><?php echo date('Y-m-d',$vo->create_time);?></span>
                    <h3 class="Blue bold">
                        <a href="#" target="_blank" title="<?php echo $vo->title;?>"><?php echo $vo->title;?></a>
                    </h3>
                </div>
                <div class="pvcontent">
                <p><?php echo $vo->description;?>... <span class="more1"><a href="#" target="_blank">[阅读全文]</a></span></p>
                </div>
            </div>
        </div>
    <?php };?>
```

替换完成后，在浏览器中访问新闻中心列表页，即访问 ArticleController 控制器的 actionNews()方法，如图 7-4 所示。

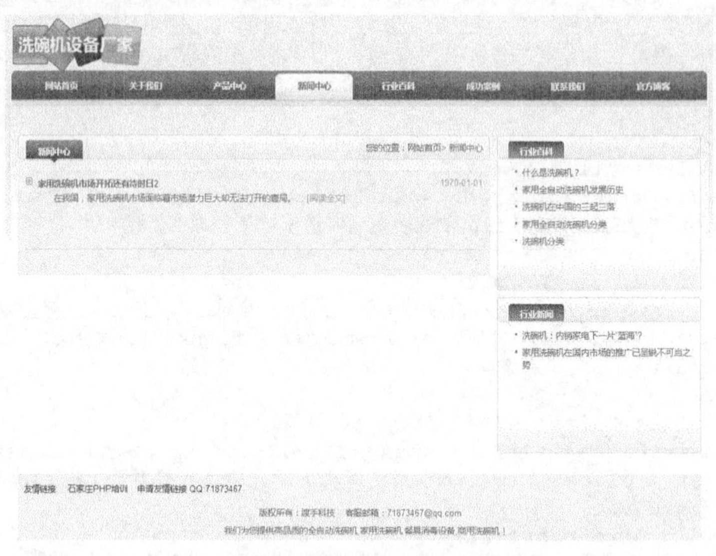

图 7-4 新闻中心列表页

由于上一小节中我们设置了每页显示记录的个数为 1（$pages->pageSize=1;），因此上面打开的页面中只有一条记录，其余的记录保存在别的分页中并没有显示出来。很显然，为了访问其余的分页，我们还需要一个分页的超链接列表。

7.5.3 分页的超链接列表小物件 CLinkPager

Yii 框架把实现分页的超链接列表的代码封装到了小物件 CLinkPager 中，CLinkPager 类的部分成员属性见表 7-9。

表 7-9 CLinkPager 类的部分成员属性

属 性	描 述
header	分页按钮前面显示的文本。默认是“Go to page: ”
firstPageLabel	“第一页”按钮的文本。默认是“<< First”
prevPageLabel	“上一页”按钮的文本。默认是“< Previous”
maxButtonCount	要显示的最多分页按钮数。默认是 10
nextPageLabel	“下一页”按钮的文本。默认是“Next >”

（续）

属　　性	描　　述
lastPageLabel	“最后一页”按钮的文本。默认是“Last >>”
pagers	返回此 pager 所用的分页信息

在视图文件（protected/views/article/news.php）中使用 widget()方法调用该小物件。

```
<div class="pages">
    <?php
        $this->widget('CLinkPager', array(
        'header'=>'',
        'prevPageLabel'=>'上一页',
        'nextPageLabel'=>'下一页',
        'firstPageLabel'=>'首页',
        'lastPageLabel'=>'末页',
        'maxButtonCount'=>3,
        'pages' => $pages,
        ));
     ?>
</div>
```

在浏览器中再次访问新闻中心列表页，就会在页面中显示如图 7-5 所示的分页超链接列表效果。

图 7-5 小物件 CLinkPager 效果图

利用浏览器查看使用 CLinkPager 生成的 HTML 代码。

```
<ul id="yw0" class="yiiPager">
    <li class="first hidden"><a href="/index.php?r=article/news">首页</a></li>
    <li class="previous hidden"><a href="/index.php?r=article/news"> 上 一
页</a></li>
    <li class="page selected"><a href="/index.php?r=article/news">1</a></li>
    <li class="page"><a href="/index.php?r=article/news&amp;page=2">2</a></li>
    <li class="page"><a href="/index.php?r=article/news&amp;page=3">3</a></li>
    <li class="next"><a href="/index.php?r=article/news&amp;page=2"> 下 一
页</a></li>
    <li class="last"><a href="/index.php?r=article/news&amp;page=4"> 末 页
</a></li>
</ul>
```

CIinkPager 封装的这部分超链接列表中，使用了“&page=*n*”的方式把分页页号传回新闻中心列表页，实现了分页的形式显示列表页。除此之外，我们还发现“首页”和“末页”并没有显示出来，这是因为在 framework/web/widgets/pagers/pager.css 文件中定义了如下样式。

```
/**
 * Hide first and last buttons by default.
 */
ul.yiiPager .first,
ul.yiiPager .last
{
        display:none;
}
```

由此可知，默认情况下，“首页”和“末页”是隐藏的。在某些应用中，我们需要显示“首页”和“末页”，另外，还需要显示总页数等信息，那么在下一小节中，就对小物件 CLinkPager 进行改进。

7.5.4 对小物件的二次开发

由于 Yii 框架自带的分页超链接列表小物件 CLinkPager 有局限性，为了实现显示“首页”和“末页”，并且显示总页数等信息，因此，在 protected/widgets/LinkPager 目录下创建 LinkPager.php，该文件是对小物件 CLinkPager 的二次开发，代码如下。

```
<?php
class LinkPager extends CLinkPager{
    const CSS_TOTAL_PAGE='total_page';
    const CSS_TOTAL_ROW='total_row';

    public $totalPageLabel;
    public $totalRowLabel;
```

```
        /**
         * 创建页面需要的按钮
         * @return array a list of page buttons (in HTML code).
         */
        protected function createPageButtons(){
             $buttons=parent::createPageButtons();
             if(($pageCount=$this->getPageCount())<=1)
                  return array();
             $currentPage = $this->getCurrentPage(false);
             // 页数统计
             $buttons[]=$this->createTotalButton(($currentPage+1).
"/{$pageCount}",self::CSS_TOTAL_PAGE,false,false);
             // 条数统计
             $buttons[]=$this->createTotalButton("共{$this->getItemCount()}
条",self::CSS_TOTAL_ROW,false,false);
             return $buttons;
        }
        //创建页面按钮
        protected function createTotalButton($label,$class,$hidden,$selected){
             if($hidden || $selected)
                       $class.=' '.($hidden ? self::CSS_HIDDEN_PAGE : self:
:CSS_SELECTED_PAGE);
             return '<li class="'.$class.'">'.CHtml::label($label,false).'</li>';
        }
        /**
         * 注册需要的客户端脚本，主要是 CSS 文件
         */
        public function registerClientScript()
        {
            if($this->cssFile!==false)
                 self::registerCssFile($this->cssFile);
        }
        /**
         * 注册需要的 CSS 文件
         * @param string $url the CSS URL. If null, a default CSS URL will
be used.
         */
        public static function registerCssFile($url=null)
        {
            if($url===null)
                      $url=CHtml::asset(Yii::getPathOfAlias('application.
widgets.LinkPager.pagera').'.css');
            Yii::app()->getClientScript()->registerCssFile($url);
        }
    }
```

该小物件中需要的 pager.css 文件，也保存在 protected/widgets/LinkPager 目录下。

```
    ul.yiiPager{font-size:11px;border:0;margin:0;padding:0;line-height:100%;
display:inline;}
```

```
    ul.yiiPager li{display:inline;}
    ul.yiiPager .total_page label,
    ul.yiiPager .total_row label,
    ul.yiiPager a:link,
    ul.yiiPager a:visited{border:solid 1px #9aafe5;font-weight:bold;color:
#0e509e;padding:1px 6px;text-decoration:none;}
    ul.yiiPager .page a{font-weight:normal;}
    ul.yiiPager a:hover{border:solid 1px #0e509e;}
    ul.yiiPager .selected a{background:#2e6ab1;color:#FFFFFF;font-weight:bold;}
    ul.yiiPager .hidden a{border:solid 1px #DEDEDE;color:#888888;}
    ul.yiiPager .first,ul.yiiPager .last{display:inline;}
```

最后，和调用小物件 CLinkPager 一样，也在视图文件（protected/views/article/news.php）中使用 widget()方法调用该小物件。

```
    <div class="pages">
        <?php
            $this->widget('application.widgets.LinkPager.LinkPager', array(
            'header'=>'',
            'prevPageLabel'=>'上一页',
            'nextPageLabel'=>'下一页',
            'firstPageLabel'=>'首页',
            'lastPageLabel'=>'末页',
            'maxButtonCount'=>2,
            'pages' => $pages,
            ));
         ?>
    </div>
```

运行页面后显示的效果如图 7-6 所示。

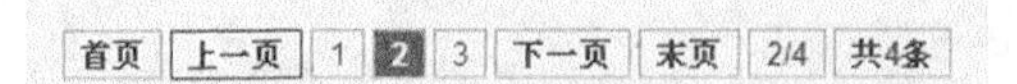

图 7-6　对小物件 CLinkPager 二次开发后显示的效果图

7.6　小结

本章全面介绍了 Yii 框架小物件相关的内容，包括调用小物件的方式，以及如何自定义小物件等。小物件是一种全新的概念，在前面的章节内容中均没有涉及相关介绍，通过本章中的简单的示例，帮助读者快速掌握小物件的实际使用。

第 8 章
ActiveRecord 模型验证

用户提交数据来填充模型时，需要检查提交的数据是否符合指定的规则。例如，在“文章添加”页面中，就需要验证文章标题和文章内容是否为空，如图 8-1 所示。

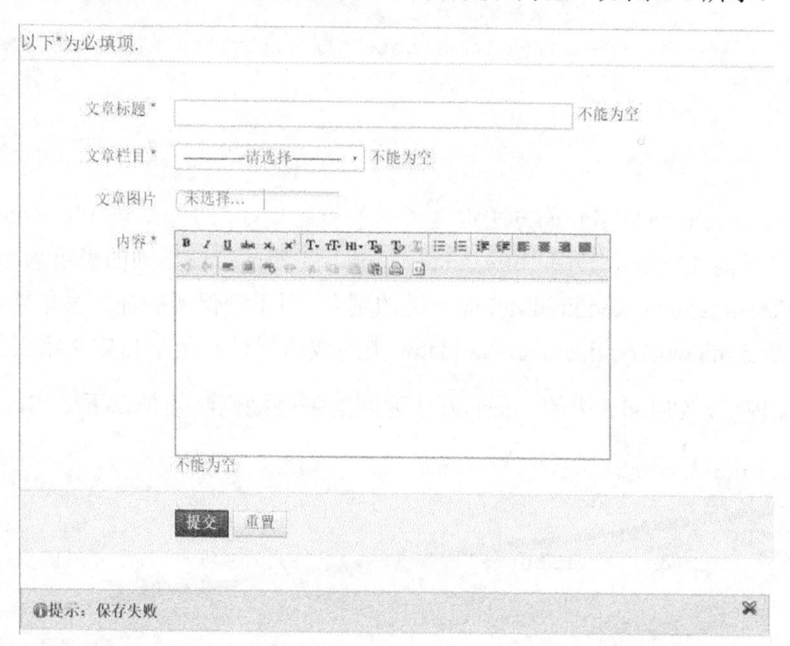

图 8-1 “文章添加”页面验证

由于 Yii 基于 MVC 框架模式，因此，模型验证时，需要分别在模型、控制器和视图中完成，相应的步骤如下。

- 在模型中编写验证需要的规则。
- 在控制器中进行安全赋值和触发验证。

- 在视图中提取验证出错时的信息。

下面详细介绍每个步骤的实现过程。

8.1　模型中编写验证规则

通过前面章节的介绍可知，Yii 框架中的每一个模型都继承了模型基类 CModel，本节介绍的模型验证首先需要重写 CModel 类的 rules()方法，在其中指定该模型的验证规则。例如，如图 8-1 所示，验证文章标题和内容不为空，就需要下面的验证规则。

```
class Article extends CActiveRecord{
     public function rules()
     {
        return array(
                  //文章标题，内容为必填项
                  array('title,content', 'required',"message"=>"不能为空"),
        );
     }
     ......
}
```

文章表模型 Article 的 rules()方法定义了一条验证规则，即“array('title,content','required', "message"=>"不能为空")”，其中“title,content”表示匹配此验证规则的表单项名。“required”是 framework/validators/CRequiredValidator 类的别名，用于确保所验证的表单输入项不为空。“message”是 framework/validators/CValidator 类的成员属性，用于自定义错误提示信息。

Yii 框架规定，CModel 类的 rules()方法返回的每个规则必须是以下格式。

```
public function rules()
{
     return array(
           array('attributes',       //属性列表字符串(逗号分隔)
                 'validator',        //预定义验证器类的别名
                 'on'=>'actionID',   //应用场景列表(可选)
                 'message'=>'string'//附加选项，如自定义的错误提示信息
           ),
           ......
     );
}
```

- “attributes”是需要通过此规则验证的表单项的名字。
- “validator”指定要执行验证器的类型。

- “on”参数是可选的，指定应用此规则的场景列表。
- “附加选项”是一个名值对数组，用于初始化相应验证器类的成员属性，如“message”就可以自定义错误提示信息。

对于验证规则中指定的“validator”验证器，通常情况下是一个预定义验证器类的别名。Yii 框架提供的验证器见表 8-1。

表 8-1 预定义验证器列表

验 证 器 类	别名	功 能 描 述
CBooleanValidator	boolean	确保验证项值是 true 或 false
CCaptchaValidator	captcha	验证码验证
CCompareValidator	compare	确定值验证
CEmailValidator	email	有效的 Email 地址格式验证
CDefaultValueValidator	default	设定默认值
CExistValidator	exist	确保验证项可以在指定数据库表的列中找到
CFileValidator	file	确保验证项含有一个上传文件的名字
CFilterValidator	filter	通过一个过滤器改变此验证项
CRangeValidator	in	确保验证项的值在预先指定的范围之内
CStringValidator	length	确保验证项的长度在指定的范围之内
CRegularExpressionValidator	match	正则表达式匹配验证
CNumberValidator	numerical	有效的数字格式验证
CRequiredValidator	required	确保验证项不为空
CTypeValidator	type	确保验证项是指定的数据类型
CUniqueValidator	unique	确保验证项在数据库表列中是唯一的
CUrlValidator	url	有效的 URL 格式验证
CSafeValidator	safe	认为该验证项是安全的，以便于块赋值

当然，除了使用 Yii 框架提供的预定义验证器之外，验证规则中指定的“validator”还可以是模型类中的一个方法名，或者是一个自定义验证器的类名。对于这两种情况，本节不再举例说明，下面只列出在“文章添加”页面中需要的验证器规则。

```
class Article extends CActiveRecord{
    public function rules()
    {
       return array(
                //文章标题，内容为必填项
                array('title,content', 'required',"message"=>"不能为空"),
                //文章图片可以为空，类型只能是 jpg、gif 或者 png,最大 10MB
                array('imgurl','file',
                        'allowEmpty'=>true,
                        'types'=>'jpg, gif, png',
                        'maxSize'=>1024 * 1024 * 10,
                        'tooLarge'=>'上传图片已超过 10M'),
                //文章标题最多 32 个字符
                array('title', 'length', 'max'=>32),
    );
  }
  ......
}
```

模型中验证规则已经编写完毕，接下来就需要在控制器中触发这些验证，并且安全地获取表单的数据。

8.2 控制器中安全赋值

当用户在“添加文章”页面中填入数据并且单击“提交“按钮后，在 ArticleManager-Controller 控制器中就可以获得表单收集的数据，并且赋值给文章表模型 Article 的成员属性。经过了 8.1 节中的验证，这里可以通过“块赋值”（massive assignment）的方式轻松实现。

```
class ArticleManagerController extends CController
{
    //添加文章
    public function actionCreate()
    {
        ......
        //创建文章模型
        $article = new Article();
        if(isset($_POST['Article']))
        {
             $article->attributes=$_POST['Article'];// 块赋值
```

```
            }
            ......
        }
    }
```

“$article->attributes=$_POST['Article'];”称作块赋值，它将 $_POST['Article'] 中的每一项复制到相应的模型属性中，相当于如下赋值方法。

```
foreach($_POST["Article"] as $name=>$value)
{
        if($name 是一个安全的属性)
                $article->$name=$value;
}
```

提示： 为了让 $_POST['Article '] 传递的是一个数组而不是字符串，需要在命名表单域时遵守一个规范。具体来说，对于模型类 Article 中属性 title 的输入框，我们将其命名为 Article[title] 。

注意，表单项必须有可检验有效性的验证规则才可以进行块赋值，且无论是否符合验证规则，都可以进行块赋值。例如：

```
array('title','email','message'=>"格式不对"),
```

其中，“title”进行了有效的 Email 地址格式验证，即使输入的数据不符合 Email 地址格式，但是也能在块赋值时被赋值给模型的属性。

提示： 验证规则是用于检查用户输入的数据，而不是检查我们在代码中生成的数据（如时间戳，自动产生的主键）。因此，不要为那些不接受最终用户输入的特性添加验证规则。

有时候我们需要某一表单项可以进行块赋值，但是又不想给其指定任何规则。例如，之前的文章内容我们希望可以接受用户的任何输入，即使为空也可以，Yii 提供了一个特殊的规则“safe”来达到此目的。模型中的验证规则就可以写成如下形式。

```
array('content', 'safe')
```

综上所述，能够进行块赋值的表单项需要对应的模型属性有一个验证规则，但是在赋值的时候并没有进行实质性的验证，那么如何触发验证呢？下一节将给读者详细介绍。

8.3 控制器中触发验证

触发模型中定义的验证规则，需要调用模型基类 CModel 的 validate()方法，此方法返回值类型为 boolean，表示验证是否成功。

不过，对CActiveRecord模型来说，直接执行save()方法即可，因为该方法内部会调用CModel的validate()方法，调用流程如图8-2所示。

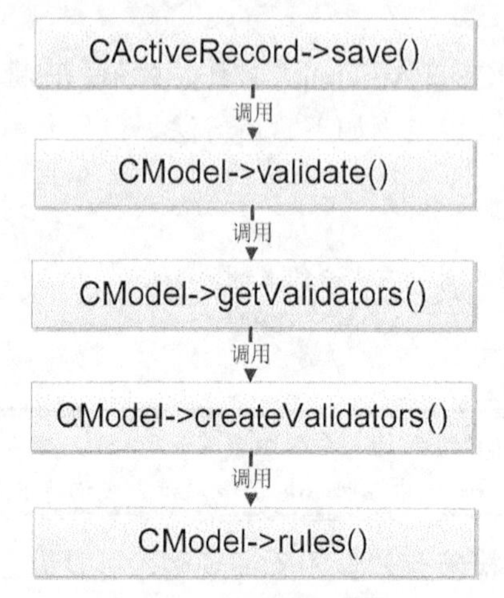

图8-2 方法调用关系图

图8-2中的调用关系了解即可，这里不再过多地进行分析。下面是“添加文章”页面控制器ArticleManagerController中调用CActiveRecord模型的save()方法的代码。

```
class ArticleManagerController extends CController
{
    //添加文章
    public function actionCreate()
    {
        ......
        //创建文章模型
        $article = new Article();
        if(isset($_POST['Article']))
        {
            $article->attributes=$_POST['Article'];
            //执行保存，写入数据库
            if($article->save()){
                //数据存放成功，跳转
                ......
            }else{
                ......
            }
        }
        ......
    }
}
```

在 save()方法中执行验证后，如果不符合验证规则，则会提示错误信息，下一节中介绍视图中提取错误信息的方法。

8.4 视图中提取错误信息

验证完成后，任何可能产生的错误将被存储在模型对象中。可以通过调用模型基类 CModel 的 getError()或 getErrors()方法提取这些错误信息。这两种方法的详细说明分别见表 8-2 和表 8-3。

表 8-2 getError ()方法

public string getError(string $attribute)		
$attribute	string	表单项名（模型属性名）
{return}	string	返回指定的第一个模型属性错误信息

表 8-3 getErrors()方法

public array getErrors(string $attribute=NULL)		
$attribute	string	表单项名（模型属性名）
{return}	string	所有模型属性的错误信息

这两种方法的区别显而易见，直接在视图文件中调用即可。“添加文章”视图页面中“title”表单项错误信息输出代码如下。

```
<?php
    echo $model->getError('title');
?>
```

除了可以使用模型基类 CModel 的 getError()或 getErrors()方法在视图文件中显示错误信息之外，还可以使用小物件 CActiveForm 类的 error()方法，该方法的说明见表 8-4。

表 8-4 CActiveForm 的成员方法 error()

public string error(CModel $model, string $attribute, array $htmlOptions=array ( ), ……)		
$model	CModel	模型实例对象
$attribute	string	数据库表的字段名或表单中标签名
$htmlOptions	array	附加的 HTML 属性
{return}	string	生成的输入框

与 CModel 类的输出错误信息方法相比，该方法可以更加灵活地添加 HTML 属性、设定 CSS 样式。例如，“添加文章”视图页面中“title”表单项错误信息输出代码改成如下形式。

```
<?php
      echo $form->error($model,"title",array("style"=>"display:inline;color:red"));
?>
```

至此，关于 ActiveRecord 模型验证的所有相关内容就介绍完了，下一节将通过完成“添加文章”页面的模型验证，加深对本章内容的理解。

8.5 项目实现迭代八：完成“添加文章”页面中的模型验证

在上文中，只是完成了模型验证的一部分，本节将系统完整地完成“添加文章”页面中的模型验证。

步骤 1：首先在模型 Article 中编写验证规则。在 protected/models/Article.php 中重写模型基类 CModel 的 rules()方法，代码如下。

```
class Article extends CActiveRecord{
    ……
    /**
     * @return array validation rules for model attributes.
     */
    public function rules()
    {
            // NOTE: you should only define rules for those attributes that
            // will receive user inputs.
            return array(
                    //文章标题，内容为必填项
                    array('title,content', 'required'),
                    //文章图片可以为空，类型只能是jpg、gif或者png，最大10MB
                    array('imgurl','file',
                            'allowEmpty'=>true,
                            'types'=>'jpg, gif, png',
                            'maxSize'=>1024 * 1024 * 10,
                            'tooLarge'=>'上传图片已超过10M'),
                   //文章标题最多32个字符
                   array('title', 'length', 'max'=>32),
            );
    }
}
```

步骤 2：在控制器中进行安全赋值和触发验证。在 protected/modules/admin/controllers/ArticleManagerController.php 中编写如下代码。

```
<?php
class ArticleManagerController extends CController
{
      //添加文章
      public function actionCreate()
      {
          //创建栏目模型，传递分类信息
          $categorys = Category::model()->showAllSelectCategory();
          //创建文章模型
          $article = new Article();
          if(isset($_POST['Article']))
          {
               $article->attributes=$_POST['Article'];//安全块赋值
               //执行保存，写入数据库
               if($article->save()){
                      //数据写入成功，提示保存成功
                      Yii::app()->user->setFlash('actionInfo',"保存成功");
                      $this->refresh();//刷新页面
               }else{
                      Yii::app()->user->setFlash('actionInfo',"保存失败");
               }
            }
            //渲染视图，传递模型数据
            $this->render("create",array("model"=>$article,"categorys"=>$categorys));
      }
      //管理文章
      public function actionAdmin()
      {
           $this->render("adminHtml");
      }
}
```

在上面的代码中，包含了一些没有介绍过的内容，如创建栏目模型、传递分类信息的 Category::model()->showAllSelectCategory()方法、数据写入成功后提示保存成功的 Yii::app()->user->setFlash('actionInfo',"保存成功")方法，以及刷新页面的$this->refresh()方法，这部分内容和本章内容联系不大，这里不再过多介绍，读者可参照本书配套代码，自学掌握。

步骤 3：使用小物件 CActiveForm 生成表单视图，一旦验证不通过，提取错误信息。在 protected/modules/admin/views/articleManager/create.php 中编写如下代码：

```
<!--基于bootstrap使用小物件CActiveForm生成表单-->
<div class="content">
    <div class="header">
        <h1 class="page-title">操作面板</h1>
    </div>
    <?php $form=$this->beginWidget('CActiveForm',array(
                "id"=>"article_add_form",
```

```
                    "htmlOptions"=>array(
                            "class"=>"form-horizontal",
                            "enctype"=>"multipart/form-data"//指定文件上传表单，
enctype属性一定是要设置的
                        ),
                      "action"=>"index.php?r=admin/article/create",
                  )
        ); ?>
        <fieldset>
                <legend>以下<span class="required">*</span>为必填项.</legend>
                <div class="control-group">
                  <?php echo $form->labelEx($model,'title',array("class"=>
"control-label","for"=>"typeahead")); ?>
                  <div class="controls">
                        <?php echo $form->textField($model,'title',array(
"class"=>"span6 typeahead","data-provide"=>"typeahead","data-items"=>"4")); ?>
                        <?php echo $model->getError('title'); ?>
                  </div>

                </div>

                <div class="control-group">
                        <?php echo $form->labelEx($model,'cid',array("class"
=>"control-label","for"=>"selectError")); ?>
                        <div class="controls">
                          <?php echo $form->dropDownList($model,'cid',
$categorys); ?>
                       </div>
                </div>

               <div class="control-group">
                 <?php echo $form->label($model,'imgurl',array("class"=>
"control-label","for"=>"fileInput")); ?>
                 <div class="controls">
             <?php
                    echo $form->fileField($model,'imgurl',array('size'=>50,
"class"=>"input-file uniform_on"));
                      if(!empty($model->imgurl))//如果imgurl不为空，则显示图片，
//如果图片没有找到，显示空图片
                           {
                              CHtml::image($model->imgurl, "缩略图", array
("style"=> "width:200px; height:300px;"));
                           }
                  ?>               </div>
               </div>
               <div class="control-group">
                 <?php echo $form->labelEx($model,'content',array("class"=>
"control-label","for"=>"textarea2")); ?>
                 <div class="controls">
```

```
                        <?php echo $form->textArea($model,'content',array ("
name"=>"textarea2","class"=>"cleditor","cols"=>50,"rows"=>3)) ?>
                        <?php echo $form->error($model,"content",array ("
style"=>"display:inline;color:red")); ?>
                  </div>
                </div>
                <div class="form-actions">
                  <button type="submit" class="btn btn-primary" name="sub">
提交</button>
                  <button type="reset" class="btn" name="res">重置</button>
                </div>

          </fieldset>
        <?php $this->endWidget(); ?>
        <?php
        if(Yii::app()->user->hasFlash('actionInfo'))
               echo "<div class='flash-success' id='flash-success'><b>".
"<img border='0' src='"
               .Yii::app()->baseUrl."/images/icons/info.png' width='16px'
height='16px'>提示: "
               .Yii::app()->user->getFlash('actionInfo')
               ."</b><span style='float:right;margin-top:-11px'><a href=
'javascript:void(0)' onclick=\"$('#flash-success').slideToggle();\"><img border=
'0' src='"
               .Yii::app()->baseUrl."/images/icons/cancel.png'></a></span>
</div>";
        ?>
    </div>
```

8.6 小结

虽然本章内容初学时感觉比较烦琐，但是经过梳理之后，相信读者应该能够找到这些知识之间的联系，从而掌握 Yii 框架 ActiveRecord 模型验证的用法。

通过本章的学习，首先希望读者了解模型验证的概念和作用。模型验证就是执行模型 rules()方法中定义的具体验证规则。用户提交数据，模型被填充，就需要检查字段的值是否符合指定的规则。

其次希望读者掌握 Yii 框架在模型、控制器和视图中进行完成模型验证的步骤，即在模型中定义验证规则，在控制器中安全赋值和触发验证，最后在视图中提取验证错误信息。

最后，以掌握本章内容为目的，实现了“项目实现迭代八”，为了更好地理解项目的实现过程，建议读者参考配套的视频和代码。

第 9 章 AJAX 验证

在页面开发过程中，对于像数据验证这些不需要重新载入整个页面的需求，可以采用 AJAX 技术。使用 AJAX 可以极大地优化用户的体验与页面的执行。

9.1 AJAX 简介

AJAX 是 Asynchronous JavaScript and XML 的缩写，其核心是通过 XMLHttpRequest 对象，以一种异步的方式，向服务器发送数据请求，并通过该对象接收请求返回的数据，从而消除网络交互过程中“处理—等待—处理—等待”的不足，完成人机交互的数据操作，具体流程如图 9-1 所示。

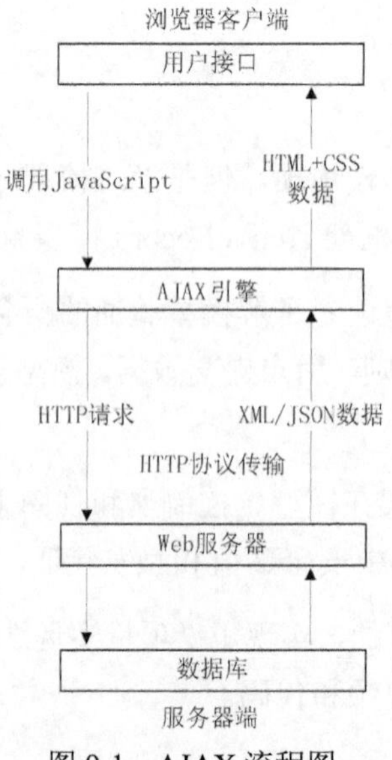

图 9-1　AJAX 流程图

9.2 传统的 JavaScript 实现 AJAX 验证

使用传统的 JavaScript 方法，基于 XMLHttpRequest 对象，也可以将数据加载到页面中。下面通过一个简单的示例来说明这一方法的实现过程。

功能描述：创建用户注册页面 register.php 和验证页面 validate.php。在注册页面中输入用户名，在验证页面中验证输入的用户名是否已经注册过了。

用户注册页面 register.php 的实现代码如下所示。

```
<html>
<head>
<title>用户注册</title>
<meta http-equiv="content-type" content="text/html;charset=utf-8"/>
<script type="text/javascript">
      //创建 AJAX 引擎
      function getXmlHttpObject(){
            var xmlHttpRequest;
            //不同的浏览器获取 XMLHttpRequest 对象的方法不一样
            if(window.ActiveXObject){
                  xmlHttpRequest=new ActiveXObject("Microsoft.XMLHTTP");
            }else{
                  xmlHttpRequest=new XMLHttpRequest();
            }
            return xmlHttpRequest;
      }
      var myXmlHttpRequest="";
      //验证用户名是否存在
      function checkName(){
            myXmlHttpRequest=getXmlHttpObject();
            //如何判断创建完成
            if(myXmlHttpRequest){
                 //通过 myXmlHttpRequest 对象发送请求到服务器的某个页面
                 //第一个参数表示请求的方式, "get" / "post"
                 //第二个参数指定 url,对哪个页面发出 AJAX 请求(本质仍然是 HTTP 请求)
                 //第三个参数若为 true,表示使用异步机制,如果为 false,表示不使用异步
                 var url="validate.php?username="+ document.
getElementById('username ').value;
                //打开请求
                myXmlHttpRequest.open("get",url,true);
                //指定回调方法 chuli 是方法名
                myXmlHttpRequest.onreadystatechange=chuli;
                //真的发送请求,如果是 get 请求,则填入 null 即可
```

```
                    //如果是 post 请求，则填入实际的数据
                    myXmlHttpRequest.send(null);
                }
        }
        //回调函数
        function chuli(){
              //window.alert("处理方法被调回"+myXmlHttpRequest.readyState);
              //取出从 registerPro.php 页面返回的数据
              if(myXmlHttpRequest.readyState==4){
                  //window.alert("服务器返回"+myXmlHttpRequest.responseText);
                  document.getElementById('myres').value=myXmlHttpRequest
.responseText;
              }
        }
    </script>
    </head>
    <body>
        <form action="#" method="post">
            用户名字:<input type="text"  onkeyup="checkName();"  name="username"
 id="username">
            <input type="button" onClick="checkName();"  value="验证用户名">
            <input style="border-width: 0;color: red" type="text" id="myres">
            <br/>
            用户密码:<input type="password" name="password"><br>
            电子邮件:<input type="text" name="email"><br/>
            <input type="submit" value="用户注册">
       </form>
    </body>
    </html>
```

验证页面 validate.php 的实现代码如下所示。

```
    <?php
        //告诉浏览器返回的数据是 XML 格式
        header("Content-Type: text/xml;charset=utf-8");
        //告诉浏览器不要缓存数据
        header("Cache-Control: no-cache");
        //接收数据
        $username=$_GET['username'];
        if($username=="liukun"){
            echo "用户名不可以用";//注意，这里数据是返回给请求的页面
        }else{
            echo "用户名可以用";
        }
    ?>
```

上述代码执行后的效果如图 9-2 所示。

要实现一个 AJAX 异步调用和局部刷新，通常需要以下几个步骤。

用户名字: liukun 验证用户名 用户名不可以用
用户密码:
电子邮件:
用户注册

图 9-2 传统 JavaScript 实现 AJAX 功能

- 创建 XMLHttpRequest 对象，也就是创建一个异步调用对象。
- 创建一个新的 HTTP 请求，并指定该 HTTP 请求的方法、URL 及验证信息。
- 设置响应 HTTP 请求状态变化的方法。
- 发送 HTTP 请求。
- 获取异步调用返回的数据。

下面分为 5 个部分进行详细说明。

9.2.1 创建 AJAX 引擎 XMLHttpRequest 对象

不同的浏览器使用的异步调用对象也有所不同，在 IE 浏览器中，异步调用使用的是 XMLHTTP 组件中的 XMLHttpRequest 对象，而在 Netscape、Firefox 浏览器中则直接使用 XMLHttpRequest 组件。因此，在不同浏览器中创建 XMLHttpRequest 对象的方式有所不同。

在 IE 浏览器中，创建 XMLHttpRequest 对象的方式如下所示。

```
var xmlHttpRequest  =  new  ActiveXObject("Microsoft.XMLHTTP");
```

在 Netscape 浏览器中，创建 XMLHttpRequest 对象的方式如下所示。

```
var xmlHttpRequest  =  new  XMLHttpRequest();
```

由于无法确定用户使用的是什么浏览器，因此在创建 XMLHttpRequest 对象时，最好将以上两种方法都加上以下代码。

```
//定义一个变量,用于存放 XMLHttpRequest 对象
var xmlHttpRequest;
//创建 XMLHttpRequest 对象的方法
function createXMLHttpRequest()
{
        if(window.ActiveXObject) //判断是否是 IE 浏览器
        {
              //创建 IE 浏览器中的 XMLHttpRequest 对象
       xmlHttpRequest = new ActiveXObject("Microsoft.XMLHTTP");
        }
        else if(window.XMLHttpRequest)
        {//判断是否是 Netscape 等支持 XMLHttpRequest 组件的浏览器
```

```
                //创建其他浏览器上的XMLHttpRequest对象
                xmlHttpRequest = new XMLHttpRequest();
            }
        }
```

if(window.ActiveXObject)语句用来判断是否使用IE浏览器。其中ActiveXObject并不是window对象的标准属性，而是IE浏览器中专有的属性，可以用于判断浏览器是否支持ActiveX控件。通常只有IE浏览器或以IE浏览器为内核的浏览器才能支持Active控件。

else if(window.XMLHttpRequest)语句是为了防止一些浏览器既不支持ActiveX控件，也不支持XMLHttpRequest组件而进行的判断。其中XMLHttpRequest也不是window对象的标准属性，但可以用来判断浏览器是否支持XMLHttpRequest组件。

如果浏览器既不支持ActiveX控件，也不支持XMLHttpRequest组件，那么就不会对xmlHttpRequest变量赋值。

9.2.2 创建HTTP请求

创建了XMLHttpRequest对象之后，必须为XMLHttpRequest对象创建HTTP请求，用于说明XMLHttpRequest对象要从哪里获取数据。通常可以是网站中的数据，也可以是本地中其他文件的数据。

创建HTTP请求可以使用XMLHttpRequest对象的open()方法，其语法代码如下所示。

```
XMLHttpRequest.open(method,URL,flag,name,password)
```

代码中的参数解释如下。

- method：该参数用于指定HTTP的请求方法，一共有get、post、head、put、delete五种方法，常用的方法为get和post。
- URL：该参数用于指定HTTP请求的URL地址，可以是绝对地址，也可以是相对地址。
- flag：该参数为可选参数，参数值为布尔型。该参数用于指定是否使用异步方式。true表示异步方式、false表示同步方式，默认为true。
- name：该参数为可选参数，用于输入用户名。如果服务器需要验证，则必须使用该参数。
- password：该参数为可选参数，用于输入密码。如果服务器需要验证，则必须使用该参数。

通常可以使用以下代码来访问一个网站文件的内容。

```
var url="validate.php?username="+ document.getElementById("username").value;
xmlHttpRequest.open("get",url,true);
```

9.2.3 设置响应 HTTP 请求状态变化的方法

创建完 HTTP 请求之后，应该就可以将 HTTP 请求发送给 Web 服务器了。然而，发送 HTTP 请求的目的是为了接收从服务器中返回的数据。从创建 XMLHttpRequest 对象开始，到发送数据及接收数据，XMLHttpRequest 对象一共会经历以下 5 种状态。

- 未初始化状态：在创建完 XMLHttpRequest 对象时，该对象处于未初始化状态，此时 XMLHttpRequest 对象的 readyState 属性值为 0。
- 初始化状态：在创建完 XMLHttpRequest 对象后，使用 open()方法创建了 HTTP 请求时，该对象处于初始化状态。此时，XMLHttpRequest 对象的 readyState 属性值为 1。
- 发送数据状态：在初始化 XMLHttpRequest 对象后，使用 send()方法发送数据时，该对象处于发送数据状态，此时，XMLHttpRequest 对象的 readyState 属性值为 2。
- 接收数据状态：Web 服务器接收完数据并进行处理完毕之后，向客户端传送返回的结果。此时，XMLHttpRequest 对象处于接收数据状态，XMLHttpRequest 对象的 readyState 属性值为 3。
- 完成状态：XMLHttpRequest 对象接收数据完毕后，进入完成状态，此时 XMLHttpRequest 对象的 readyState 属性值为 4。

接收完毕后的数据存入客户端计算机的内存中，可以使用 responseText 属性来获取数据。

只有在 XMLHttpRequest 对象完成了以上 5 个步骤之后，才可以获取从服务器端返回的数据。因此，如果要获得从服务器端返回的数据，就必须要先判断 XMLHttpRequest 对象的状态。

XMLHttpRequest 对象可以响应 readystatechange 事件，该事件在 XMLHttpRequest 对象状态改变时（也就是 readyState 属性值改变时）激发。因此，可以通过该事件调用一个方法，并在该方法中判断 XMLHttpRequest 对象的 readyState 属性值。如果 readyState 属性值为 4，则使用 responseText 属性来获取数据，具体代码如下所示。

```
//指定回调方法 chuli 是方法名
myXmlHttpRequest.onreadystatechange=chuli;
//回调方法
```

```
function chuli(){
    //判断XMLHttpRequest对象的readyState属性值是否为4，如果为4表示异步调用完成
    if(myXmlHttpRequest.readyState==4){
        //取出值,根据返回信息的格式定.text
        document.getElementById("myres").value=myXmlHttpRequest.responseText;
    }
}
```

responseText是服务器接收到的响应体。如果readyState小于3，这个属性就是一个空字符串。当readyState为3时，这个属性返回目前已经接收的响应部分。如果readyState为4，这个属性保存了完整的响应体。如果响应包含了为响应体指定字符编码的头部，就使用该编码。否则，假定使用UTF-8。

9.2.4 设置获取服务器返回数据的语句

但是，异步调用过程完毕，并不代表异步调用成功了。如果要判断异步调用是否成功，还要判断XMLHttpRequest对象的status属性值。只有该属性值为200，才表示异步调用成功（参见附录）。因此，要获取服务器返回数据的语句，还必须要先判断XMLHttpRequest对象的status属性值是否等于200，如以下代码所示。

```
if(xmlHttpRequst.status == 200)
{
    //使用以下语句将返回结果以字符串形式输出
    document.write(xmlHttpRequest.responseText);
}
```

注意： 如果HTML文件不是在Web服务器上运行，而是在本地运行，则xmlHttpRequest.status的返回值为0。因此，如果该文件在本地运行，则应该加上xmlHttpRequest.status == 0的判断。

通常将以上代码放在响应HTTP请求状态变化的方法体内，如以下代码所示。

```
//指定回调方法chuli是方法名
//设置当XMLHttpRequest对象状态改变时调用的方法，注意，方法名后面不要添加小括号
myXmlHttpRequest.onreadystatechange=chuli;
//回调方法
function chuli(){
    //判断XMLHttpRequest对象的readyState属性值是否为4，如果为4，表示异步调用完成
    if(myXmlHttpRequest.readyState==4){
        //设置获取数据的语句
        if(xmlHttpRequest.status == 200 || xmlHttpRequest.status == 0)
    {
        //取出值，返回结果为字符串形式
        document.getElementById("myres").value=myXmlHttpRequest.responseText;
    }
}
```

9.2.5 发送 HTTP 请求

在经过以上几个步骤的设置之后，就可以将 HTTP 请求发送到 Web 服务器上去了。可以使用 XMLHttpRequest 对象的 send()方法发送 HTTP 请求，其语法代码如下所示。

```
XMLHttpRequest.send(data)
```

其中 data 是个可选参数，如果请求的数据不需要参数，就 可以使用 null 来替代。data 参数的格式与在 URL 中传递参数的格式类似，以下为在一个 send()方法中使用 data 参数的示例。

```
name=myName&value=myValue
```

只有在使用 send()方法之后，XMLHttpRequest 对象的 readyState 属性值才会开始改变，也才会激发 readystatechange 事件，并调用方法。

9.3 jQuery 实现 AJAX 验证

在传统的 JavaScript 代码中，使用 XMLHttpRequest 对象异步加载数据。在 jQuery 中，$.ajax()是最底层、功能最强的方法，其调用的语法格式如下所示。

```
$.ajax([options])
```

其中，可选参数[options]为$.ajax()中的请求设置，其格式为 key/value，既包含发送请求的参数，又含有服务器响应后回调的数据。$.ajax()中的参数见表 9-1。

表 9-1 $.ajax()中的参数列表

参数名	类型	功 能 描 述
url	string	发送请求的地址（默认为当前页面）
type	string	数据请求方式（post 或 get），默认为 get
dataType	string	服务器返回的数据类型，如果没有指定，jQuery 将自动根据 HTTP 包 MIME 信息自动判断，服务器返回的数据根据自动判断的结果进行解析，传递给回调方法，其可用类型如下所示。 html：返回纯文本的 HTML 信息，包含的 script 标记会在插入页面时被执行 script：返回纯文本 JavaScript 代码 text：返回纯文本字符串 xml：返回可被 jQuery 处理的 XML 文档 json：返回 JSON 格式的数据
success	function	请求完成后调用的回调方法，该方法无论数据发送成功或失败都会调用，其中有两个参数，一个是 XMLHttpRequest 对象，另一个是 strStatus，用于描述成功请求类型的字符串

下面通过一个简单的示例，介绍jQuery中$.ajax()在数据交互过程中的应用。

功能描述：创建一个用于登录的HTML页面login.html，在页面中设置用于输入“用户名”和“密码”的文本框，以及“登录”和“取消”按钮。另外，创建一个服务器端页面login.php，用来处理静态页发送来的登录请求。

登录静态页面login.html的实现代码如下所示。

```
    <!DOCTYPE html PUBLIC "-//W3C//DTD XHTML 1.0 Transitional//EN"
"http://www.w3.org/TR/xhtml1/DTD/xhtml1-transitional.dtd">
    <html xmlns="http://www.w3.org/1999/xhtml">
    <head>
        <title>$.ajax()方法发送请求</title>
        <script type="text/javascript" src="Jscript/jquery-1.4.2.js"></script>
        <script type="text/javascript">
            $(function() {
                   $("#txtName").blur(function() { // “登录”按钮单击事件
                        //获取用户名称
                        var strTxtName = encodeURI($("#txtName").val());
                        //开始发送数据
                        $.ajax({ //请求登录处理页
                             url: "login.php", //登录处理页
                             dataType: "html",
                             //传送请求数据
                             data: { txtName: strTxtName},
                             success: function(strValue) { //登录成功后返回的数据
                                  //根据返回值进行状态显示
                                  if(strValue == 1){
                                       $("#divError").show().html("用户名存在");
                                  }
                                  else{
                                       $("#divError").show().html("用户名
不存在");
                                  }
                             }
                        })
                   })
            })
        </script>
    </head>
    <body>
        <form id="frmUserLogin" action="#">
          <div class="divFrame">
              <div class="divTitle">
                     <span>用户登录</span>
              </div>
              <div class="divContent">
                     <div class="clsShow">
                           <div id="divError" class="clsError"></div>
```

```
                    <div>名称: <input id="txtName" type="text" class=
"txt" /></div>
                    <div>密码: <input id="txtPass" type="password"  class=
"txt" /></div>
                    <div>
                         <input id="btnLogin" type="submit" value=
"登录" class="btn" />  
                         <input id="btnReset"  type="reset" value=
"取消" class="btn" />
                    </div>
               </div>
          </div>
        </div>
     </form>
  </body>
  </html>
```

服务器端页面 login.php 的实现代码如下所示。

```
  <?php
     //告诉浏览器返回的数据是 XML 格式
     header("Content-Type: text/xml;charset=utf-8");
     //告诉浏览器不要缓存数据
     header("Cache-Control: no-cache");
     //接收数据
     $username=$_GET['txtName'];
     if($username=="liukun"){
           echo 1;//注意，这里数据是返回给请求的页面
     }
  ?>
```

上述代码执行后的效果如图 9-3 所示。

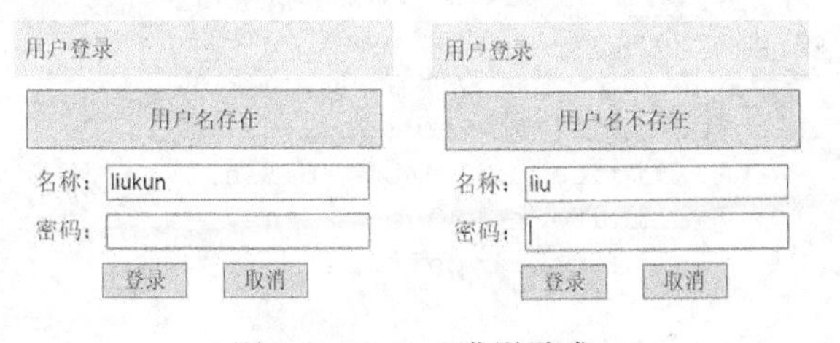

图 9-3　$.ajax()发送请求

9.4 项目实现迭代九：完成“添加用户”页面中的 AJAX 验证

Yii 框架的小物件 CActiveForm 很重要的一个特性就是它支持 AJAX 验证。现在，让我们实现在添加用户时，验证用户名是否已经存在的功能。当用户名存在时，提示“用户名已存在”。页面效果如图 9-4 所示。

图9-4　AJAX验证用户名是否存在

相应代码实现如下。

1．首先需要开启AJAX验证的配置，在protected/modules/admin/views/user/add.php视图文件中添加如下代码。

```
<?php $form=$this->beginWidget('CActiveForm', array(
            'id'=>'user-form',
            'enableAjaxValidation'=>true,//开启 AJAX 验证
            'enableClientValidation'=>false,//为了避免混淆，我们把客户端验证先关掉
            //页面载入时初始化获取输入焦点的表单元素
            'focus'=>array($model,'username'),
            //传递给 JavaScript 验证插件的选项数组
            'clientOptions'=>array(
                  'validateOnSubmit'=>false,    //提交时的验证
                  'validateOnChange'=>true,     //输入框值改变时的验证
                  'validateOnType'=>false,      //键入时验证
            ),
    ));
?>
……
<?php echo $form->labelEx($model,'username'); ?>
<?php echo $form->textField($model,'username'); ?>
<?php echo $form->error($model,'username',array("style"=>"margin-left:
30px;")); ?>
```

当把配置项enableAjaxValidation设置成true时，在视图文件中会生成一段JS代码，其中会包含相关的信息。这些信息传递到同时被引入的JS文件里，实现AJAX验证。

```
    <script type="text/javascript" src="assets/84245927/jquery.js"></script>
    <script type="text/javascript" src="assets/84245927/jquery.yiiactiveform.js">
    </script>
    ……
    <script type="text/javascript">
    /*<![CDATA[*/
    jQuery(function($) {
    jQuery('#user-form').yiiactiveform({'attributes':[{'id':'User_username',
'inputID':'User_username','errorID':'User_username_em_','model':'User',
'name': 'username','enableAjaxValidation':true}],'errorCss':'error'});
    });
    /*]]>*/ </script>
```

提示： 查看 assets/84245927/jquery.yiiactiveform.js 这个文件，可以发现调用的是 jQuery 的$.ajax()方法。

2．其次，为了响应 AJAX 验证请求，需要在 protected/modules/controllers/UserController.php 控制器文件中添加如下代码。

```
<?php
class UserController extends CController
{
      public function actionCreate()
      {
                $model=new User;

                if( isset($_POST['ajax']) && $_POST['ajax'] === 'user-form')
                {
                      echo CActiveForm::validate($model);
                      Yii::app() -> end();
                }
                if(isset($_POST['User']))
                {
                          $model->attributes=$_POST['User'];
                          if($model->save()){}
                }

                $this->render('add',array(
                         'model'=>$model,
                ));
      }
}
```

当用户在输入框中输入一些值后，就会触发 AJAX 校验。打开浏览器工具，开发者可以看到，当输入框值改变时，页面向服务器发送了一次 AJAX 请求，如图 9-5 所示。

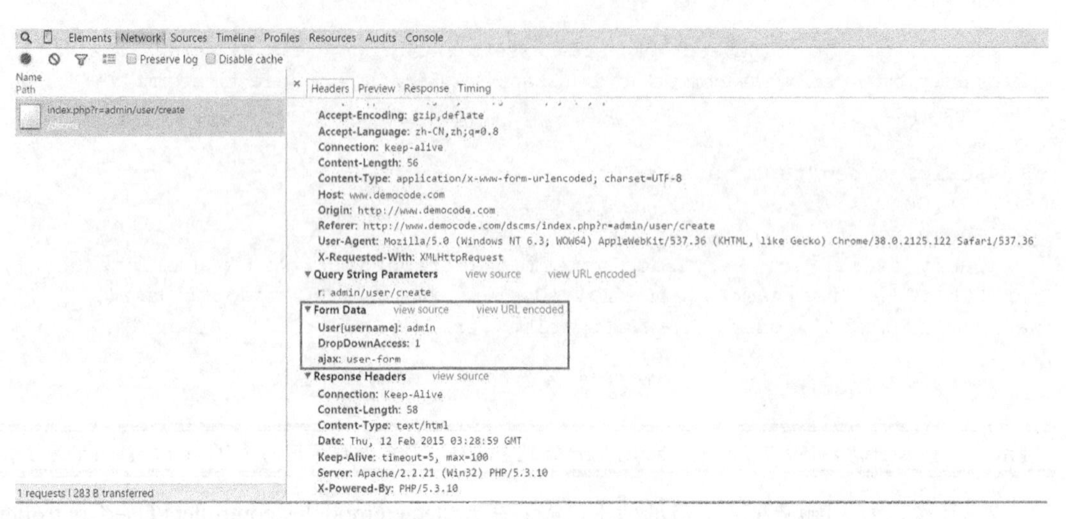

图 9-5　AJAX 向服务器发送请求

9.5　小结

基于 B/S 开发模式已经成为现阶段应用系统开发的主流，在应用系统中，最常见的功能是表单验证操作。传统的 Web 表单验证程序存在界面闪烁、受 HTTP 的限制、页面全部刷新、用户等待时间过长等问题。AJAX 表单验证技术利用 AJAX 异步无刷新、快速响应、节省网络带宽等性能特点，大大提高了 Web 界面的响应速度，为用户提供更为自然的浏览体验。

第 10 章
用户登录

用户登录其实是一个寻求认证的过程，即用户在表单中输入一些必要的数据，程序从数据库中查询这些数据是否满足认证条件，如果满足，允许登录，如果不满足，则拒绝登录。

要实现登录系统，需要掌握 Yii 框架的以下几点内容：

- 负责接收、验证数据的表单模型；
- 降低服务器端负荷的客户端验证；
- 如何自定义方法作为 rules()方法验证器；
- 专门用于验证用户名和密码的身份类；
- 可以保存用户登录状态的 CWebUser 类。

完成上面的内容后就可以实现一个高效且安全的登录系统。

10.1 表单模型 CFormModel

在第 7 章中，我们学习了如何使用小物件 CActiveForm 创建表单，除此之外，还需要确定来自用户输入数据的类型，以及这些数据应符合什么样的规则。模型类可用于记录这些信息。正如模型概念所定义的，模型专门用来保存和验证用户输入的数据。

Yii 实现了两种类型的模型：ActiveRecord 模型和表单模型（CFormModel）。二者均继承于相同的基类 CModel。

ActiveRecord 模型的特点：

- 数据的持久化（保存到数据库）；

- 收集的数据存储在硬盘中；
- 成员属性是数据库表中的字段，除了可以数据验证之外，还可以进行数据库操作。

表单模型的特点：

- 数据传输（数据被获取、使用、丢弃）；
- 收集的数据存储在内存中；
- 成员属性是表单的输入项，只能进行数据验证。

它们之间的关系如图10-1所示。

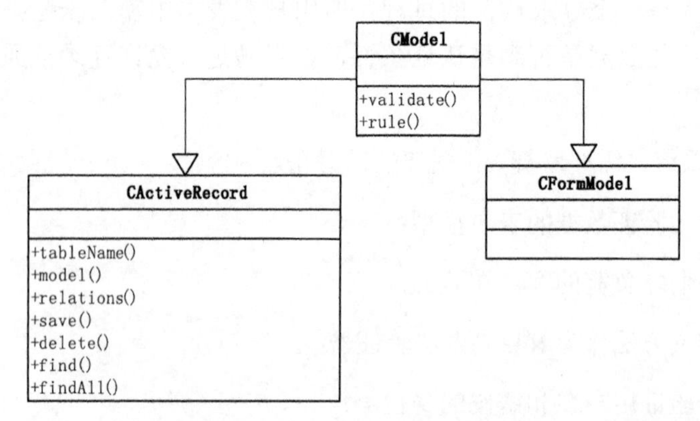

图10-1 CModel、CActiveRecord和CFormModel类图

提示：图10-1包含了3个类的部分常用的成员方法。在CModel类中，定义了第9章提到的可以用来进行验证的validate()和rule()方法；CActiveRecord类中主要定义了和数据库相关的成员方法，CFormModel类中没有自己常用的成员方法，其常用方法都是继承自CModel类。

在Yii框架中，使用CActiveRecord的时候会自动创建数据库连接，而在登录系统中，由于登录信息只被用于验证用户合法性，并不需要保存，因此使用CFormModel才是合适的。

在protected/modules/admin/models/UserLogin.php目录下创建登录表单对应的表单模型UserLogin，代码如下：

```
class UserLogin extends CFormModel{
     public $username;
     public $password;
public $rememberMe=false;
}
```

UserLogin 中定义了 3 个属性：$username、$password 和 $rememberMe，用于保存用户输入的用户名和密码，还有用户是否想记住登录的选项。由于 $rememberMe 有一个默认的值 false，因此相应的选项在初始化显示在登录表单中时将是未勾选状态。

下一节将为定义的 UserLogin 表单模型完成客户端的验证操作。

10.2　客户端验证

客户端验证是表单没有提交数据到服务器之前，在客户端由浏览器执行页面中的 JavaScript 代码，来验证数据是否符合验证规则。如图 10-2 所示，登录页面客户端验证并输出错误信息。

图 10-2　登录页面效果图

当光标聚焦用户名输入框又移动开之后，会出现“用户名不可为空白”的错误提示。由于没有产生与服务器端的通信，因此这种方式可以降低服务器的负荷。

注意：为了使得客户端验证正常工作，用户浏览器需要设置 JavaScript 可用。为了确保数据有效性，服务器端验证将始终被执行。

如何实现客户端验证呢？我们使用小物件 CActiveForm 来完成。

10.2.1　CActiveForm 实现客户端验证源码分析

小物件 CActiveForm 默认使用时不生成客户端验证所需要的 JavaScript 代码，当添加配置项 enableClientValidation 为 true 的时候，才会根据模型中的 rules()方法中定义的验证规则生成客户端所需要的 JavaScript 代码，当在浏览器触发相关事件时，完成客户端验证。

我们举一个例子来具体分析一下，如在视图文件中添加配置项 enableClientValidation，并设置为 true；并且调用 CActiveForm 的 error()方法输出验证错误信息，代码如下。

```
<?php $form = $this->beginWidget('CActiveForm', array(
    ……
    'enableClientValidation'=>true,
)); ?>
……
<?php echo $form->labelEx($model,'username'); ?>
<?php echo $form->textField($model,'username'); ?>
<?php echo $form->error($model,'username'); ?>
```

在模型的 rules()方法中存在如下的验证规则。

```
class LoginForm extends CActiveForm
{
    ……
    public function rules()
    {
            return array(
                    array('username,password', 'required'),
                    ……
            );
    }
}
```

当在浏览器中执行这段代码，并查看页面源码后，就会看到包含的 JavaScript 代码如下。

```
<script type="text/javascript" src="/assets/84245927/jquery.js"></script>
<script type="text/javascript" src="/assets/84245927/jquery.yiiactiveform.js">
</script>
……
<script type="text/javascript">
/*<![CDATA[*/
jQuery(function($) {
……
if(jQuery.trim(value)=='') {
    messages.push("用户名不可为空白.");
……
}
*/
</script>
```

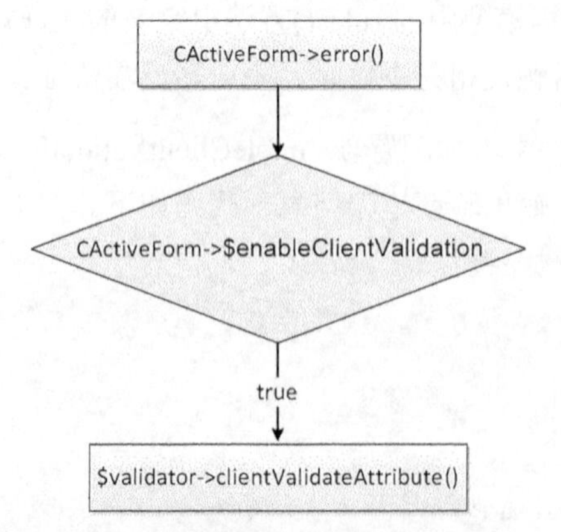

图 10-3 客户端验证方法调用关系图

通过分析 Yii 框架 CActiveForm 类的源码（framework/web/widgets/CActiveForm.php），得出结论如下，使用 CActiveForm 的实例对象调用 error()方法，当$enableClientValidation 设置成 true 时，会调用验证器的 clientValidateAttribute()方法，生成验证需要的 JavaScript 代码，如图 10-3 所示。

验证器的 clientValidateAttribute()方法的作用就是返回执行客户端验证所需的 JavaScript 脚本。例如，验证器 CRequiredValidator 的 clientValidate Attribute()方法的源码如下。

```
class CRequiredValidator extends CValidator
{
    ......
    /**
     * Returns the JavaScript needed for performing client-side validation.
     * @param CModel $object the data object being validated
     * @param string $attribute the name of the attribute to be validated.
     * @return string the client-side validation script.
     * @see CActiveForm::enableClientValidation
     * @since 1.1.7
     */
    public function clientValidateAttribute($object,$attribute)
    {
        $message=$this->message;
        if($this->requiredValue!==null)
        {
            if($message===null)
                $message=Yii::t('yii','{attribute} must be {value}.');
            $message=strtr($message, array(
                '{value}'=>$this->requiredValue,
                '{attribute}'=>$object->getAttributeLabel($attribute),
            ));
            return "if(value!=" . CJSON::encode($this->requiredValue)."){
    messages.push(".CJSON::encode($message).");
}
";
        }
        else
        {
            if($message===null)
                $message=Yii::t('yii','{attribute} cannot be blank.');
            $message=strtr($message, array(
                '{attribute}'=>$object->getAttributeLabel($attribute),
            ));
            if($this->trim)
                $emptyCondition = "jQuery.trim(value)==''";
            else
                $emptyCondition = "value==''";
            return "
if({$emptyCondition}) {
    messages.push(".CJSON::encode($message).");
}
";
        }
    }
}
```

基于上述内容，我们又可以得出另外一个结论，只要验证器中实现了 CValidator::client-ValidateAttribute()方法，就会支持客户端验证。目前，下列核心验证器都支持客户端验证。

- CBooleanValidator
- CCaptchaValidator
- CCompareValidator
- CEmailValidator
- CInlineValidator
- CNumberValidator
- CRangeValidator
- CRegularExpressionValidator
- CRequiredValidator
- CStringValidator
- CUrlValidator

注意：并不是所有的验证器都支持客户端验证。

10.2.2 项目实现迭代十：完成登录页面的客户端验证

在本节中，以核心验证器 CRequiredValidator 为例，介绍登录页面客户端验证的实现过程。

步骤 1：在 DefaultController 控制器的 actionLogin()方法中实现登录页面的渲染。protected/modules/admin/controllers/DefaultController.php 控制器代码如下。

```
<?php
class DefaultController extends Controller
{
    //设置默认动作方法为 actionLogin()
    public $defaultAction = "login";
    //后台登录页面
    public function actionLogin()
    {
            //登录页面不需要布局文件
            $this->layout=false;
            //首先实例化 UserLogin 对象
            $model=new UserLogin();
```

```
            $this->render('login',array('model'=>$model));
        }
    }
```

步骤 2：客户端进行验证时的依据是 rules()方法中的设置，因此在 protected/modules/admin/models/UserLogin.php 表单模型中需要添加验证规则。

```
<?php
class UserLogin extends CFormModel
{
    public $username;
    public $password;
    public $rememberMe=true;

    public function rules()
    {
        return array(
            // username 和 password 不为空
            array('username, password', 'required'),
            // rememberMe 是布尔类型
            array('rememberMe', 'boolean'),
        );
    }
    /**
     * Declares attribute labels.
     */
    public function attributeLabels()
    {
        return array(
            'username'=>'用户名',
            'password'=>'密码',
            'rememberMe'=>'30 日内免登录',
        );
    }
}
```

步骤 3：通过设置 enableClientValidation 为 true，使客户端验证可用。使用小物件 Cactive Form 生成表单视图，一旦验证不通过，提取错误信息。在 protected/modules/admin/views/default/login.php 中编写如下代码。

```
    <!DOCTYPE html PUBLIC "-//W3C//DTD XHTML 1.0 Strict//EN" "http://www.w3.
org/TR/xhtml1/DTD/xhtml1-strict.dtd">
    <html>
      <head>
        <title><?php echo Yii::app()->name;?></title>
        <meta http-equiv="Content-Type" content="text/html; charset=UTF-8"/>
        <link rel="stylesheet" type="text/css" href="<?php echo $this->module
->assetsUrl; ?>/css/form_houtai.css">
        <link rel="stylesheet" type="text/css" href="<?php echo $this->module
->assetsUrl; ?>/css/style_houtai.css" />
```

```
  </head>

  <body>
    <div class="wrapper">
        <div class="content">
            <div id="form_wrapper" class="form_wrapper">
              <div class="form">
<?php
  $form=$this->beginWidget('CActiveForm', array(
        'id'=>'login-form',
        //是否使客户端验证可用。默认值是 false。
        'enableClientValidation'=>true,
        //页面载入时初始化获取输入焦点的表单元素
        'focus'=>array($model,'username'),
        //渲染表单标签的 HTML 属性
        'htmlOptions'=>array(
                'class'=>'login active',
            ),
        //传递给 JavaScript 验证插件的选项数组。
        'clientOptions'=>array(
            'validateOnSubmit'=>false,     //提交时的验证
            'validateOnChange'=>true,      //输入框值改变时的验证
            'validateOnType'=>false,       //键入时验证
        ),
  ));
?>
<h3>登录窗口</h3>
<?php echo $form->labelEx($model,'username'); ?>
<?php echo $form->textField($model,'username'); ?>
<?php echo $form->error($model,'username',array("style"=>"margin-left:30px;")); ?>
</div>
<div>
<?php echo $form->labelEx($model,'password'); ?>
<?php echo $form->passwordField($model,'password'); ?>
<?php echo $form->error($model,'password',array("style"=>"margin-left:30px;")); ?>
</div>
<div>
<?php echo $form->label($model,'rememberMe',array("style"=>"display:inline;")); ?>
<?php echo $form->checkBox($model,'rememberMe'); ?>
</div>
<div class="bottom">
<input type="submit" value="登录"/>
<div class="clear"></div>
</div>
<?php $this->endWidget(); ?>
          </div>
        </div>
    </div>
  </body>
</html>
```

添加以上代码后，就会实现图 10-2 的效果，当用户名输入框没有输入任何信息，移动光标就会出现“用户名不可为空白”的错误提示信息。

10.3 模型中的自定义方法作为 rules()验证器

8.1 节中总结了 CModel 类的 rules()方法返回的规则格式如下。

```
public function rules()
{
      return array(
              array('attributes', //属性列表字符串(逗号分隔)
                    'validator',//预定义验证器类的别名
                    'on'=>'actionID',//应用场景列表(可选)
                    ...//附加选项
                    'message'=>'string'//自定义的错误提示信息
              ),
......
     );
}
```

其中，“validator”可以是预定义验证器类的别名，也可以是模型类中一个方法的名字，在模型的 rules()方法中添加如下验证规则和验证方法。

```
class LoginForm extends CActiveForm
{
      ......
      public function rules()
      {
                return array(
                          array('password', 'authenticate'),
                          ......
                );
      }
      /**
       * Authenticates the password.
       * This is the 'authenticate' validator as declared in rules().
       */
      public function authenticate($attribute,$params)
      {
           ......
      }
}
```

当在登录页面输入用户名和密码并提交表单之后，就会进行密码验证，执行方法 authenticate()。

Yii 官方指南中提到，模型中的自定义验证方法必须是下面所示的结构：

```
/**
 * @param string 所要验证的特性的名字
 * @param array 验证规则中指定的选项
 */
public function ValidatorName($attribute,$params) { ... }
```

为什么该函数必须有$attribute 和$params 两个参数呢？在 framework/validators/CValidator.php 中找到如下源码。

```
        public static function createValidator($name,$object,$attributes,
$params=array())
        {
            if(method_exists($object,$name))
            {
                $validator=new CInlineValidator;
                $validator->attributes=$attributes;
                $validator->method=$name;
        }
```

通过分析源码得出，当使用模型中的自定义方法作为 rules()方法的验证器时，实际上是创建了内联验证器 CInlineValidator 的实例对象，其源码如下：

```
class CInlineValidator extends CValidator
{
    ......
    protected function validateAttribute($object,$attribute)
    {
        $method=$this->method;
        $object->$method($attribute,$this->params);
    }
    ......
}
```

通过分析源码，也就可以理解为什么模型中的自定义验证方法必须有$attribute 和$params 两个参数了。

10.4 用于验证用户名和密码的身份类 CUserIdentity

Yii 的身份类 CUserIdentity，实现了 IUserIdentity 接口，封装了用户登录系统的验证逻辑，不仅可以很容易地将用户名和密码与数据库中存储的值进行匹配，而且允许用户使用 OpenID credentials 进行登录，或者整合入一个现有的 LDAP 方式。

提示： OpenID 是一个去中心化的网上身份认证系统。对于支持 OpenID 的网站，用户不需要记住像用户名和密码这样的传统验证标记。取而代之的是，他们只需要预先在一个作为 OpenID 身份提供者（identity provider, IDP）的网站上注册。例如，现在很多论坛或者网站都支持 QQ 登录的功能。LDAP 是轻量目录访问协议，英文全称是 Lightweight Directory Access Protocol，是一个得到关于人或者资源的集中、静态数据的快速方式。经常用在统一分配 ID 和密码的系统中。

定义身份类的主要工作是实现 CUserIdentity::authenticate()身份验证方法。在最初建立的应用程序中，protected/components/UserIdentity.php 的验证类被同时创建，代码如下。

```php
<?php
/**
 * UserIdentity represents the data needed to identity a user.
 * It contains the authentication method that checks if the provided
 * data can identify the user.
 */
class UserIdentity extends CUserIdentity {

    /**
     * Authenticates a user.
     * The example implementation makes sure if the username and password
     * are both 'demo'.
     * In practical applications, this should be changed to authenticate
     * against some persistent user identity storage (e.g. database).
     * @return boolean whether authentication succeeds.
     */
    public function authenticate() {
        $users = array(
        // username => password
            'demo' => 'demo',
            'admin' => 'admin',
        );
        if (!isset($users[$this->username]))
            $this->errorCode = self::ERROR_USERNAME_INVALID;
        else if ($users[$this->username] !== $this->password)
            $this->errorCode = self::ERROR_PASSWORD_INVALID;
        else
            $this->errorCode = self::ERROR_NONE;
        return  !$this->errorCode;
    }
}
```

这里实现了使用用户名和密码进行认证。在输入用户名密码对为 demo/demo 或 admin/admin 的情况下，这个方法将返回 true。当用户名不是“demo”或者“admin”时，errorCode 为 ERROR_USERNAME_INVALID；当密码不匹配时，errorCode 为 ERROR_PASSWORD_INVALID；当用户名和密码全匹配时，errorCode 为 ERROR_NONE。

上面提到的以“ERROR_”开头的常量具体值是多少？我们可以通过查看 framework/web/auth/CBaseUserIdentity.php 源文件得到，源码如下。

```
const ERROR_NONE=0;
const ERROR_USERNAME_INVALID=1;
const ERROR_PASSWORD_INVALID=2;
const ERROR_UNKNOWN_IDENTITY=100;
```

假如我们输入的是正确的用户名和密码，希望 CUserIdentity::authenticate()方法返回 true 时，执行如下代码即可。

```
return  !$this->errorCode;
```

提示：在 PHP 语言中，数字 0 取非值为 1，1 也认为是 true；数字 1、2、100 取非后被认为是 false。

了解了 protected/components/UserIdentity.php 文件中的 UserIdentity 类后，我们创建 protected/modules/admin/components/UserIdentity.php 文件，并且使用用户表的 User 模型来验证用户输入的用户名和密码是否和数据库中的数据吻合，代码如下所示。

```
class  UserIdentity  extends  CUserIdentity
{     public function authenticate() {
           $user = User::model()->findByAttributes(array('username' =>
$this->username));
           if ($user === null) {
                $this->errorCode = self::ERROR_USERNAME_INVALID;
           } else {
                if ($user->password !== md5($this->password)) {
                     $this->errorCode = self::ERROR_PASSWORD_INVALID;
                } else {                    $this->errorCode = self::ERROR_NONE;
                }
           }
           return  !$this->errorCode;
     }}
```

接下来，就可以完善在 UserLogin 模型 rules()方法中的自定义验证方法 authenticate()，代码如下所示。

```
     public function authenticate($attribute,$params)
     {
           if(!$this->hasErrors())
           {
                $this->_identity=new UserIdentity($this->username,$this->password);
                if(!$this->_identity->authenticate())
                      $this->addError('password','用户名或密码不存在');
           }
     }
```

在 authenticate()方法中，创建了 UserIdentity 的实例对象，然后调用 UserIdentity 类的 authenticate()方法，进行用户名和密码验证。

10.5　项目实现迭代十一：完成用户登录

图 10-4 描述了 Yii 框架提供的用户登录机制中类之间的交互过程。

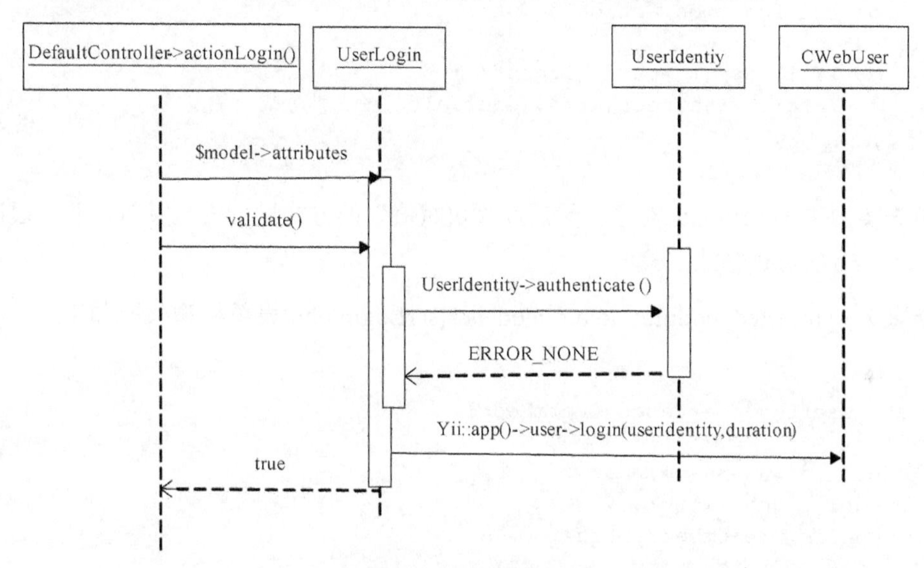

图 10-4　登录验证序列图

步骤 1：在 DefaultController 控制器的 actionLogin()方法中实现登录页面的渲染。protected/modules/admin/controllers/DefaultController.php 控制器代码如下。

```
<?php
class DefaultController extends Controller
{
    public $defaultAction = "login";
    //后台登录页面
    public function actionLogin()
    {
            //登录页面不需要布局文件
            $this->layout=false;
            //首先实例化 UserLogin 对象
            $model=new UserLogin();
            if(isset($_POST['UserLogin']))
            {
                //获得成员属性。在 rules 方法中验证过的才能被赋值
```

```
                $model->attributes=$_POST['UserLogin'];
                //前端输入合法性验证
                if($model->validate()){
                    //成功验证后，跳转
                    $this->redirect(array("articleManager/create"));
                }
            }
            $this->render('login',array('model'=>$model));
    }
    public function actionLogout()
    {
        Yii::app()->user->logout();
        $this->redirect(array("default/login"));
    }
}
```

首先实例化 UserLogin 对象，然后以“块赋值”的方式进行安全赋值，并且通过模型的 validate()方法进行合法性验证。

步骤 2：protected/modules/admin/models/UserLogin.php 表单模型代码如下。

```
<?php
class UserLogin extends CFormModel
{
    public $username;
    public $password;
    public $rememberMe=true;
    private $_identity;

    public function rules()
    {
        return array(
            // username 和 password 不为空
            array('username, password', 'required'),
            // rememberMe 是布尔类型
            array('rememberMe', 'boolean'),
            // 验证密码和数据库中保存的是否一致
            array('password', 'authenticate'),

        );
    }
    /**
     * Authenticates the password.
     * This is the 'authenticate' validator as declared in rules().
     */
    public function authenticate($attribute,$params)
```

```
        {
                if(!$this->hasErrors())
                {
                    //创建UserIdentity对象并传递用户提交的 $username 和 $password
                    //到构造器中
                    $this->_identity=new UserIdentity($this->username,$this->
password);
                    if(!$this->_identity->authenticate())
                            $this->addError('password','用户名或密码不存在');
                    else {
                        $duration=$this->rememberMe ? 3600*24*30 : 0; //30天
                        Yii::app()->user->login($this->_identity,$duration);
                        //保存用户登录状态
                    }
                }
        }
        /**
         * Declares attribute labels.
         */
        public function attributeLabels()
        {
            return array(
                'username'=>'用户名',
                'password'=>'密码',
                'rememberMe'=>'30日内免登录',
            );
        }
    }
```

步骤3：在目录protected/modules/admin/components/UserIdentity.php中创建验证身份类，代码如下。

```
    <?php
    class UserIdentity extends CUserIdentity
    {
        public function authenticate() {
            $user = User::model()->findByAttributes(array('username' => $this
->username));
            if ($user === null) {
                $this->errorCode = self::ERROR_USERNAME_INVALID;
            } else {
                if ($user->password !== md5($this->password)) {
                    $this->errorCode = self::ERROR_PASSWORD_INVALID;
                } else {
                    //$this->_id = $user->id;
                    $this->errorCode = self::ERROR_NONE;
```

```
                    $user->lastlogin_time = time();
                    $lastLogin = date("Y-m-d H:i:s", $user->lastlogin_time) ;
                    //时间戳格式转换
                    $user->save(); //更新数据库用户表最后登录时间
                    $this->setState('lastLoginTime', date("Y-m-d H:i:s",
$user->lastlogin_time));
                }
            }
            return!$this->errorCode;
        }
    }
```

在 UserIdentity 类的 authenticate()方法中，通过实例化 User 模型首先查询在数据库中输入的 username 是否存在，如果不存在，则显示用户名错误，如果存在，再进行密码匹配。因为对存入数据库的密码进行了单向加密，所以必须使用 md5()方法进行加密。如果密码不匹配，将显示一个密码错误的消息。如果密码匹配，用户就成功登录了。

当用户通过登录验证后，就可以进入到后台系统进行操作，如添加、修改或删除文章等。这时候就会产生两个问题，一是操作页面如何验证用户是否已经登录，二是为了避免用户每次操作都需要重新登录，用户的登录状态如何保存起来。下一节中介绍的 CWebUser 类，就可以解决这两个问题。

10.6 保存用户登录状态的 CWebUser 类

判断一个用户是否已经登录成功非常简单，使用 CWebUser 类的 isGuest 属性即可。在 protected/modules/admin/controllers/ArticleManagerController.php 中添加如下代码。

```
class  ArticleManagerController  extends CController
{
      public function init()
      {
          if(Yii::app()->user->isGuest){
                  //跳转到登录页面
                  $this->redirect(array('default/login'));
          }
  }
```

在文章表控制器 ArticleManagerController 的 init()方法中，检测 Yii::app()->user->isGuest 返回的是 true 还是 false，就可以判断出用户是否登录。

记录用户登录状态的是 CWebUser 类的 login()方法，该方法的详细介绍见表 10-1。

表 10-1 CWebUser 的成员方法 login()

public boolean login(IUserIdentity $identity, integer $duration=0)		
$identity	IUserIdentity	用户的身份信息（已经认证过的）
$duration	integer	用户保持登录状态的秒数。默认为 0，意味着登录状态持续到用户关闭浏览器。如果大于 0，将用于基于 Cookie 登录。在这种情况下，allowAutoLogin 必须设置为 true，否则将引发异常
{return}	boolean	用户是否登录

当用户输入的密码通过验证后，在 UserLogin 表单模型的 authenticate()方法中调用，代码如下所示。

```
    class UserLogin extends CFormModel
    {
        ......
        public function authenticate($attribute,$params)
        {
                if(!$this->hasErrors())
                {
                //创建UserIdentity对象并传递用户提交的$username和$password到构造器中
                    $this->_identity=new UserIdentity($this->username,
$this->password);
                    if(!$this->_identity->authenticate())
                            $this->addError('password','用户名或密码不存在');
                    else {
                      $duration=$this->rememberMe ? 3600*24*30 : 0; //30天
                      Yii::app()->user->login($this->_identity,$duration);
    //保存用户登录状态
                    }
                }
            }
    }
```

提示： Yii 框架默认在 CWebApplication.php 中创建了应用组件 user，因此，我们在应用中的任何地方可以使用 Yii::app()->user 访问 CWebUser 的实例对象。

10.7 小结

本章带领读者实现了用户登录功能，贯穿其中的是表单模型 CFormModel、CActiveForm 客户端验证、CUserIdentity 和 CWebUser 等新知识点。通过本章的项目实现，相信读者也加深了对 Yii 框架熟练应用程度及认识。

第 11 章 基于角色的访问控制

随着企业信息化建设的发展，安全性已经成为一个十分重要的问题。传统意义上的安全模型已经不能满足当前信息化需求的飞速发展，信息系统对安全性提出了一个更高的要求。因此，产生了访问控制技术。

11.1 访问控制技术综述

访问控制技术是由美国国防部资助的开发研究成果演变而来的。从概念上讲，它是对系统资源使用的控制，通过验证访问者是否对被访问资源拥有相对应的权限来进行实现。一般而言，我们称访问者为主体，被访问资源为客体。在主体与客体之间，需要通过访问控制策略来规定主体访问客体的规则。只有经过授权的主体才允许访问特定的客体。访问控制策略应该满足下面最基本的 3 个方面的控制。

- 机密性控制：保证客体资源不被非法读取。
- 完整性控制：保证客体资源不被非法地增加、删除、改写，从而确保资源的一致和完整性。
- 有效性控制：保证客体资源不被非法访问主体使用和破坏。

访问控制就是在主体和客体之间植入一个安全机制，以实现访问者权限的验证以及被保护资源的控制。当访问者请求访问某个目标资源时，被访问控制执行单元（Access Control Decision Function，ADF）负责收集访问者信息并进行决策判断（允许/拒绝），然后访问控制执行单元（Access Control Execute Function，AEF）根据决策结果来决定对该访问应实行的操作。

在整个信息管理系统中，访问控制的核心是 ADF，通过它对访问者所提出的请求进行验证，同时结合其他不同来源端的输入信息以及目标资源信息来进行决策。一般而言，ADF 在制定决策时需要访问者信息、访问请求信息、访问控制信息、目标信息、上下文信息、决策请求及一些保留信息。

目前，信息的安全性受到很大的挑战，很多情况下单一的安全机制很难保证系统的整体安全性。因此，与其他技术的结合是访问控制技术的主要趋势。RBAC 与数据完整性、数据机密性、身份验证、安全审计等技术的结合已经被广泛应用。

目前，企业环境中的访问控制方法一般有以下 3 种。

（1）自主型访问控制方法（Discretionary Access Control，DAC）

DAC 是一种允许主体添加特殊限制的访问控制。DAC 是基于用户的，具有很大的灵活性。它允许主体针对访问资源的用户来设定访问控制权限，这样每次用户对资源进行访问，系统都会检查用户对资源的访问权限，只有通过验证的用户才有资格访问资源。这种访问策略适合于各类操作系统及应用程序，在商业和行政领域应用十分广泛。

理论上，DAC 通过访问控制矩阵（Access Control Matrix，ACM）来描述权限的设定，矩阵行表示系统中主体，列表示系统中客体，矩阵中数据表示主体对客体所拥有的访问权限。

（2）强制型访问控制方法（Mandatory Access Control，MAC）

在安全性级别高的系统中，主体和客体不能进行平等对待，需要进行分级管理，这种情况下 DAC 无法满足要求。在这种系统中，需要将敏感信息与普通信息分隔开，同时也需要将主体进行安全级别分级。典型的是军用系统，因此美国政府和军方开发了比 DAC 更为严格的访问控制策略，并且经过逐渐地发展，形成了现在的 MAC。

MAC 强制主体服从指定的访问控制策略，所有主体和客体都被赋予特定的标签来标识其所在的安全级别。当主体访问客体时，根据主体的安全级别及访问方式来确定主体是否对客体进行访问。当前，较为成熟的访问控制策略有能力策略（CAP）、多级安全策略（MLS）和类型实施策略（TE）等。

（3）基于角色的访问控制方法（Role-Based Access Control，RBAC）

RBAC 是本章重点论述的访问控制方法，在下节中会进行详细论述。

在这 3 种访问控制方法中，DAC 在一定程度上实现了多用户的隔离及资源保护，并且实现简单，通常应用于商业环境。但是，它存在一定的危险性，一方面，访问权可以进行传递，一旦传递出去之后很难进行控制；另一方面，DAC 不保护客体产生的副本，虽然主体不具有对某个主体的访问权限，但是却可以访问其副本，这样增加了管理的难度。

MAC 则是对 DAC 的重要补充，有效地防止了 DAC 中出现的安全问题。但是，MAC 很多时候增加了不可回避的访问限制，影响了系统的灵活性，因此导致 MAC 的应用十分有限。同时，MAC 关注的是信息向安全级别高的方向流动，对安全级别高的信息的完整性保护不足。

综上所述，前两种传统的访问控制模型对权限的控制不是太弱就是太强，它们已经不能适应企业的需求，跟不上企业的规模和信息系统迅速扩展的脚步。于是，新的模型应需而生，即基于角色的访问控制模型 RBAC。RBAC 模型是目前公认的一种有效用于解决大型企业资源访问控制问题的方法。

11.2 RBAC 概述

RBAC 是面向企业安全策略的一种有效的访问控制方式，其基本思想是，不是直接将系统操作的各种任务（权限）授予具体的用户，而是在用户集合与任务集合之间建立一个角色集合。每一种角色对应一组相应的任务。一旦用户被分配了适当的角色后，该用户就拥有此角色的所有操作权限。这样做的好处是，不必在每次创建用户时都进行分配权限的操作，只要分配用户相应的角色即可，而且角色的权限变更比用户的权限变更要少得多，这样将简化用户的权限管理，减少系统的开销。

RBAC 的基本原理可简单地用图 11-1 来表示，即把整个访问控制过程分成两步：包含多个操作动作的任务与角色相关联；角色再与用户关联，从而实现了用户与具体的操作动作的逻辑分离。它将对用户的授权分成两部分，用角色来充当用户行使权限的中介。角色添加到用户中，该用户就继承了角色的权限。

由于 RBAC 实现了用户与访问权限的逻辑分离，因此它极大地方便了权限管理。例如，如果一个用户的职位发生变化，只要将用户当前的角色去掉，加入代表新任务的角色即可。

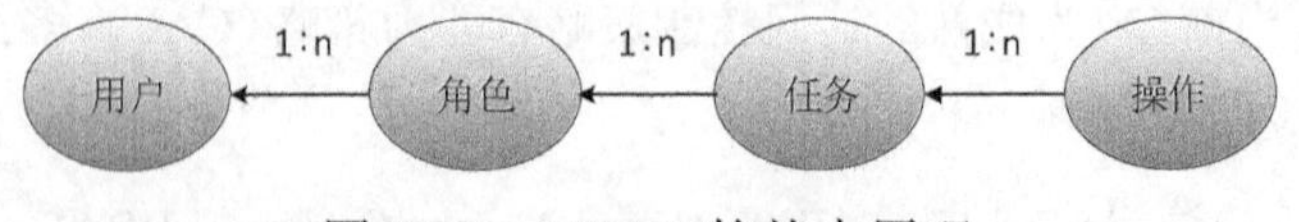

图 11-1 RBAC 的基本原理

11.3 RBAC 需求分析及功能概述

权限管理的主要目的是对用户进行识别和权限维护，也可以认为是完成某个用户对某个资源的某个操作的控制。除此之外，当某个用户以某个角色登录到应用系统中时，应用系统还需要监控该用户对每个资源的每个操作，判断是否具有相应的权限，如果有相应权限，可以执行；否则阻止操作。根据以上理论分析并结合实际情况，本书设计的内容管理系统的权限管理子系统主要有以下需求。

- 权限管理模块需要对访问管理系统的用户的身份进行认证，也就是判断用户是否可以登录到系统，如输入的密码是否正确。
- 权限管理模块是管理系统的访问控制核心，最主要的功能是配置用户属于哪些角色、可以完成哪些任务及可以进行哪些操作。
- 管理系统的用户分别隶属不同的部门，负责的任务各不相同，对系统的使用水平也各不相同，因此，权限管理模块要灵活而且容易操作。
- 权限管理模块应具备一定的效率和安全性。

根据上文对需求的分析，我们对系统的功能进行了深入研究和设计。本章研究的权限管理子系统由以下几部分组成，其总体功能结构及关系如图 11-2 所示。

11.4 权限管理系统数据库设计

数据库结构设计是权限管理系统设计方案的重要环节。一个良好的数据库设计既要能给功能实现提供良好的内在机制支持和功能扩展潜力，又要简便，易于理解。良好的数据库结构设计本身内在就可以表述 RBAC 的要求。在很大程度上，基于角色访问控制功能的实现好坏是由数据库结构决定的。根据前面的功能模块设计，采用 MySQL 数据库设计出表 11-1～表 11-3。

用户信息表中的记录定义了用户与某个角色的从属关系，其中 roleid 来源于角色信息表的 id。角色信息表中记录了该角色拥有的权限，其中 auth_ids 来源于权限信息表的 id。因此，用户信息表与角色信息表、角色信息表与权限信息表的关系如图 11-2 所示。

表 11-1 用户信息表（ds_user）

字 段 名	类 型	字 段 说 明
id	int	主键
username	varchar	登录用户名
password	varchar	密码
roleid	tinyint	关联角色 id
realname	varchar	真实姓名

表 11-2 角色信息表（ds_role）

字 段 名	类 型	字 段 说 明
id	smallint	主键
role_name	varchar	角色名
auth_ids	varchar	该角色权限 id 集，以逗号分隔

表 11-3 权限信息表（ds_auth）

字 段 名	类 型	字 段 说 明
id	smallint	主键
auth_name	varchar	权限名称
parent_id	smallint	父级权限 id
auth_routing	varchar	权限路由（控制器/动作方法）
auth_level	tinyint	权限级别

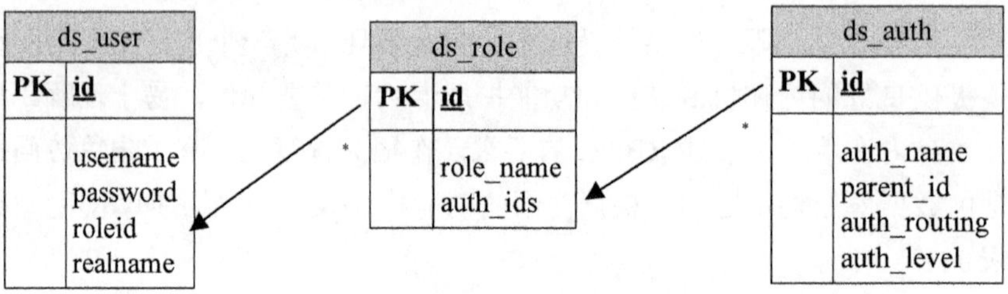

图 11-2 数据库表之间的关系图

11.5 项目实现迭代十二：权限管理系统主要模块的实现

用户权限管理的操作不是很复杂，主要包括新建、修改和删除用户和角色，并且建立或者取消用户与角色之间的关联，以及配置/获取角色的权限。

11.5.1 用户管理

新建用户就是为新的用户分配一个唯一的用户标识号，并在用户信息表（ds_user）中记录用户的相关信息；修改用户就是管理员修改用户的信息，但此时并不为用户分配新的用户标识号，并将修改的用户信息更新到用户信息表中；删除用户就是当用户不再具有合法身份访问管理信息系统时，将其从用户信息表中删除。用户相关操作界面如图 11-3 所示。

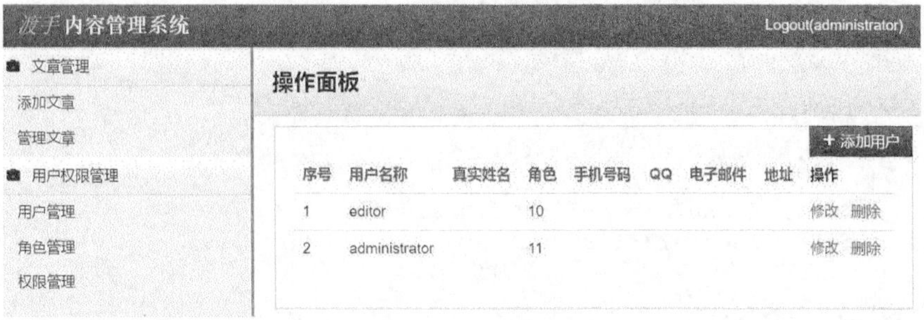

图 11-3　用户管理

在 protected/modules/admin/controllers/UserController.php 文件中实现代码如下。

```
<?php
class UserController extends CController
{
    public function init()
    {
        if(Yii::app()->user->isGuest){
              //跳转到登录页面
              $this->redirect(array('default/login'));
        }
    }
    //新建用户
    public function actionAddUser()
    {
        //创建角色模型
        $roles = Role::model()->showAllSelectRole();
        $model=new User;

        if( isset($_POST['ajax']) && $_POST['ajax'] === 'user-form')
        {
              echo CActiveForm::validate($model);
              Yii::app() -> end();
        }
        if(isset($_POST['User']))
        {
            $model->attributes=$_POST['User'];
            if($model->save()){
                Yii::app()->user->setFlash('actionInfo',"添加成功");
                $this->redirect(array('user/list'));
            }
            else
            {
                 Yii::app()->user->setFlash('actionInfo',"添加失败");
                 $this->redirect(array('user/list'));
```

```
                }
            }
            $this->render('add',array(
                    'model'=>$model,
                    'roles'=>$roles
            ));
        }
         //用户列表
        public function actionList()
        {
            $user = User::model()->findAll();
            $this->render("list",array("user"=>$user));
        }
        //删除
        public function actionDelete($id)
        {
            $model=User::model()->findByPk((int)$id);
            if($model->delete()){
                 Yii::app()->user->setFlash('actionInfo',"删除成功");
                 $this->redirect(array('user/list'));
            }else {
                 Yii::app()->user->setFlash('actionInfo',"删除失败");
                 $this->redirect(array('user/list'));
            }
        }
    }
```

11.5.2 角色管理

新建角色就是管理员录入新角色时为新的角色分配一个唯一的角色标识号，并在角色信息表（ds_role）中记录角色的相关信息；修改角色就是管理员修改角色的相关信息，但此时并不为角色分配新的角色标识号，而是仍然采用新建角色时产生的角色标识号，并将修改的角色信息更新到角色信息表中；删除角色就是当某角色不再被使用时，将其相关信息从角色信息表中删除。角色相关操作的界面如图 11-4 所示。

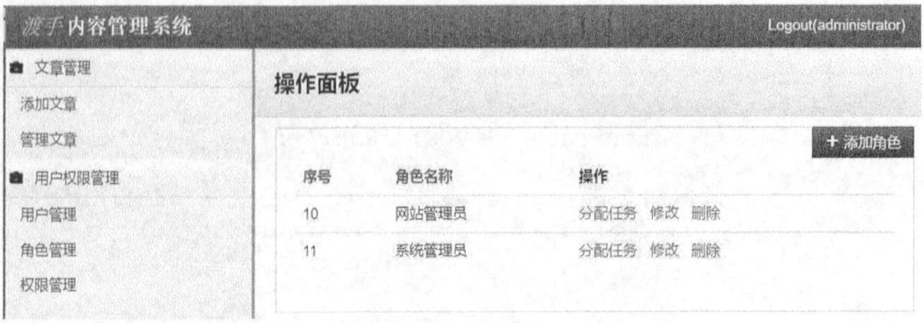

图 11-4 角色管理

在 protected/modules/admin/controllers/RoleController.php 文件中实现的代码如下。

```
<?php
class RoleController extends CController{
      public function init(){
            if(Yii::app()->user->isGuest){
                  //跳转到登录页面
                  $this->redirect(array('default/login'));
            }
      }
      //角色列表
      public function actionList(){
            $auth = Role::model()->findAll();
            $this->render("list",array("auth"=>$auth));
      }
      //分配权限任务
      public function actionAssign($roleid,$flag=0){
            $role =Role::model();
            if(!empty($_POST))
            {
                  if($role->saveAuth($_POST["roleid"],$_POST["auth_id"])){
                        $this->redirect(array("role/assign",
"roleid"=>$_POST["roleid"],"flag"=>1));
                  }
                  else{
                        $this->redirect(array("role/assign",
"roleid"=>$_POST["roleid"],"flag"=>2));
                  }
            }else{
                  if($flag == 1) $info = "分配权限成功";
                  elseif($flag == 2) $info = "分配权限失败";
                  else $info = "";

                  //显示已经拥有的权限任务
                  $role_info = $role->find("id=$roleid");
                  $auth_ids = explode(",", $role_info["auth_ids"]);
                  //列出所有权限
                  $auth_level0 = Auth::model()->findAll("auth_level=0");
                  $auth_level1 = Auth::model()->findAll("auth_level=1");

                  $this->render("assign",array(
                        "auth_level0"=>$auth_level0,
                        "auth_level1"=>$auth_level1,
                        "roleid"=>$roleid,
```

```
                    "info"=>$info,
                    "auth_ids"=>$auth_ids));
        }
    }
    //添加角色
    public function actionAddRole(){
        //创建文章模型
        $role = new Role();
        if(isset($_POST['Role']))
        {
            $role->attributes=$_POST['Role'];//安全块赋值
            //执行保存，写入数据库
            if($role->save()){
                //数据写入成功，提示保存成功
                Yii::app()->user->setFlash('actionInfo',"保存成功");
                $this->redirect(array('role/list'));
            }else{
                Yii::app()->user->setFlash('actionInfo',"保存失败");
                $this->redirect(array('role/list'));
            }
        }
        //渲染视图，传递模型数据
        $this->render("addRole",array("model"=>$role));
    }
    //删除
    public function actionDelete($id){
        $model=Role::model()->findByPk((int)$id);
        if($model->delete()){
            Yii::app()->user->setFlash('actionInfo',"删除成功");
            $this->redirect(array('role/list'));
        }else {
            Yii::app()->user->setFlash('actionInfo',"删除失败");
            $this->redirect(array('role/list'));
        }
    }
}
```

11.5.3 权限管理

新建权限需要录入权限名称、父权限 id、权限路由和权限级别，如图 11-5 所示。

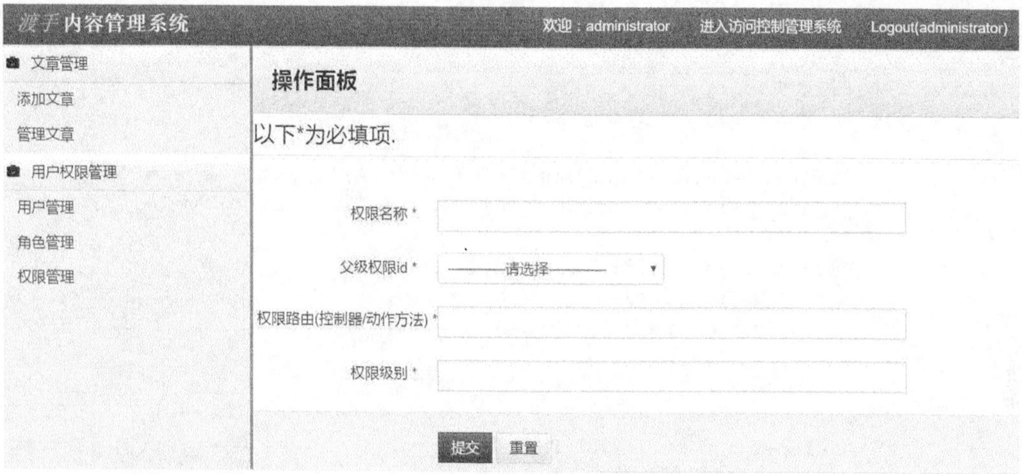

渡手内容管理系统 欢迎：administrator 进入访问控制管理系统 Logout(administrator)

文章管理
添加文章
管理文章
用户权限管理
用户管理
角色管理
权限管理

操作面板

以下*为必填项.

权限名称 *

父级权限id * ————请选择————

权限路由(控制器/动作方法) *

权限级别 *

提交 重置

图 11-5 新建权限

权限相关操作的维护界面如图 11-6 所示。

渡手内容管理系统 欢迎：administrator 进入访问控制管理系统 Logout(administrator)

文章管理
添加文章
管理文章
用户权限管理
用户管理
角色管理
权限管理

操作面板

+ 添加权限

序号	权限名称	父权限id	权限路由	权限级别	操作
100	文章管理	0		0	修改 删除
102	--添加文章	100	articleManager/create	1	修改 删除
103	--管理文章	100	articleManager/admin	1	修改 删除
101	用户权限管理	0		0	修改 删除
105	--用户管理	101	user/list	1	修改 删除
106	--角色管理	101	role/list	1	修改 删除
107	--权限管理	101	auth/list	1	修改 删除

图 11-6 权限管理

从录入的内容可以看出来，新建权限其实就是新建栏目菜单。在 protected/modules/admin/controllers/AuthController.php 文件中实现代码如下。

```
<?php
class AuthController extends SBaseController
{
    public function init(){
        if(Yii::app()->user->isGuest){
            //跳转到登录页面
            $this->redirect(array('default/login'));
```

```
            }
        }
        //权限列表页
        public function actionList(){

            $auth_level0 = Auth::model()->findAll("auth_level=0");
            $auth_level1 = Auth::model()->findAll("auth_level=1");

            $this->render("list",array(
                "auth_level0"=>$auth_level0,
                "auth_level1"=>$auth_level1,
                ));
        }
        //添加权限任务
        public function actionAddTask(){
             //创建栏目模型，传递分类信息
             $auth_level0 = Auth::model()->showAllSelectAuth();
             //创建文章模型
             $auth = new Auth();
             if(isset($_POST['Auth']))
             {
                  $auth->attributes=$_POST['Auth'];//安全块赋值
                  //执行保存，写入数据库
                  if($auth->save()){
                      //数据写入成功，提示保存成功
                      Yii::app()->user->setFlash('actionInfo',"保存成功");
                      $this->redirect(array('auth/list'));
                  }else{
                      Yii::app()->user->setFlash('actionInfo',"保存失败");
                      $this->redirect(array('auth/list'));
                  }
             }
             //渲染视图，传递模型数据
             $this->render("addTask",array("model"=>$auth,"auth_level0"=>$
auth_level0));
        }
        //删除
        public function actionDelete($id){
            $model=Auth::model()->findByPk((int)$id);
            if($model->delete()){
                Yii::app()->user->setFlash('actionInfo',"删除成功");
                $this->redirect(array('auth/list'));
            }else {
                Yii::app()->user->setFlash('actionInfo',"删除成功");
                $this->redirect(array('auth/list'));
            }
        }
    }
```

当权限表中的数据设置好之后，在 protected/modules/admin/AdminModule.php 模块类文件中读取，参考代码如下。

```
class AdminModule extends CWebModule
{
        public $parent_menu;
        public $son_menu;
        public function init()
        {
                //当模块被创建时调用该方法，主要作用是初始化模块
                //导入模块的 models 和 components 目录的类
                $this->setImport(array(
                        'admin.models.*',
                        'admin.components.*',
                ));
                $this->layout = 'headerleftHtml';

                //通过登录用户名获得该用户的角色 id
                $user = User::model()->find("username='".Yii::app()->user->name."'");
                $roleid = $user["roleid"];
                //通过角色 id 获得该角色的权限
                $auth = Role::model()->find("id='".$roleid."'");
                $auth_ids = explode(',',$auth["auth_ids"]);

                //通过角色的权限获得具体的权限
                $criteria_parent=new CDbCriteria;
                $criteria_parent->addInCondition('id', $auth_ids);
                $criteria_parent->addCondition("auth_level = 0");
                $this->parent_menu = Auth::model()->findAll($criteria_parent);

                $criteria_son=new CDbCriteria;
                $criteria_son->addInCondition('id', $auth_ids);
                $criteria_son->addCondition("auth_level = 1");
                $this->son_menu = Auth::model()->findAll($criteria_son);
        }
        ……
}
```

首先通过登录时的用户名，去用户表中查询出该用户的角色 id，然后使用该角色 id 在角色表中查询出该角色拥有的权限，最后根据 authi_level 查询出一级目录和二级目录。读取数据是在模块的布局文件 protected/modules/admin/views/layouts/headerleftHtml.php 中，参考代码如下。

```
<div class="sidebar-nav">
    <?php
        foreach ($this->module->parent_menu as $key => $value) {
    ?>
    <a href="#" class="nav-header" data-toggle="collapse"><i class="icon-briefcase">
</i><?php echo $value["auth_name"]?></a>
```

```
        <ul id="accounts-menu" class="nav nav-list">
            <?php
                foreach ($this->module->son_menu as $k => $v) {
                    if($v["parent_id"]==$value["id"])
                    {
            ?>
            <li <?php  if($_GET['r'] == "admin/articleManager/create") echo
"class='active'"; ?>>
                <a href="<?php echo $this->createUrl($v['auth_routing']);?>">
<?php echo $v["auth_name"]?></a>
            </li>
            <?php
                }
            }
            ?>
        </ul>
        <?php
            }
        ?>
    <!--        <a href="#" class="nav-header" data-toggle="collapse"><i class=
"icon-briefcase"></i>文章管理</a>
        <ul id="accounts-menu" class="nav nav-list">
            <li <?php  if($_GET['r'] == "admin/articleManager/create") echo
"class='active'"; ?>>
                <a   href="http://www.guangpan.com/chap11/index.php?r=admin/
articleManager/create">添加文章</a>
            </li>
            <li <?php  if($_GET['r'] == "admin/articleManager/admin") echo
"class='active'"; ?>>
                <a href="http://www.guangpan.com/chap11/index.php?r=admin/
articleManager/ admin">管理文章</a>
            </li>

        </ul>

        <a href="#" class="nav-header" data-toggle="collapse"><i class="icon-briefcase">
</i>用户管理</a>
        <ul id="accounts-menu" class="nav nav-list">
            <li <?php if($_GET['r'] == "admin/user/create") echo "class='active'"; ?>>
                <a  href="http://www.guangpan.com/chap11/index.php?r=admin/user/
create">添加用户</a>
            </li>

        </ul> -->
    </div>
```

当用户登录后，会根据拥有的权限，看到不同的栏目菜单。

11.5.4 用户-角色配置管理

建立用户和角色关联是指给某一用户分配某种角色的操作，用户信息表的 roleid 字段记录该信息；撤销用户和角色关联是指将某角色从某一用户中删除，并在用户信息表的 roleid 字段中删除相关信息。这部分操作在添加用户时完成，界面如图 11-7 所示。

图 11-7　用户和角色关联

11.5.5 角色-权限配置管理

配置角色的权限是建立角色和权限之间联系的过程，如图 11-8 所示。

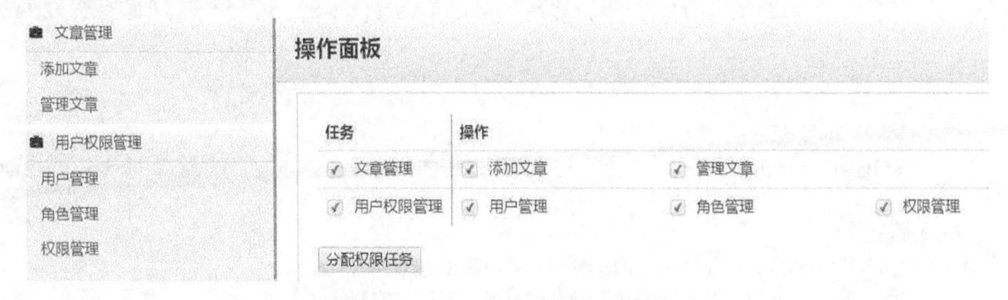

图 11-8　角色和权限关联图

先单击角色名称后面的“分配权限任务”，然后勾选右边的某个权限任务，单击相应按钮即可完成角色的授权；如果要取消某角色的权限任务，则取消原来的勾选，单击相应按钮即可完成该操作。

在 protected/modules/admin/controllers/AuthController.php 文件中实现代码如下。

```
<?php
class AuthController extends CController{
    public function init(){
        if(Yii::app()->user->isGuest){
            //跳转到登录页面
            $this->redirect(array('default/login'));
        }
    }
    //角色列表页
    public function actionList(){
        $auth_level0 = Auth::model()->findAll("auth_level=0");
        $auth_level1 = Auth::model()->findAll("auth_level=1");

        $this->render("list",array(
            "auth_level0"=>$auth_level0,
            "auth_level1"=>$auth_level1,
            ));
    }
    //添加权限任务
    public function actionAddTask(){
        //创建栏目模型，传递分类信息
        $auth_level0 = Auth::model()->showAllSelectAuth();
        //创建文章模型
        $auth = new Auth();
        if(isset($_POST['Auth'])){
            $auth->attributes=$_POST['Auth'];//安全块赋值
            //执行保存，写入数据库
            if($auth->save()){
                //数据写入成功，提示保存成功
                Yii::app()->user->setFlash('actionInfo',"保存成功");
                $this->redirect(array('auth/list'));
            }else{
                Yii::app()->user->setFlash('actionInfo',"保存失败");
                $this->redirect(array('auth/list'));
            }
        }
        //渲染视图，传递模型数据
        $this->render("addTask",array("model"=>$auth,"auth_level0"=>$auth_level0));
    }
    //删除
    public function actionDelete($id){
        $model=Auth::model()->findByPk((int)$id);
        if($model->delete()){
            Yii::app()->user->setFlash('actionInfo',"删除成功");
            $this->redirect(array('auth/list'));
        }else {
            Yii::app()->user->setFlash('actionInfo',"删除成功");
            $this->redirect(array('auth/list'));
        }
    }
}
```

11.6 Yii 框架中 RBAC 的设计与实现

Yii 框架中的 RBAC 设计成模块的形式，并且提供了一个图形管理页面，管理起来很方便，该模块的名字是 Srbac。

提示：作者认为 Srbac 中的 S 是 smart 的缩写，意思是智能访问控制。

Yii 中 RBAC 的基础源自一个称为授权项目的想法。授权项目就是一系列在应用程序中允许去做的事。这些事可以归类为 roles（角色）、tasks（任务）或者 operations（操作），以此形成权限层级。角色由任务组成，任务由操作组成，操作是最低权限级别。

例如，在内容管理系统中，需要一个主管的角色类型。因此，我们建立一个角色类型名为“系统管理员”的授权项目。这个角色将由类似 admin@UserAdministrating（用户管理）和 admin@ArticleManagerAdministrating（文章管理）的任务组成。这些任务进一步包含所需的操作。例如，用户管理任务可以由新建用户、编辑用户和删除用户等操作动作组成。

在我们建立授权等级、授予用户角色和访问权限检测之前，需要配置授权管理应用组件。这个组件用来存储权限信息，检测用户是否可以执行相关的动作。

11.6.1 配置 Srbac 模块及授权管理组件

在浏览器中打开下面的 URL，下载 Yii 框架扩展模块 Srbac，本书下载安装的是 srbac_1.3beta.zip。在压缩包中附带 Srbac 手册。根据手册进行配置会非常方便。

```
http://www.yiiframework.com/extension/srbac/
```

提示：beta 指的是公测，即针对所有用户公开的测试版本。

下载完成之后直接将压缩包的文件 srbac 文件包复制到 modules 文件中，如果没有 modules 文件，可以创建该文件目录，然后复制进去。为了使用模块 Srbac，需要在应用配置文件 protected/config/main.php 中添加如下代码。

```
'modules'=>array(
    ......
    'srbac' => array(
        'userclass'=>'User', //用户表 ActiveRecord 模型
        'userid'=>'id', //用户表主键字段
        'username'=>'username', //用户名
        'delimeter'=>'@', //模块中添加 operation 时，插入 Srbac 之后的定界符。默认是: -
        'debug'=>true, //默认是 false，只有当 debug 为 false 时，Srbac 模块才能生效
```

```
            'pageSize'=>10, //管理授权项页面显示的授权项个数，默认是 15
            'superUser' =>'Authority', //建议将此名称改为超级管理员名称，有利于角色的统一
            'css'=>'srbac.css',//路径别名，目录为 srbac/css/srbac.css
            'layout'=>'application.views.layouts.main', //布局视图文件别名，
    //默认为 application.views.layouts.main
            'notAuthorizedView'=>'srbac.views.authitem.unauthorized',
    //用户访问没有授权页面显示的视图
            'alwaysAllowed'=>array(//允许任何人访问的操作（动作方法）
                    'SiteLogin','SiteLogout','SiteIndex',
                    'SiteError', 'SiteContact'
            ),
            'userActions'=>array('Show','View','List'), //分配给用户的默认操作
            'listBoxNumberOfLines' => 15,//列表框的行数，默认是 10
            'imagesPath' => 'srbac.images', //Srbac 模块中相关图片保存路径
            'imagesPack'=>'noia', //模板名称，noia 或 tango
            'iconText'=>true, //图标旁边是否显示文字，默认是 false
            'header'=>'srbac.views.authitem.header', //头部信息
            'footer'=>'srbac.views.authitem.footer', //底部信息
            'showHeader'=>FALSE, //是否显示头部信息，默认是: false
            'showFooter'=>true, //是否显示底部信息，默认是: false
            'alwaysAllowedPath'=>'srbac.components', //总是允许访问: 组件路径
        ),
    ),
```

注意： 由于这里配置的“userclass”为“User”，因此需要应用中存在 User 模型，对应数据库表的主键为 id 字段且必须存在“username”字段。

每个配置参数都在 Srbac 的手册上有说明，另外也可参照源码，理解每个配置项的含义。

Srbac 中的授权管理组件（SDbAuthManager）继承了 CDbAuthManager，需要在主配置 protected/config/main.php 里将下列代码添加至应用组件数组中。

```
        'components'=>array(
                'authManager'=>array(
                        // 类 SDbAuthManager 在 Srbac 模块中的路径（别名），注意大小写
                        'class'=>'application.modules.srbac.components.
SDbAuthManager',
                        // 使用的数据库的组件名
                        'connectionID'=>'db',
                        // 下面是 3 个数据表，后面再介绍每个表的作用
                        // The itemTable name (default:authitem)
                        'itemTable'=>'items',
                        // The assignmentTable name (default:authassignment)
                        'assignmentTable'=>'assignments',
                        // The itemChildTable name (default:authitemchild)
                        'itemChildTable'=>'itemchildren',
                ),
```

这里建立了一个名为 authManager 的应用组件，指定“class”类型为 SDbAuthManager，

并且设置了成员属性“connectionID”为当前数据库连接组件“db”。

添加上述配置信息后，就可以使用 Srbac 模块了。首先在浏览器里输入下述 URL。

```
http://hostname/index.php?r=srbac/authitem/install
```

打开 Srbac 的安装前检测界面，如图 11-9 所示。

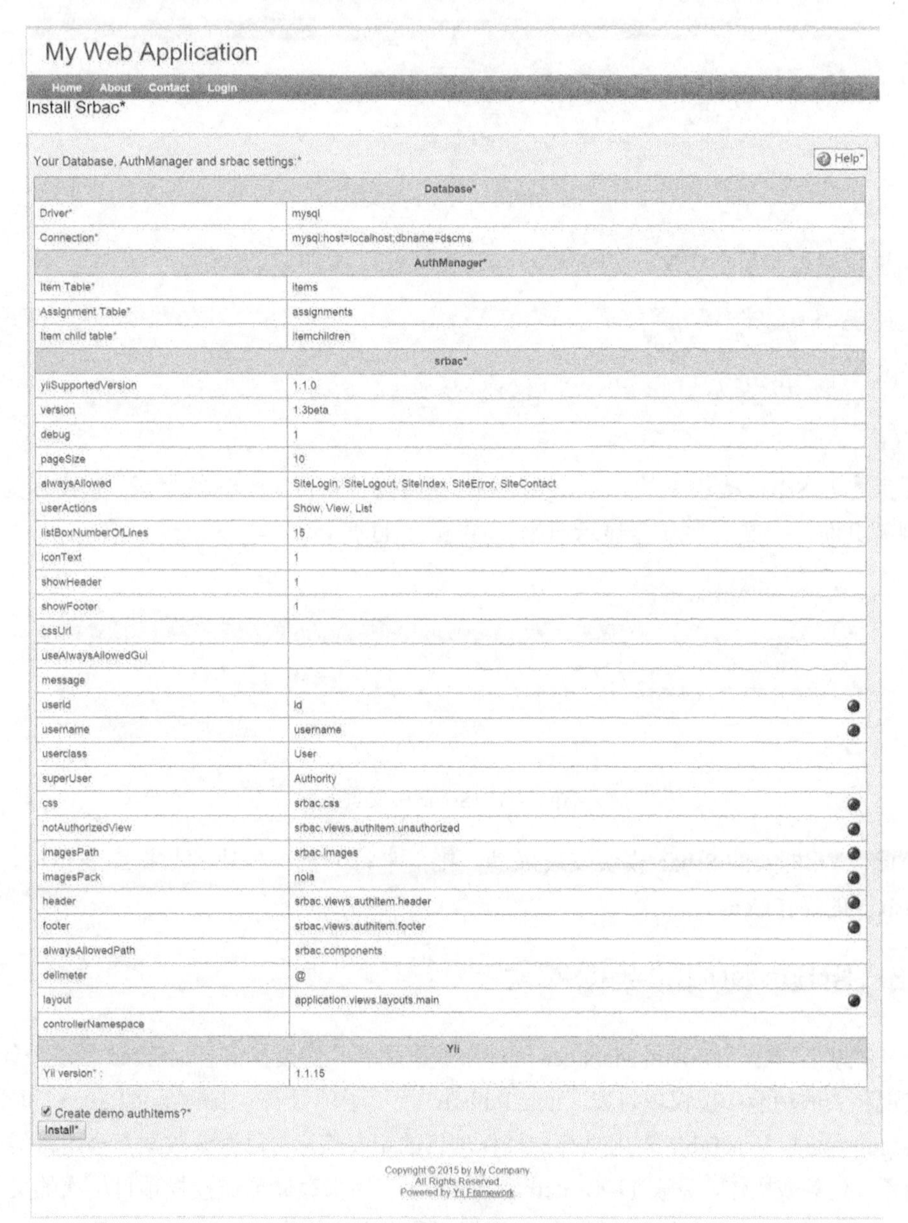

图 11-9 Srbac 安装前检测页面

如果没有任何警告、错误出现，单击“Install”按钮（勾选“Create demo authItems”复选框，安装过程中会自动创建配置授权管理器 authManager 中指定的 3 个表）。在提示安装成功后，单击页面的链接进入 Srbac 英文页面，如图 11-10 所示。

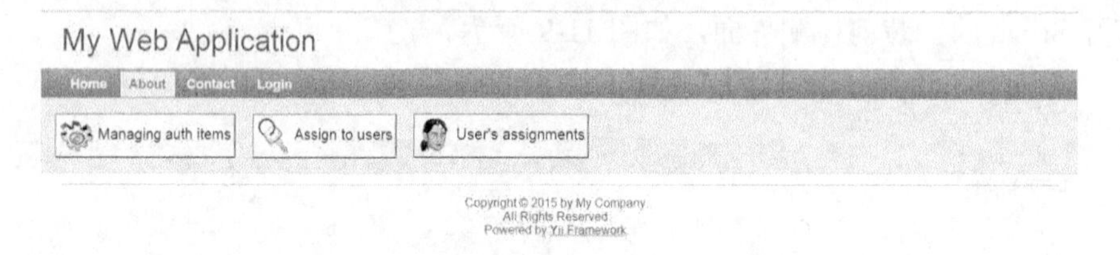

图 11-10　Srbac 英文页面

如果希望页面显示中文，则需要修改配置文件，添加如下代码。

```
return array(
    ...
    'language'=>'zh_cn',  // 语言设置为中文
    ...
)
```

然后打开 Srbac 模块中的 messages 目录，看到里面有一个 zh 的目录，重命名为 zh_cn。重新刷新页面，中文页面就会显示出来，如图 11-11 所示。

图 11-11　Srbac 中文页面

至此，Yii 框架的 Srbac 模块安装成功。接下来将分析该模块的数据库表结构，以便于理解 Srbac 的操作流程。

11.6.2　Srbac 使用的数据库表

配置授权管理器 SDbAuthManager 类使用数据库表存储授权信息。Srbac 模块设计了 3 个表来实现相关的功能：授权项目表（itemTable）、授权子项目表（itemChildTable）和授权分配表（assignments）。itemTable 表用来存储授权项目的定义信息，每一条数据都会附带类型说明，代表角色、任务或操作，见表 11-4。itemChildTable 表用来存储形成授权项目层次的父子关系，见表 11-5。assignments 表是用来存储用户和授权项目之间关系的关系表，见表 11-6。

表 11-4 授权项目表（itemTable）记录 RBAC 中的对象

字 段	数据类型	是否主键	字 段 意 义
name	varchar（64）	是	表格内文字（表文）
type	varchar（64）	否	类型（0，1，2） 0：表示 Operation 操作 1：表示 Task 任务 2：表示 Role 角色
description	text	否	相关描述
bizrule	text	否	业务规则
data	text	否	序列化后的数组，用于给 bizrule 提供参数

表 11-5 授权子项目表（itemChildTable）记录角色-任务、任务-操作之间的关系

字 段	数据类型	是否主键	字 段 意 义
parent	varchar（64）	是	父级名称（角色或任务）
child	varchar（64）	是	子对象名称（任务或操作）

表 11-6 授权分配表（assignments）记录用户-角色之间的对应关系

字 段	数据类型	是否主键	字 段 意 义
itemname	varchar（64）	是	角色名称，区分大小写
userid	varchar（64）	是	用户 ID，是自己项目中用户表的 ID 号
bizrule	text	否	业务规则
data	text	否	序列化后的数组，用于给 bizrule 提供参数

从数据库表结构的设计不难看出 Srbac 的操作流程：首先在表 itemTable 中创建操作、任务或角色，然后在表 itemChildTable 中明确它们之间的所属关系，最后在表 assignments 中把角色分配给用户。

了解了 Yii 框架 Srbac 的原理并且也清楚了数据表的结构，下面介绍图形管理界面。

11.7 编写 AdminController 初步了解 Srbac 授权体系

在 Srbac 安装完成后进入管理页面，首先单击“管理授权项”选项。

11.7.1　管理授权项

管理授权项（Managing auth items）选项下有 4 个自选项，分别为管理授权项、自动建立授权项、编辑总是允许列表和清除废弃的授权项。下面依次了解各个页面的功能。

1．管理授权项

单击“管理授权项”后，在左侧会列出所有的授权项，包括角色（Role）、任务（Task）和操作（Operation），可以更新和删除，如图 11-12 所示。

点击“添加”按钮，进入建立新项目页面，可以创建不同类型的授权项。

图 11-12　管理授权项页面

2．自动建立授权项

在介绍此功能前，手动添加一个控制器，在 protected/controllers 目录下新建 SrbacTest-Controller.php 文件，代码如下。

```
<?php
class SrbacTestController extends SBaseController
{
```

```
        public function actionIndex()
        {
            echo "你有权限访问 srbacTest/index 动作方法";
        }
        public function actionUser()
        {
            echo "你有权限访问 srbacTest/user 动作方法";
        }
    }
```

如果想让自己创建的控制器在“自动建立授权项”页面左侧的控制栏中显示出来，需要让控制器继承 Srbac 中的 SBaseController 类。

SBaseController 继承基类 CController，添加 beforeAction($action)方法，实现权限验证。

```
    class SBaseController extends CController {
      /**
       *检查当前用户是否有 Srbac 的授权
       * @param String $action .当前动作方法
       * @return 有授权，返回 true，否则返回 false
       */
    protected function beforeAction($action) {
        //载入模块分隔符
        $del = Helper::findModule('srbac')->delimeter;
        //取得当前模块名称
        $mod = $this->module !== null ? $this->module->id . $del : "";

        $contrArr = explode("/", $this->id);
        $contrArr[sizeof($contrArr) - 1] = ucfirst($contrArr[sizeof ($contrArr)
 - 1]);
        $controller = implode(".", $contrArr);

        $controller = str_replace("/", ".", $this->id);
        //生成静态页面，模块+分隔符+控制器（首字母大写）+方法（首字母大写），
//如 model- ControllerAction
        if(sizeof($contrArr)==1){
           $controller = ucfirst($controller);
        }
        $access = $mod . $controller . ucfirst($this->action->id);

        //验证访问页面地址是否在总是允许列表里面，若是，返回有权限
        if (in_array($access, $this->allowedAccess())) {
           return true;
        }
        //验证 Srbac 有无安装
        if (!Yii::app()->getModule('srbac')->isInstalled()) {
```

```
            return true;
        }
        //验证 Srbac 有无开启
        if (Yii::app()->getModule('srbac')->debug) {
            return true;
        }
         // 权限验证
        if (!Yii::app()->user->checkAccess($access) || Yii::app()->user->
isGuest) {
              $this->onUnauthorizedAccess();
        } else {
              return true;
        }
    }
```

为了能够继承 Srbac 中的 SBaseController 类，需要在 Yii 应用的配置文件中添加如下代码。

```
    return array(
        //下面是自动加载的类文件
        'import'=>array(
                ......
                'application.modules.srbac.controllers.SBaseController',
        ),
```

这样 Srbac 可以根据自己创建的控制器自动生成对应的操作（Operation）和任务（Task）。如图 11-13 所示，为 SrbacTestController 自动建立授权项操作。

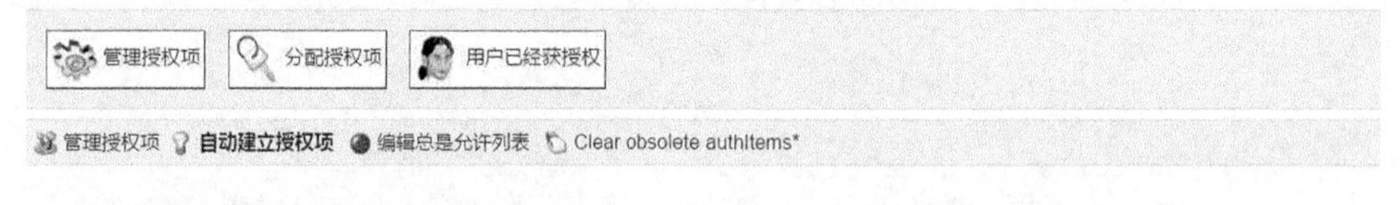

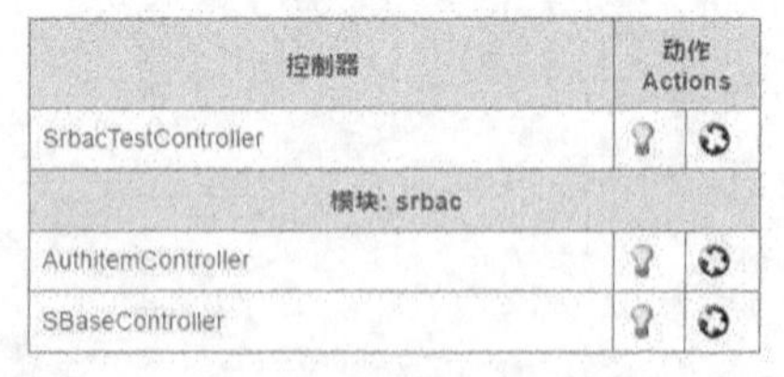

控制器	动作 Actions
SrbacTestController	
模块: srbac	
AuthitemController	
SBaseController	

图 11-13　自动建立授权项页面

> **提示：** 要想正常显示自动建立授权项页面，需要应用中的代码符合 Yii 框架编码规范。例如，控制器文件中必须定义和此文件名对应的控制器类，多个模块中的控制器不能同名等。

添加完之后回到管理授权项页面，会看到刚添加好的 SrbacTestController 相关的操作（Operation）和任务（Task），如图 11-14 所示。

SrbacTestAdministrating	Task		
SrbacTestIndex	Operation		
SrbacTestUser	Operation		
SrbacTestViewing	Task		

图 11-14　管理授权项页面

3．编辑总是允许列表

编辑总是允许列表是指所有人都能访问的动作方法，勾选始终允许访问的 action 方法，保存即可。srbac@Authitem 里面的就不要操作了，这里是管理 Srbac 的相关 action，如图 11-15 所示。

图 11-15　编辑总是允许列表页面

4．清理废弃的授权项（Clear obsolete authItems）

清理废弃过时的授权项，如图 11-16 所示。

在“管理授权项”栏目的页面中，可以对角色（Role）、操作（Operation）、任务（Task）进行增加、删除、修改和查询的操作。

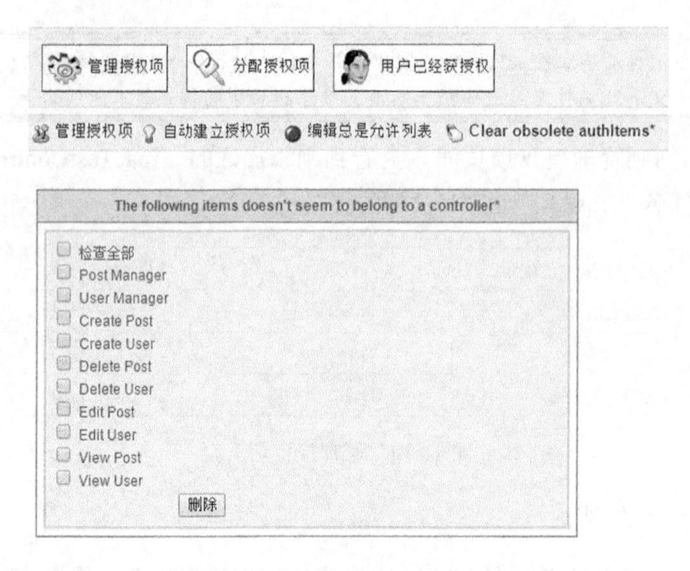

图 11-16 清理废弃的授权项页面

11.7.2 分配授权项

1．给任务分配相关操作

在“管理授权项”的“自动建立授权项”页面里已经给任务 SrbacTestAdministrating 分配好了操作，如图 11-17 所示。

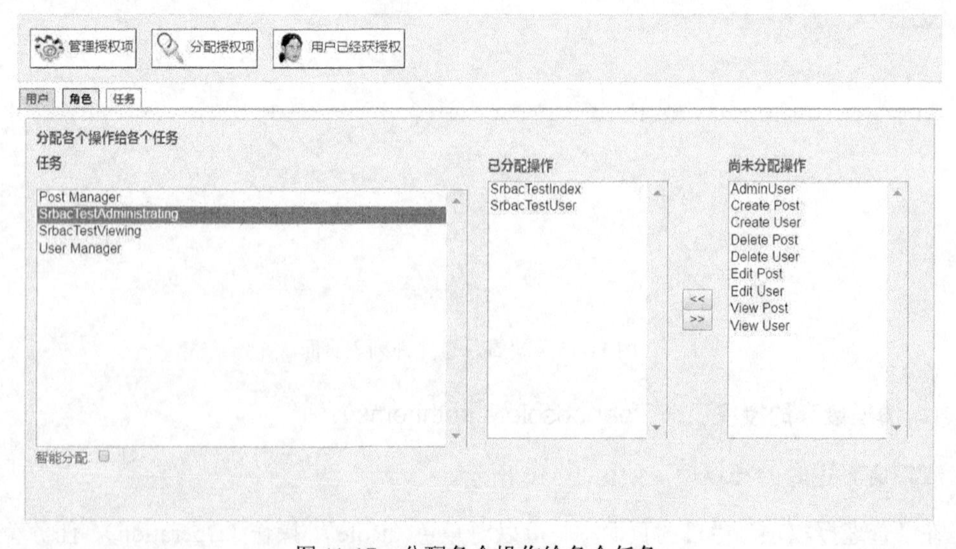

图 11-17 分配各个操作给各个任务

2. 给角色分配任务

如图 11-18 所示，左侧角色框里出现 Administrator 角色，现在为其分配任务。

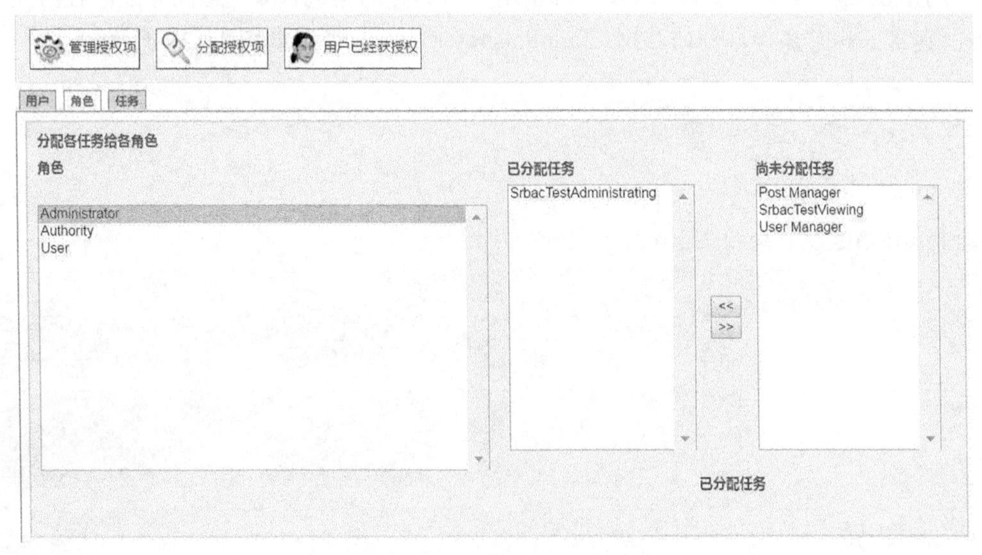

图 11-18 分配各任务给各角色

3. 分配角色给用户

首先把角色分配给用户。Srbac 模块默认有 3 个角色：Administrator、Authority 和 User。这里把 Administrator 分配给用户 administrator，如图 11-19 所示。

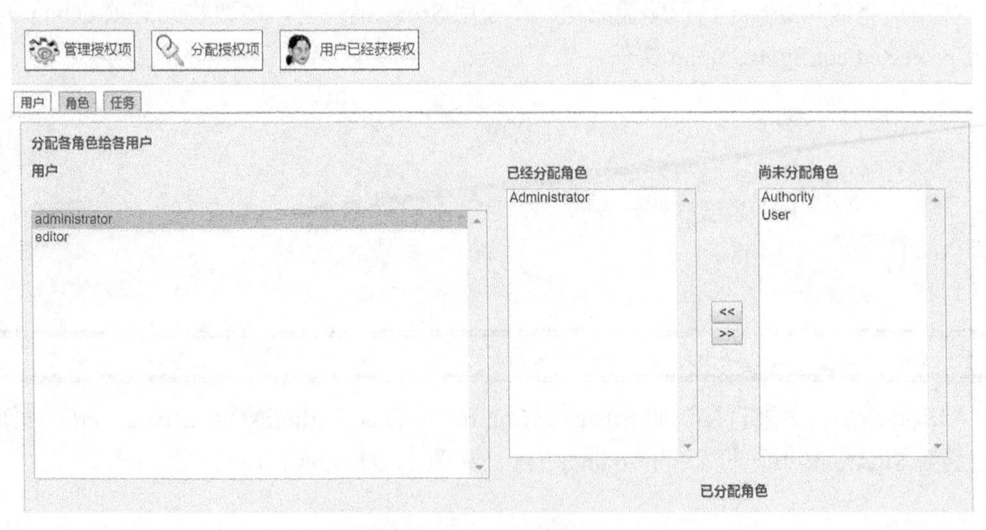

图 11-19 分配各角色给各用户

11.7.3 用户已经获授权

“用户已经获授权”选项可以查看每个用户所拥有的角色、每个角色分配的任务及每个任务所包含的相关操作。例如，用户 administrator 的授权情况如图 11-20 所示。

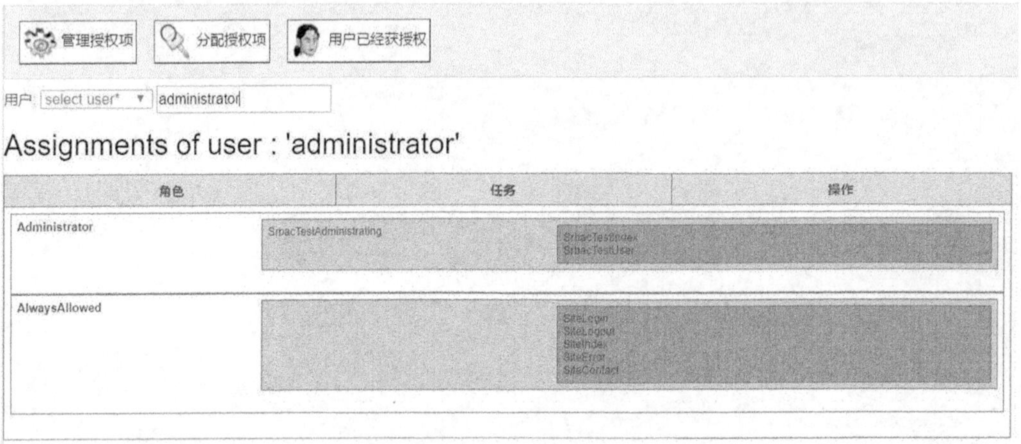

图 11-20 用户已经获授权选项页面

11.8 测试 Srbac 验证授权流程

本节中将测试 Srbac 是否配置成功。在使用 Srbac 模块前，需要将配置项 debug 关闭。修改 protected/config/main.php 文件，如下所示。

```
    'modules'=>array(
        ......
        'srbac' => array(
            'debug'=> false, //默认是 false，只有当 debug 为 false 时，Srbac 模块才
能生效
        ),
    ),
```

提示：如果 debug 为 true，Srbac 会放行所有用户。

修改好之后，如果直接访问 SrbacTestController 的 actionIndex()或 actionUser()，页面就会跳转到 SiteController 的 actionLogin()方法，如图 11-21 所示。

图 11-21 登录页面

分析 framework 文件夹中的所有文件，发现在 framework/web/auth/CWebUser.php 中定义了应用系统默认的登录页面，源码如下所示。

```
class CWebUser extends CApplicationComponent implements IWebUser
{
    ......
    public $loginUrl=array('/site/login');
    ......
}
```

通常情况下，不能直接修改 framework 中的源码，可以在 protected/config/main.php 配置文件中修改应用系统默认登录页面，示例代码如下。

```
'components'=>array(
    ......
    'user'=>array(
        // enable cookie-based authentication
        'allowAutoLogin'=>true,
        'loginUrl'=>array('/admin/default/login'),
    ),
    ......
```

上述代码修改完之后，再访问 SrbacTestController 的 actionIndex()或 actionUser()方法，就会跳转到 admin 模块下的 DefaultController 的 actionLogin()方法，即登录页面。使用用户 administrator 登录成功之后再分别访问 SrbacTestController 的 actionIndex()或 actionUser()两个动作方法，输出结果如图 11-22 所示。

dscms

Home About Contact Logout (administrator)

Error:403 '你无权运行'

访问发生错误 /srbacTest/index.

图 11-22 成功登录后依然无权访问

已经使用 administrator 登录并且给该用户设置了相应的角色，为什么还是没有权限访问呢？在 protected/modules/srbac 目录下查找 403，查找结果显示 403 错误是在 SBaseController.php 中的 onUnauthorizedAccess()方法中生成的，源码如下所示。

```
      protected function onUnauthorizedAccess() {
        /**
         * Check if the unautorizedacces is a result of the user no longer being
logged in.
         * If so, redirect the user to the login page and after login return
the user to the page they tried to open.
         * If not, show the unautorizedacces message.
         */
        if (Yii::app()->user->isGuest) {
          Yii::app()->user->loginRequired();
        } else {
          $mod = $this->module !== null ? $this->module->id : "";
          $access = $mod . ucfirst($this->id) . ucfirst($this->action->id);
          $error["code"] = "403";
          $error["title"] = Helper::translate('srbac', 'You are not authorized
for this action');
          $error["message"] = Helper::translate('srbac', 'Error while trying to
access') . ' ' . $mod . "/" . $this->id . "/" . $this->action->id . ".";
          //You may change the view for unauthorized access
          if (Yii::app()->request->isAjaxRequest) {
            $this->renderPartial(Yii::app()->getModule('srbac')->notAuthorized
View, array("error" => $error));
          } else {
            $this->render(Yii::app()->getModule('srbac')->notAuthorizedView,
array("error" => $error));
          }
          return false;
        }
      }
```

在上述方法中，首先判断是否已经登录，如果没有登录跳转到登录页面，否则显示 403 错误，并且提示用户无权访问。接下来继续分析是在哪里调用的 onUnauthorizedAccess()方法。查找到源码如下。

```
class SBaseController extends CController {

  /**
   * Checks if srbac access is granted for the current user
   * @param String $action . The current action
   * @return boolean true if access is granted else false
   */
  protected function beforeAction($action) {
    ......
     // Check for srbac access
    if (!Yii::app()->user->checkAccess($access) || Yii::app()->user->isGuest) {
      $this->onUnauthorizedAccess();
    } else {
      return true;
    }
  }
  ......
}
```

Yii::app()->user->checkAccess($access) 实际是调用的组件 CWebUser 中的 checkAccess()方法，该方法源码如下。

```
        public function checkAccess($operation,$params=array(), $allowCaching=true)
        {
            if($allowCaching  && $params===array()  && isset($this->_access
[$operation]))
                return $this->_access[$operation];
            $access=Yii::app()->getAuthManager()->checkAccess($operation,$th
is->getId(),$params);
            if($allowCaching && $params===array())
                $this->_access[$operation]=$access;
            return $access;
        }
```

Yii::app()->getAuthManager()是调用的组件 authManager，对应的类是 CPhpAuthManager，该类的 checkAccess()方法中明确说明了， $this->getId()是用户 id。所以，为了 Srbac 能够正确运行，还需要 Yii::app()->user->id 得到用户的 id 而不是 username。在 CWebUser 的 login()方法中会给 id 赋值，源码如下。

```
        public function login($identity,$duration=0)
        {
            $id=$identity->getId();
```

getId()是 CUserIdentity 的方法，所以在 components/UserIdentity.php 类中重写 getId()方法，代码如下。

```
class UserIdentity extends CUserIdentity
{
      private $_id;

      public function authenticate() {
            $user = User::model()->findByAttributes(array('username' =>
$this->username));
            if ($user === null) {
                  $this->errorCode = self::ERROR_USERNAME_INVALID;
            } else {
                  if ($user->password !== md5($this->password)) {
                        $this->errorCode = self::ERROR_PASSWORD_INVALID;
                  } else {
                        $this->_id = $user->id;
                        $this->errorCode = self::ERROR_NONE;
                  }
            }
            return !$this->errorCode;
      }

      public function getId()
      {
            return $this->_id;
      }
}
```

再一次分别访问 SrbacTestController 的 actionIndex()或 actionUser()两个动作方法，输出结果如下所示。

```
你有权限访问 srbacTest /index 动作方法
你有权限访问 srbacTest /user 动作方法
```

这证明能正常访问，因为之前已经在 Srbac 中为用户 administrator 分配了相关的权限。接下来，测试一个没有权限访问的动作方法是否能正常访问，打开 controllers/SrbacTestController.php 文件，添加一个新的动作方法。

```
<?php
class SrbacTestController extends SBaseController
{
......
      //增加一个新的动作方法
      public function actionCreate()
      {
            echo "你有权限访问 srbacTest/create 动作方法";
```

```
        }
    }
```

在浏览器里访问这个动作方法。

```
http://xxx/index.php?r=srbacTest/create
```

这时会返回一个 403 错误，见图 11-23，提示没有被授权访问这个动作方法，由此可见 Srbac 的自动检测起作用了。

图 11-23 测试访问无授权动作方法

11.9 Srbac 添加到实际项目中的应用

在把 Yii 框架提供的访问权限管理系统添加到我们自己的内容管理系统中时，首先要修改 Srbac 的布局文件，使其看起来像一个整体。

11.9.1 修改 Srbac 模块的视图布局

仿照内容管理系统的布局文件，添加如下布局 protected/modules/srbac/views/layouts/layoutSrbac.php，其部分代码如下，效果如图 11-24 所示。

```
    <body class="">
    <!--<![endif]-->
        <div class="navbar">
            <div class="navbar-inner">
                <ul class="nav pull-right">
                    <li><a href="#" class="hidden-phone visible-tablet
visible-desktop" role="button">
                    <?php
                        if(!Yii::app()->user->isGuest)
                        {
                            echo "欢迎: ".Yii::app()->user->name;
                        }
                    ?></a>
                    </li>
                    <li><a href="http://hostname/dscms/index.php?r=admin/
default/logout" class="hidden-phone visible-tablet visible-desktop" role= "
```

```
button">Logout</a></li>
                    </ul>
                    <a class="brand" href="#"><span class="first">渡手</span>
<span class="second">内容管理系统</span></a>
                </div>
        </div>
        <?php echo $content?>
        <script src="/dscms/admin-lib/bootstrap/js/bootstrap.js"></script>
    </body>
```

图 11-24 布局文件效果图

除了布局文件之外，Srbac 模块中还有一个头部文件，路径为：protected\modules\srbac\views\authitem\header.php，将其进行如下修改。

```
<h2 style="color:black;text-align:center">
        访问控制管理页面
</h2>
```

添加了布局文件 layoutSrbac.php 和修改了头部文件 header.php 之后，需要在 Srbac 模块的配置文件中体现出来，修改 protected/config/main.php 文件，如下所示。

```
'srbac' => array(
     'layout'=>'application.modules.srbac.views.layouts.layoutSrbac',
     'showHeader'=>true,
```

使用浏览器访问 index.php?r=srbac，显示的效果如图 11-25 所示。

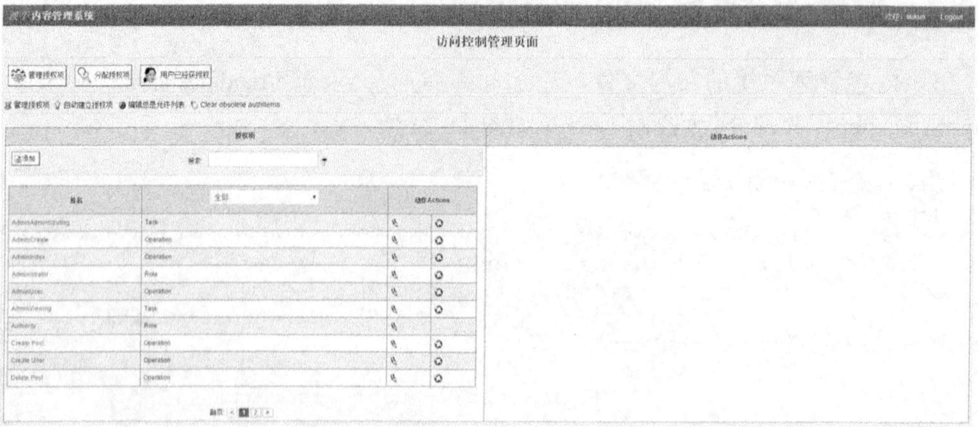

图 11-25 Srbac 在项目中的效果图

目前，还有一个问题尚待解决，即如何使得只有特定用户才能访问 Srbac 呢？

11.9.2　防止非管理员用户访问 Srbac

上一节中提到的问题，Yii 框架的 Srbac 模块也想到了。在 Srbac 的配置项中规定 superUser 对应的值就是拥有访问 Srbac 权限的角色。例如，设置 superUser 的值为 Authority，再把此角色分配给用户 administrator。这样就只有用户 administrator 访问 Srbac 时才能正常访问，如图 11-26 所示。

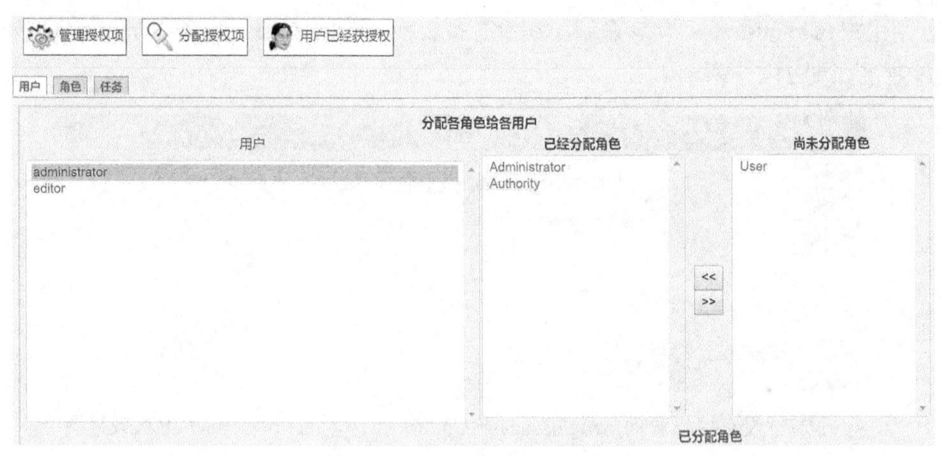

图 11-26　给用户分配“Authority”角色

执行完本步骤后，在数据库授权分配表中会增加表 11-7 所示的数据。

表 11-7　　授权分配表（assignments）记录用户-角色之间的对应关系

itemname	userid	bizrule	data
Authority	2		

分析 Srbac 的源码，可以找到如下方法。

```
class Helper {
    ......
    public static function isAuthorizer() {
        if (self::findModule('srbac')->debug) {
        return false;
        }
        $criteria = new CDbCriteria();
        $criteria->condition = "itemname = '" . self::findModule('srbac')
->superUser . "'";
        $authorizer = Assignments::model()->find($criteria);
        if ($authorizer !== null) {
        return true;
        }
        return false;
```

```
        }
    }
```

Srbac 程序中会查询授权分配表（assignments）是否存在 superUser 指定的值，只有用户具备了 superUser 指定的值才能访问 Srbac。

11.9.3 验证访问权限

使用用户 administrator 登录系统，在没有授权前，访问 index.php?r=admin/articleManager/create，效果如图 11-27 所示。

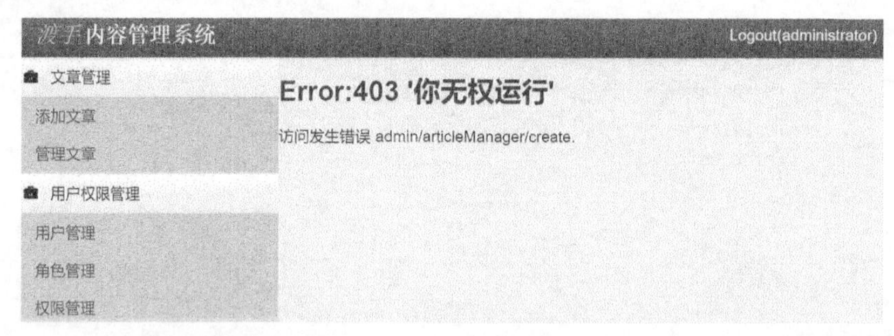

图 11-27 没有授权访问 ArticleManagerController 中的 actionCreate()方法效果图

接下来给用户 administrator 拥有的角色分配控制器 ArticleManagerController 的所有动作方法的访问权限，再次执行后效果如图 11-28 所示。

图 11-28 有授权访问 ArticleManagerController 中的 actionCreate()方法效果图

在系统的头部显示了登录用户名，并且当拥有 Srbac 模块的 superUser 角色的用户登录后，显示“进入访问控制管理系统”的链接，在 protected\modules\admin\views\layouts\headerleftHtml.php 布局文件中添加如下代码。

```
<?php
    if(!Yii::app()->user->isGuest)//判断是否已经登录
    {
        echo "<li><a href='#' class='hidden-phone visible-tablet
visible-desktop' role='button'>";
        echo "欢迎: ".Yii::app()->user->name;
        echo "</a></li>";
        //判断是否是拥有 Srbac 模块的“superUser”角色的用户登录
        if(Yii::app()->user->checkAccess(Yii::app()->getModule('srbac')
->superUser))
        {
            echo "<li><a href='http://hostname/dscms/index.php?r=srbac'
 class='hidden-phone visible-tablet visible-desktop' role='button'>";
            echo "进入访问控制管理系统";
            echo "</a></li>";
        }
    }
?>
```

CWebUser 类的 checkAccess()方法的作用就是检查用户的执行权限，它的参数可以是操作、任务或角色。下面查看一下这个方法的源码。

```
    public function checkAccess($operation,$params=array(),$allowCaching=true)
    {
        if($allowCaching && $params===array() && isset($this-> _access
[$operation]))
            return $this->_access[$operation];

        $access=Yii::app()->getAuthManager()->checkAccess($operation,
$this->getId(),$params);
        // 调用的是 SDbAuthManager 类的 checkAccess() 方法
        if($allowCaching && $params===array())
            $this->_access[$operation]=$access;
        return $access;
    }
```

说 Yii 权限体系 Srbac 不好用的人，其实没有看懂文档。给合作者的体验，作者觉得 Yii 框架的 Srbac 是用过的框架里面最好用的，而且需要写的代码也最少。

11.10 小结

RBAC 访问控制模型实现了用户与访问权限的逻辑分离，降低了授权管理的复杂性，降低了管理开销，而且与日常信息系统管理的架构类似，降低了管理复杂度。对于现在规模日益扩大的基于 Web 的信息管理系统来说，采用 RBAC 访问控制模型的访问控制模块将会起到越来越大的作用。

第12章 Yii框架中Memcached缓存应用

随着社会进步和信息化技术不断发展，网络用户日益增加，人们利用信息化手段来完成的工作与日俱增，这就使得一些大型的Web应用程序的并发访问量也急剧增加。快节奏的现代生活要求应用系统能够提供实时性、准确性和高性能的服务，因此，人们想了很多方法来提高Web的响应速率，常见的做法有优化数据库、提高硬件的性能和增大带宽等。当这些方法还不能完全解决问题时，内存缓存技术是一个不错的选择。随着内存成本的不断下降，这个选择变得容易让人接受。

内存缓存的出现是基于操作系统中的一个经典理论——“在80%的时间里用到的数据只有20%”。因此，只要把这少部分的数据放到内存，那么应用程序就直接和内存交换数据，这不仅减少读取数据库的次数，也可以将访问速度提高数个数量级。

内存缓存原理即将从数据库读取出来的信息暂时放到一个更快的介质（内存）上存储，下次可以从这个更快的介质上读取信息。

Memcached是杰出的内存缓存软件，它是Danga Interactive公司开发的一套开源、高性能、分布式内存对象缓存系统，现在已在众多大型Web应用程序中用于降低数据库负载，提升性能。

12.1 初识Memcached

Memcached是一款C/S架构的软件，其服务器端有IP和端口，一旦启动，服务就一直处于可用状态。然后，可以通过客户端发送的命令管理“内存中”的数据。

Memcached的工作机制是在内存中开辟一块空间，然后建立一个HashTable，Memcached按设定的逻辑自行管理这个HashTable。该表以键/值（key/value）进行存储，客户端通过 key 获得相应的 value。

提示： HashTable 也叫散列表，是按照键值（key-value）对的形式进行访问的数据结构。例如，给定表 M，存在方法 f（key），对任意给定的关键字 key，代入方法后若能得到包含该关键字的记录在表中的地址，则称表 M 为散列（Hash）表，方法 f（key）为散列（Hash）方法。

安装好 Memcached 软件并成功启动以后，就可以想象成在内存中创建了一个 HashTable，如图 12-1 所示，表中可以存储各种格式的数据，包括图像、视频、文件及查询数据库后的结果等。

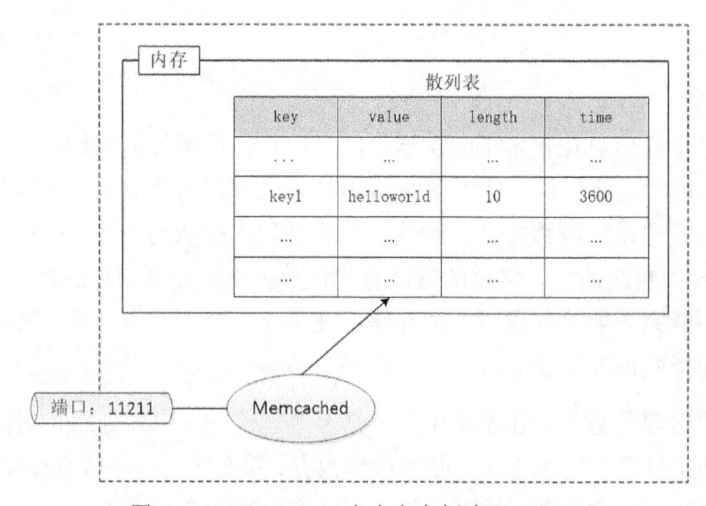

图 12-1 Memcached 在内存中创建 HashTable

Memcached 就是在内存里维护一张散列表，存储经常被读/写的一些数组和文件，从而极大地提高网站的运行效率。

12.2 Memcached 在 Web 中的应用

Memcached 缓存系统主要是为了提高 Web 应用访问速度，分担数据库查询的压力。对于大型 Web 应用，如果没有 Memcached 作为中间缓存，数据访问可能吃不消。对于一般网站，只要具备独立的服务器，完全可以自行配置 Memcached 缓存服务器。本章主要讨论 Memcached 和 MySQL 数据库的交互过程，了解 Memcached 中间缓存层的作用，从而深入了解 Memcached 的工作原理。

使用 Memcached 的 Web 应用的流量一般都比较大，为了缓解数据库的压力，可以将 Memcached 作为一个缓存区域，把部分信息保存在 Memcached 中，从而在前端能够迅速地进行存取。这里的焦点就是如何分担数据库压力和如何进行分布式部署。

12.2.1 减小数据库查询的压力

Web 应用系统中所有的数据基本上都是保存在数据库中，频繁地存取数据库会导致数据库性能急剧下降，无法同时服务更多的用户，像 MySQL 这样的数据库系统还会频繁锁表。如果需要一种改动较小并且不大规模改变前端的访问方式来改变目前的架构，就可以使用 Memcached 服务器作为一个中间缓存层，分担数据库的压力。具体的操作步骤是，Memcached 服务安装并启动成功以后，PHP 程序直接去 Memcached 服务器中查询数据，如果获取数据失败，说明还没有建立缓存。PHP 再去查询 MySQL 数据库，并且在将数据显示给用户的同时，再将数据在 Memcached 服务器中保存一份，并指定一个缓存时间，假设为 1 个小时。这样，下次在执行同样的操作时，在 1 小时之内都可以从 Memcached 中获取到缓存的数据，而不用每次都重新连接数据库去获取数据，这样就分担了 MySQL 数据库的查询压力。Memcached 的工作方式如图 12-2 所示。

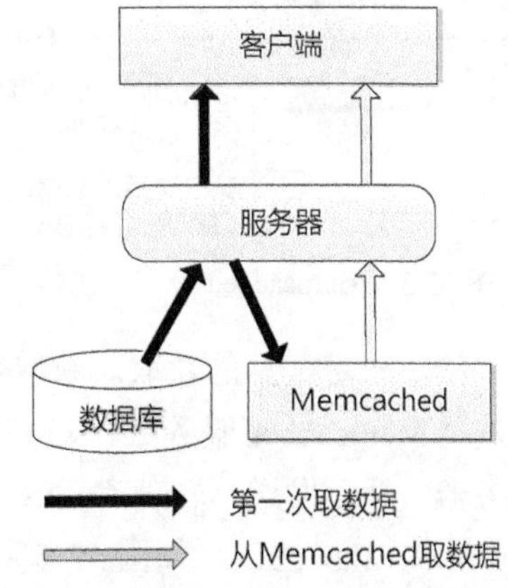

图 12-2 Memcached 工作方式流程图

12.2.2 对海量数据的处理

对于大型 Web 应用，每天会产生上千万条的数据。对于关系型数据库，如果在一个有上亿条数据的数据表中查询某条记录，效率会低得难以忍受。单台主机的内存容量毕竟是有限的，因此，可以使用多台主机构建 Memcached 分布式的应用，也就是可以允许不同主机上的多个用户同时访问 Memcached 缓存系统。这种方法解决了共享内存只能是单机的弊端，提高了访问获取数据的速度，如图 12-3 所示。

Memcached 的分布式工作方式完全由其客户端程序库实现，这是 Memcached 分布式的最大特点。分布式的原理可以通过下面的例子来说明。假设有 3 台 Memcached 服务器 server1～server3，应用程序要保存键名为“key1”“key2”“key3”的数据，如图 12-4 所示。

首先向 Memcached 中添加“key1”。将“key1”传给客户端后，客户端实现的分布式算法就会根据这个“键”来做一个散列映射，然后来决定将数据保存在哪台 Memcached 服务器。在选定服务器后，再命令它保存“key1”及其值。如图 12-5 所示，“key1”“key2”“key3”都是先选择 Memcached 服务器再保存数值的。

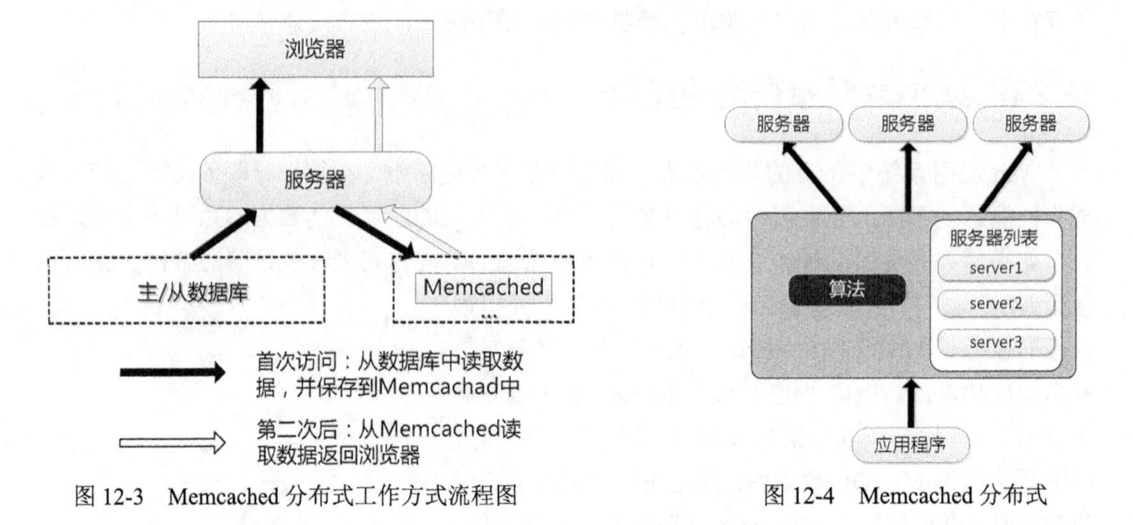

图 12-3 Memcached 分布式工作方式流程图　　图 12-4 Memcached 分布式

接下来是数据的获取。获取数据时，通过使用与数据保存时相同的算法，根据“键”来选择Memcached服务器。因为使用的算法相同，所以就能选中与保存时相同的Memcached服务器，然后发送“get”命令来获取数据。只要数据没有因为某些原因被删除，就能通过key 获取 value 的值，如图 12-6 所示。

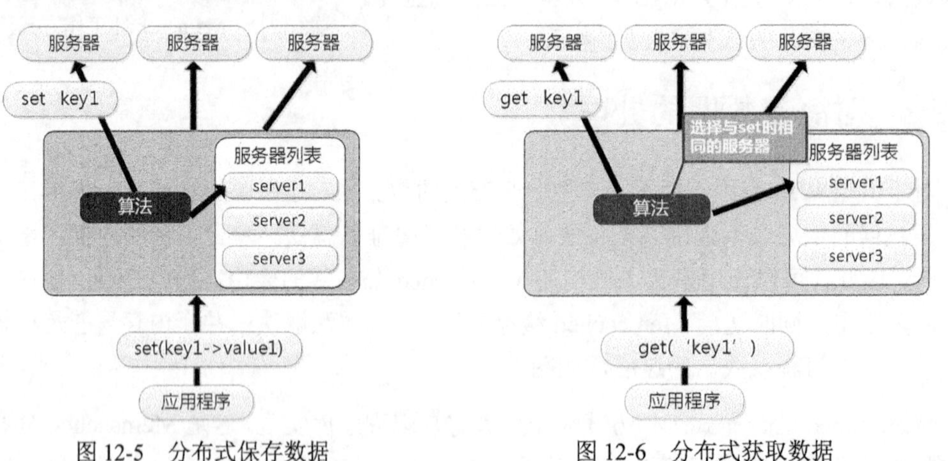

图 12-5 分布式保存数据　　图 12-6 分布式获取数据

12.3 Memcached 的安装及管理

Memcached 支持 Linux、Windows、Mac OS 和 Solaris，本节将介绍在 Windows 操作系统下的安装过程，以及 Memcached 服务器的启动和管理过程。

12.3.1 安装 Memcached 软件

Memcached 官方网站中只提供了软件源码，没有编译好的二进制文件，我们只能从第三方下载适合 Windows 操作系统下运行的二进制可执行文件 memcached.exe。把该文件存放在某个分区下面，如 E:\wamp\memcached 目录下。因为需要在安装时指定参数，所以不能双击进行安装。需要开启一个终端（即开始→运行→cmd），并进入 E:\wamp\memcached 目录下，再执行“memcached”命令，并提供“-d install”参数安装 Memcached 软件，如图 12-7 所示。

```
管理员: C:\Windows\System32\cmd.exe
Microsoft Windows [版本 6.3.9600]
(c) 2013 Microsoft Corporation。保留所有权利。

C:\Windows\system32>cd /d e:/wamp/memcached

e:\wamp\memcached>memcached -d install

e:\wamp\memcached>_
```

图 12-7　安装 Memcached

注意： 在安装的过程中，如果出现“failed to install service or service already installed”的错误，解决的办法是找到 cmd.exe 文件（c:\windows\system32\cmd.exe），右键单击 cmd.exe，选择以管理员方式运行即可。

在上面的命令执行成功以后，服务器端就已经安装完毕了，Memcached 将作为 Windows 的一个服务在每次开机时自动启动。如果需要卸载 Mamcached 软件，只需要将参数“install”换成“uninstall”即可。

在安装完 Memcached 以后还需要启动，之后才能被访问。与安装一样，可以使用“memcached”命令启动服务器，但需要使用“-d start”参数，如图 12-8 所示。

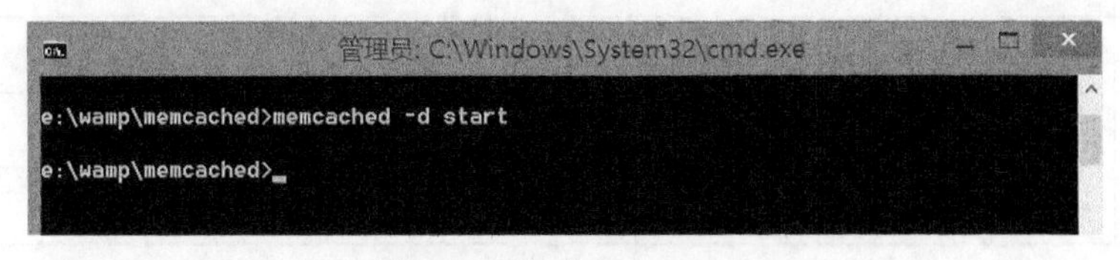

图 12-8　启动 Memcached

该命令执行完成以后，可以通过查看端口 11211 是否开启，或者查看有没有 memcached Server 进程存在，以确定 Memcached 是否开启成功。如果需要停止 Memcached 服务器的运行，将参数改为“-d stop”即可。

12.3.2 Memcached 服务器的管理

Memcached 服务器的管理是非常容易的，因为 Memcached 是一个很小的软件，和 MySQL、Apache 等软件相比，连配置文件都不需要，直接在启动时通过一些简单的选项参数就可以管理。

如图 12-9 所示，以进程的形式启动的 Memcached（- d），将为其分配 2GB 内存（-m 2048），设置端口为 11211（-p 11211），打印客户端的命令和响应信息（-vv）。可以根据需要修改这些值，但以上设置足以完成本章中的练习。其他常用的选项参数见表 12-1，可以使用“memcached –h”命令查看所有参数。

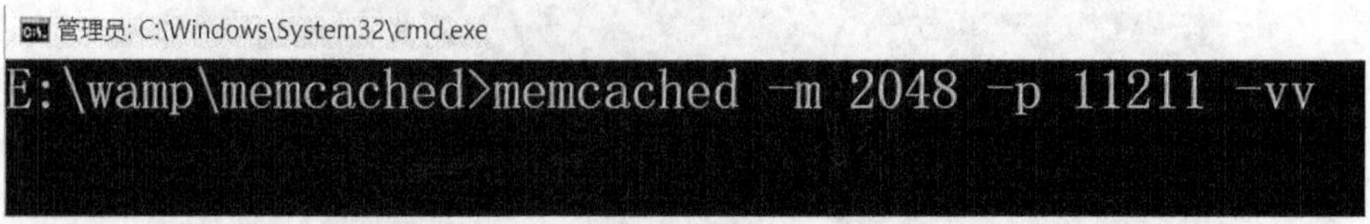

```
管理员: C:\Windows\System32\cmd.exe
E:\wamp\memcached>memcached -m 2048 -p 11211 -vv
```

图 12-9 带参数启动 Memcached

表 12-1 Memcached 的一些常用参数

参 数	描 述
-d	以进程方式运行 Memcached
-m	<num>分配给 Memcached 使用的内存数量，单位是 MB，默认是 64MB
-u	<username>运行 Memcached 的用户，当前用户为 root 时，可以指定用户（不能以 root 用户权限启动）
-l	<ip_addr>设置监听的服务器 IP 地址，如果是本机，则通常不设置
-p	<num>设置 memcached 监听的端口，最好是 1024 以上的端口，默认为 11211，通常不设置
-c	<num>设置最大并发连接数，默认为 1024
-P	<file>设置保存 Memcached 的 pid 文件，与-d 参数同时使用
-vv	用 very verbose 模式启动，调试信息和错误输出到控制台

12.4 使用 Telnet 作为 Memcached 的客户端管理

在 Web 项目中应用 Memcached 之前，先了解一下 Memcached 的操作过程，为此需要连接到 Memcached 服务器。本节使用 Telnet 客户机连接到 Memcached 服务器，再使用一些简单的命令去管理内存缓存的数据。

12.4.1 Telnet 客户端连接 Memcached 服务器

Telnet 是管理员常用的远程登录和管理工具，通过在本地计算机上运行 Telnet 服务，就可以远程控制远端的 Memcached 服务器了。虽然 Windows 系统中集成了 Telnet 客户端软件，但是在默认情况下是禁用的，需要手动开启。

开启 Telnet 服务比较简单。打开“控制面板”，进入“程序和功能”，单击“启动或关闭 Windows 功能”，在弹出的“Windows 功能”页面中找到“Telnet 客户端”复选框，并将其勾选，完成后单击底部的“确定”按钮即可，如图 12-10 所示。

图 12-10 启动 Telnet

可以看到“telnet.exe”应用程序已经添加到 C:\WINDOWS\system32 目录下，在命令行输入 telnet 命令，即可成功执行。

远程登录和管理的工具非常多，如在实际工作中经常用到的 Putty，但是无论使用哪一个，其目的和起到的作用都是一样的。

12.4.2 连接 Memcached 服务器

安装了 Telnet 客户端之后，执行以下命令。

```
telnet  localhost  11211//使用 Telnet 客户端连接 Memcached，本机端口 11211
```

提示： 输入完“telnet 127.0.0.1 11211”时按一下 Enter 键，在黑屏状态时直接输入 stats（此时看不到字母），再按 Enter 键。

如果一切正常，那么应该得到一个 Telnet 响应，指示“new client connection”，如图 12-11 所示。如果未获得此响应，那么应该返回之前的步骤并确保 Memcached 的安装和启动成功。如果已经登录到 Memcached 服务器，则此后就可以通过一系列简单的命令来与 Memcached 通信。

```
管理员: C:\Windows\System32\cmd.exe - memcached.exe -vv
slab class  26: chunk size  26872 perslab    39
slab class  27: chunk size  33592 perslab    31
slab class  28: chunk size  41992 perslab    24
slab class  29: chunk size  52496 perslab    19
slab class  30: chunk size  65624 perslab    15
slab class  31: chunk size  82032 perslab    12
slab class  32: chunk size 102544 perslab    10
slab class  33: chunk size 128184 perslab     8
slab class  34: chunk size 160232 perslab     6
slab class  35: chunk size 200296 perslab     5
slab class  36: chunk size 250376 perslab     4
slab class  37: chunk size 312976 perslab     3
slab class  38: chunk size 391224 perslab     2
slab class  39: chunk size 489032 perslab     2
<156 server listening
<168 server listening
<40 send buffer was 65536, now 268435456
<40 server listening (udp)
<172 new client connection
```

图 12-11　Telnet 客户端连接 Memcached 成功后

12.4.3　基本的 Memcached 客户端命令

利用 Telnet 与 Memcached 进行通信的客户端命令使用方法都非常简单，而且仅有 5 个常用的命令（区分大小写），如下所示。

- stats：当前与 Memcached 服务器运行相关的所有状态信息。
- add：添加一个数据到服务器。
- set：替换一个已经存在的数据，如果数据不存在，那么将数据添加到服务器。
- get：从服务器提取指定的数据。
- delete：删除指定的单个数据，如果要清除所有数据，那么可以使用“flush all”命令。

如果在执行以上命令时发生错误，那么 Memcached 协议会对错误部分做出提示，主要有以下 3 个错误提示指令，如下所示。

- ERROR：普通的错误信息，如命令错误之类。
- CLIENT_ERROR <错误信息>：客户端错误。
- SERVER_ERROR <错误信息>：服务器端错误。

12.4.4　查看当前 Memcached 服务器的运行状态信息

数据的存取等管理工作，通常使用客户端 API（PHP）实现，而查看 Memcached 服务器的运行状态，就需要使用命令行客户端。成功连接 Memcached 服务器以后，使用“stats”命令查看当前运行的状态，如图 12-12 所示，附加的状态说明，见表 12-2。

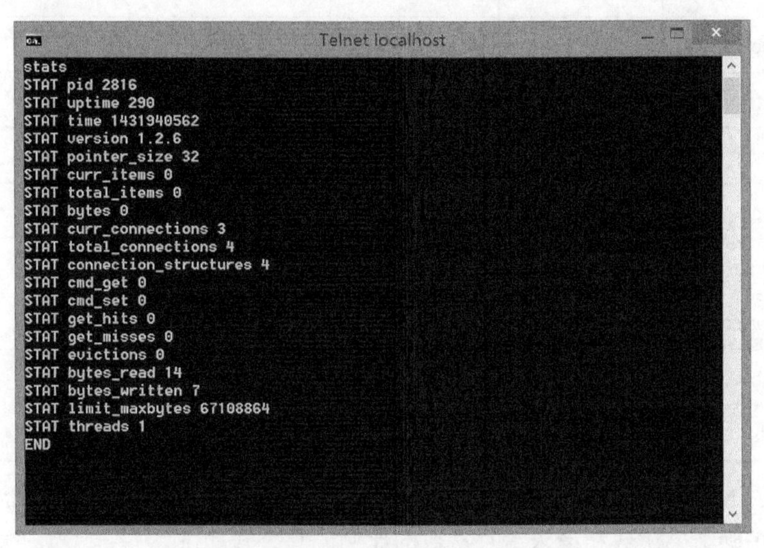

图 12-12 查看 Memcached 服务器运行状态

表 12-2 Memcached 状态中的选项说明

选 项	值	描 述
pid	2816	Memcached 服务器的进程 ID
uptime	290	服务器已经运行的秒数
time	1431940562	服务器当前的 UNIX 时间戳
version	1.2.6	Memcached 版本
pointer_size	32	当前操作系统的指针大小（32 系统一般是 32bit）
curr_items	0	服务器当前存储的 items 数量
total_items	0	从服务器启动以后存储的 items 总数量
bytes	0	当前服务器存储 items 占用的字节数
curr_connections	3	当前打开的连接数
total_connections	4	从服务器启动以后曾经打开过的连接数
connection_structures	4	服务器分配的连接构造数
cmd_get	0	get 命令（获取）总请求次数

（续）

选　项	值	描　述
cmd_set	0	set 命令（保存）总请求次数
get_hits	0	总命中次数
get_misses	0	总未命中次数
evictions	0	为获取空闲内存而删除的 items 数
bytes_read	14	总读取字节数（请求字节数）
bytes_written	7	总发送字节数（结果字节数）
limit_maxbytes	67108864	分配给 Memcached 的内存大小（字节）
threads	1	当前线程数

通过查看 Memcached 状态，可以了解缓存中一个重要的要素——缓存命中率。命中率指缓存返回正确结果次数和请求缓存次数的比例，其公式如下。

```
命中率 = 命中数 / ( 命中数+没有命中数 )，即get_hits / ( get_hits + get_misses )
```

比例越高，证明缓存的使用率越高。命中率通常用来衡量缓存机制的好坏，而效率正常的缓存命中率是多少呢？在不同缓存应用中，其值大相径庭。经过服务器一段时间的运行和积累，其命中率通常都能达到 98%以上。而对于另外一些缓存应用，缓存命中率能达到 85%就已经很高了，达到 98%则是理想状态。这跟缓存机制的实现有很大关系。一般越复杂的缓存机制，越难保证命中率。随着服务器的运行和积累，缓存命中率会逐渐增长直至达到稳定状态。

12.4.5 数据管理指令

Memcached 中的数据管理包括添加（add）、修改（set）、删除（delete）及获取（get）等操作。其中 add 和 set 命令是用于操作存储在 Memcached 中的键/值对的标准修改命令。它们都非常简单易用，且都使用如下所示的语法。

指令格式：<命令><键><标记><有效期><数据长度>

表 12-3 定义了 Memcached 中 add 和 set 命令的参数及其描述。

一般在<数据长度>结束以后下一行跟着录入数据内容，发送完数据以后，客户端一般等待服务器端的返回。如果数据保存成功，则返回字符串“STORED”。如果数据保存失败，则一般是因为在服务器端这个数据 key 已经存在了，此时将返回字符串“NOT_STORED”。现在，介绍这两个命令的实际使用。set 命令用于向缓存添加新的键/值对。如果键已经存在，则之前的值将被替换。图 12-13 所示为使用 set 命令的一个示例。

表 12-3 add 和 set 命令参数及其描述

参　数	描　述
<键>	就是保存在服务器上唯一一个标识符，必须不能与其他的 key 冲突，否则会覆盖掉原来的数据，其目的是为了能够准确存取一个数据项目
<标记>	标记是一个 16 位无符号整型数据，用来设置服务器端与客户端的一些交互操作
<有效期>	是数据在服务器上的有效期限。如果是 0，则数据永远有效，单位是秒。Memcached 服务器端会把一个数据的有效期设置为当前 UNIX 时间+设置的有效时间
<数据长度>	数据的长度

图 12-13 set 命令使用示例

图 12-13 中的示例向缓存中添加了一个键/值对，其键为 key1，其值为 12345，并将过期时间设置为 0。

add 命令则是仅当缓存中不存在键时，才会向缓存中添加一个键/值对。如果缓存中已经存在键，则之前的值将仍然保持不变，并且返回字符串“NOT_STORED”。图 12-14 所示为使用 add 命令的一个示例。

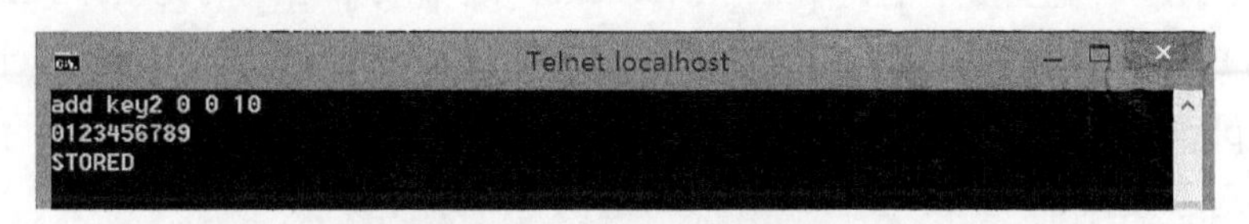

图 12-14 add 命令使用示例

get 命令和 delete 命令也比较容易理解，它们使用了类似的语法，如下所示。

```
指令格式：<命令><键>
```

get 命令检索与之前添加的键/值对相关的值。图 12-15 所示为使用 get 命令的一个示例。

使用一个键来调用 get，如果这个键存在于缓存中，则返回相应的值。如果不存在，则不返回任何内容。

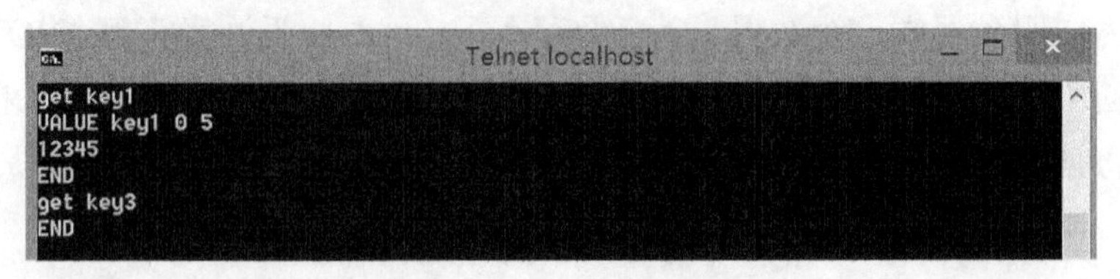

图 12-15 get 命令使用示例

delete 命令则用于删除 Memcached 中的任何现有值。使用一个键调用 delete，如果该键存在于缓存中，则删除该值。如果不存在，则返回一条 NOT_FOUND 消息。图 12-16 所示为使用 delete 命令的一个示例。

图 12-16 delete 命令使用示例

12.5 PHP 的 Memcached 客户端扩展函数库

在 Web 系统中应用 Memcached 缓存技术，必须使用 PHP 的客户端扩展函数进行访问。这样才能将用户请求的动态数据缓存到 Memcached 服务器中，从而减小对数据库的访问压力。

PHP 提供了两套 Memcached 客户端扩展函数库——php_memcache 和 php_memcached。目前大多数 PHP 环境里使用的是 php_memcache，这个版本出现的比较早，是一个原生版本，完全是 PHP 独立开发的。与之对应的 php_memcached 则是在 libmemcached 基础上建立起来的。php_memcache 同时支持面向对象和非面向对象两套接口，而 php_memcached 只支持面向对象接口。

提示：本节之所以介绍 php_memcache 扩展函数库，首先是因为这两套函数库中的函数使用方法基本一致，其次 Yii 框架中默认使用的是 php_memcache 扩展函数库。

12.5.1 安装 php_memcache.dll 扩展函数库

在 Windows 系统下安装 Memcached 的扩展时，不用通过源代码包进行编译，直接下载扩展库即可。通常，官网提供的下载包如下所示。

```
php_memcache-2.2.6-5.3-nts-vc9-x86.zip
php_memcache-2.2.6-5.3-vc9-x86.zip
```

- “2.2.6”代表 php_memcache 扩展函数库版本号。
- “5.3”代表 PHP 的版本号，要和 PHP 版本对应。
- “nts”是 None Thread Safe 的缩写，代表非线性安全。没有“nts”的压缩包中的扩展文件即“ts”代表线程安全。Windows 版的 PHP 从版本 5.2.1 开始有 Thread Safe 和 None Thread Safe 之分。从字面意思上理解，线程安全的文件在执行时会进行线程安全检查，以防止有新要求就启动新线程的 CGI 执行方式耗尽系统资源。而非线程安全在执行时不进行线程安全检查。
- “vc9”代表是使用 Visual Studio 2008 编译器编译的。
- “x86”代表处理器架构。

这些都要和 PHP 保持一致，通过查看 phpinfo()可以得到 PHP 的相关信息，如图 12-17 所示。

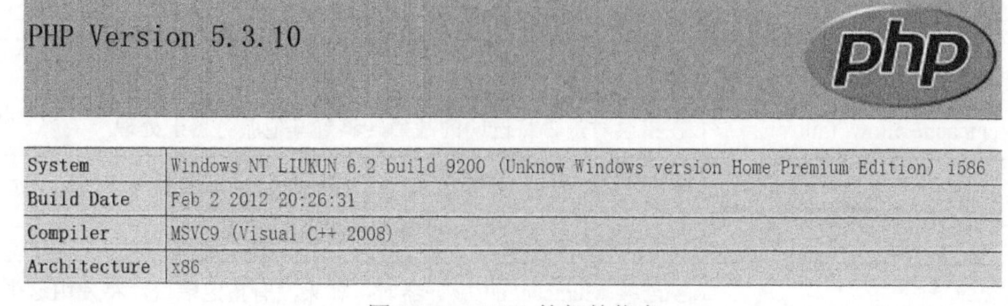
PHP Version 5.3.10

System	Windows NT LIUKUN 6.2 build 9200 (Unknow Windows version Home Premium Edition) i586
Build Date	Feb 2 2012 20:26:31
Compiler	MSVC9 (Visual C++ 2008)
Architecture	x86

图 12-17　PHP 的相关信息

在 PHP 官网找到与自己的 PHP 版本相对应的 PHP 应用程序扩展 php_memcache.dll 文件，然后执行下列步骤。

- 将下载的 php_memcache.dll 文件保存到 PHP 的应用程序扩展 ext 目录中。
- 在 php.ini 文件添加扩展的位置，加入一行“extension=php_memcache.dll”。
- 重新启动 Apache 服务器。

最后，通过查看 phpinfo()方法确认是否安装成功。如果有 memcache，就说明安装成功，如图 12-18 所示。

提示：Active persistent connections 代表当前进程已建立长连接的个数。

memcache

memcache support	enabled
Active persistent connections	0
Version	2.2.6
Revision	$Revision: 296899 $

Directive	Local Value	Master Value
memcache.allow_failover	1	1
memcache.chunk_size	8192	8192
memcache.default_port	11211	11211
memcache.default_timeout_ms	1000	1000
memcache.hash_function	crc32	crc32
memcache.hash_strategy	standard	standard
memcache.max_failover_attempts	20	20

图12-18 通过phpinfo()查看memcache扩展是否安装成功

除了可以查看php_memcache扩展是否安装成功以外，还可以看到一些php_memcache在php.ini中的配置项。表12-4所示为配置项的简要说明。

表12-4 php.ini中Memcached配置选项及说明

参　数	描　述
memcache.allow_failover	在错误时是否将透明的故障转移到其他服务器上处理
memcache.chunk_size	数据将会被分成指定大小（chunk_size）的块来传输，这个值（chunk_size）越小，写操作的请求就越多
memcache.default_port	当连接Memcached服务器时，如果没有指定端口，将使用这个默认的TCP端口
memcache.hash_function	设置算法，默认值“crc32”使用CRC32算法，而“fnv”则表示使用FNV-1a算法
memcache.hash_strategy	设置在映射key到服务器时使用哪种策略
memcache.max_failover_attempts	设置服务器的数量和获取数据

php.ini 中配置示例如下。

```
;在遇到错误时透明地向其他服务器进行故障转移。
memcache.allow_failover = On
;接受和发送数据时最多尝试多少个服务器; 只在打开 memcache.allow_failover 时有效。
memcache.max_failover_attempts = 20
```

```
    ;数据将按照此值设定的块大小进行转移。此值越小，所需的额外网络传输越多。
memcache.chunk_size = 8192

    ;连接到memcached服务器时使用的默认 TCP 端口。
    memcache.default_port = 11211

    ;控制将 key 映射到服务器的策略。默认值"standard"表示使用先前版本的老散列策略。
    ;设为"consistent"可以允许在连接池中添加/删除服务器时，不必重新计算 key 与服务器之间的映射关系。
    ;memcache.hash_strategy = "standard"; 控制将 key 映射到服务器的散列方法。默认值"crc32"表示使用 CRC32 算法，而"fnv"则表示使用 FNV-1a 算法。
    ; FNV-1a 比 CRC32 速度稍慢，但是散列效果更好。
    ;memcache.hash_function = "crc32"
```

12.5.2 相关扩展方法

PHP 的 Memcache 客户端应用程序扩展库中包含两组接口，一组是面向过程的接口，另一组是面向对象的接口。本节主要介绍面向对象接口的应用，常用接口见表 12-5。

表 12-5 Memcache 面向对象的常用接口

方　法	描　述
connect()	打开一个到 Memcached 的连接
pconnect()	打开一个到 Memcached 的持久化连接
addserver()	以分布的方式添加一个服务器
close()	关闭一个 Memcached 的连接
getStats()	获取当前 Memcached 服务器运行的状态
add()	添加一个值，如果已经存在，则返回 false
set()	添加一个值，如果已经存在，则覆盖
replace()	替换一个已经存在的项目（类似 set 方法）
get()	提取一个保存在 Memcached 服务器上的数据
delete()	从 Memcached 服务器上删除一个保存的项目
flush()	刷新所有 Memcached 服务器上保存的项目（类似于删除所有的保存项目）

1．连接和关闭 Memcached 服务器

可以使用 connect()方法连接到一个 Memcached 服务器，如果连接成功，则返回 true，

否则返回 false。打开的连接在脚本执行结束后会自动关闭；当然，也可以使用方法 close()来主动关闭。Connect()方法的格式如下所示。

```
bool Memcache::connect ( string $host [, int $port [, int $timeout ]] )
```

该方法有 3 个可用参数。

- $host 参数是必选的，表示服务器端监听的主机地址，需要提供 Memcached 服务器的域名或 IP。
- $port 参数是可选的，表示提供给 Memcached 服务器的监听端口号，默认是 11211。
- $timeout 参数也是可选的，是连接 Memcached 进程的持续时间，单位为秒，但在修改它的默认值“1”时要三思，过长的连接持续时间可能会导致连接变得很慢，失去缓存优势。

该方法的应用示例如下所示。

```
<?php
//实例化 Memcache 类的对象
$memcache = new Memcache;

//连接“memcache_host”和 11211 对应的 Memcached 服务器
$memcache->connect('localhost', 11211);

//关闭对象，连接不起作用
$memcache->close()
?>
```

使用 connect()连接到 Memcached 服务器并完成操作以后，可以使用 close()方法关闭连接，完成一些会话过程。如果需要以长连接方式连接 Memcached 服务器，可以使用 pconnect()方法实现。该方法的调用方法和 connect()完全相同，但不能使用 close()方法关闭。

2. 向 Memcached 服务器中添加和重置数据

成功连接 Memcached 服务器以后，就可以添加一个要缓存的数据，或设置一个指定 key 的缓存变量内容，以及可以替换一个已存在 key 的缓存变量内容。这可以通过 add()、set()、replace()这 3 个方法来完成，如下所示。

```
//添加一个要缓存的数据
bool Memcache::add ( string $key , mixed $var [, int $flag [, int $expire ]] )
//设置一个指定 key 的缓存变量内容
bool Memcache::set ( string $key , mixed $var [, int $flag [, int $expire ]] )
//替换一个已存在 key 的缓存变量内容
bool Memcache::replace ( string $key , mixed $var [, int $flag [, int $expire ]] )
```

这 3 个方法的语法格式相同，都需要 4 个参数。

- $key 参数是必选项，用于设置缓存数据的键，其长度不能超过 250 个字符。
- $var 参数也是必选项，作为缓存设置的值，整型数据将直接存储，其他类型的数据将被序列化存储，其值最大为 1MB。
- $flag 参数是可选项，即是否使用 zlib 压缩。当使用 MEMCACHE_COMPRESSED 时，数据很小的时候不会采用 zlib 压缩，只有数据达到一定大小才对数据进行 zlib 压缩。
- $expire 参数也是可选项，设置缓存数据的过期时间，0 为永不过期。可使用 UNIX 时间戳格式或距离当前时间的秒数来设置，设为秒数时，其值不能大于 2592000（30 天）。

如果这 3 个方法成功，则返回 true，失败则返回 false。应用示例如下所示。

```
<?php
        //实例化 Memcache 类的对象
        $memcache = new Memcache;
        //连接本机的 Memcached 服务器
        $memcache -> connect('localhost',11211);

        //向本地的 Memcache 服务器中添加一组数据
        $is_add1 = $memcache -> add('key1', 12345);
        //数组将被序列化
        $is_add2 = $memcache -> add('key2', array('liukun','231113585'));
        //如果添加的 key2 已经存在，则添加失败，MEMCACHE_COMPRESSED 使用 zlib 压缩，0
//表示不过期
        $is_add3 = $memcache -> add('key2', 'liukun', MEMCACHE_COMPRESSED, 0);

        //如果 key3 不存在，则进行添加，如果存在，则修改
        $is_set1 = $memcache -> set('key3', '渡手教育');
        //指定的 key1 已经存在，修改其内容，且缓存一周
        $is_set2 = $memcache -> set('key1', 'dushou.org', MEMCACHE_COMPRESSED,
 7*24*60*60);
        //替换已存在 key1 的缓存变量值，是 set()方法的别名，设置大于 30 天的缓存
        $is_replace=$memcache->replace('key1','67890',MEMCACHE_COMPRESSED,
time()+31*24*60*60);

        //关闭 Memcached 服务器连接
        $memcache -> close();
?>
```

上例中分别使用了 3 种方法添加和修改数据，add()方法只能添加新的缓存内容，set()和 replace()两个方法可以看做是别名的关系，功能基本相同。

通过客户端管理工具 MemAdmin 可以查看当前 Memcached 中的数据存储情况，如图 12-19 所示。

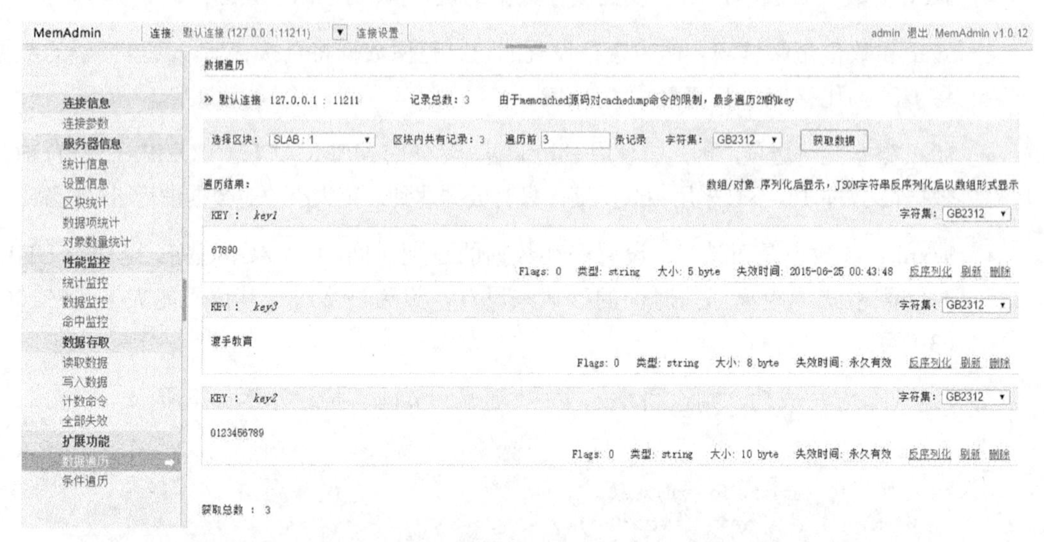

图 12-19 通过 MemAdmin 查看 Memcached 缓存服务器中数据存储情况

3. 从 Memcached 服务器中获取和删除数据

可以添加和修改缓存数据，当然也可以获取和删除 Memcached 服务器中存在的缓存数据。要获取某个 key 的变量缓存值，可以使用 get()方法，格式如下所示。

```
//获取一个 key 的变量缓存值
string Memcache::get ( string $key [, int &$flags ] )
//获取多个 key 的变量缓存的多个值
array Memcache::get ( array $keys [, array &$flags ] )
```

该方法有两种用法。一种是通过第一个必选参数，并使用一个字符串的 key，从 Memcached 服务器中返回缓存的指定 key 的变量内存；如果获取失败或该变量的值不存在，则返回 false。另一种是在第一个必选参数中使用一个数组，在数组中使用多个 key，就可以获得每个 key 对应的多个值。如果传入的 key 的数组中的 key 都不存在，则返回的结果是一个空数组，反之则返回 key 与缓存值相关联的关联数组，关联数组的下标为每个 key 名。该方法的应用示例如下所示。

```
<?php
    //实例化 Memcache 类的对象
    $memcache = new Memcache;
    //连接本机的 Memcached 服务器
    $memcache -> connect('localhost', 11211);
```

```
    //返回缓存中“key1”的值
    $var1 = $memcache -> get('key1');
    //如果键 key2、key3 不存在,$var2 = array();
    //如果 key2、key3 存在,$var2 = array('key2'=>'liukun', 'key3'=>'渡手教育')
    $var2 = $memcache -> get(array('key2', 'key3'));

    //关闭 Memcached 服务器连接
    $memcache -> close();
?>
```

如果需要删除某一个变量的缓存，可以使用 delete()方法，格式如下所示。

```
bool Memcache::delete ( string $key [, int $timeout = 0 ] )
```

该方法有两个参数：第一个参数$key 是必选项，缓存的键值不能为空，否则会有警告错误；第二个参数$timeout 是可选项，表示删除该项的时间，如果它等于 0，则该项将被立刻删除，如果它等于 30 秒，那么该项在 30 秒内被删除。如果成功，则返回 true，失败则返回 false。该方法的应用示例如下所示。

```
<?php
    //实例化 Memcache 类的对象
    $memcache = new Memcache;
    //连接本地的 Memcached 服务器
    $memcache -> connect('localhost', 11211);

    $memcache -> delete('key1');//立即删除 key1
    $memcache -> delete('key2', 0);//立即删除 key2
    $memcache -> delete('key3', 30);//在 30 秒内删除 key3

    //关闭 Memcached 服务器连接
    $memcache -> close();
?>
```

要清空所有缓存内容，可以使用 flush()方法，但该方法不是真的删除缓存的内容，只是使所有变量的缓存过期。该方法在成功返回时为 true，失败则返回 false。

4. 以分布方式添加多个 Memcached 服务器

如果有多台 Memcached 服务器，最好使用 addServer()来连接服务器前端，而不是用 connect()来连接 Memcached 服务器，因为 addServer()是利用服务器池，并使用“crc32(key)%current_server_num”散列算法将 key 存储到不同的服务器中。addServer()方法的格式如下所示。

```
    bool Memcache::addServer ( string $host [, int $port = 11211 [, bool
$persistent [, int $weight [, int $timeout [, int $retry_interval [, bool $status
[, callback $failure_callback [, int $timeoutms ]]]]]]]] )
```

该方法有 9 个参数，除了第一个参数外，其他都是可选的。

- $host 参数表示服务器的地址。
- $port 参数表示端口。
- $persistent 参数表示是否是一个持久连接。
- $weight 参数表示这台服务器在所有服务器中所占的权重。
- $timeout 参数表示连接的持续时间。
- $retry_interval 参数表示连接重试的间隔时间，默认为 15，设置为-1 表示不进行重试。
- $status 参数用来控制服务器的在线状态。
- $failure_callback 参数允许设置一个回调方法来处理错误信息。
- $timeoutms 参数表示连接的持续时间（单位为毫秒）。

若该方法成功，则返回 true，失败则返回 false。但要注意，addServer()方法没有连接到服务器的动作，因此，在没有启动 Memcached 进程的时候，执行 addServer()方法也会返回 true。该方法的应用示例如下所示。

```
<?php
    //实例化 Memcache 类的对象
    $memcache = new Memcache;
    /*
        $memcache -> addServer('localhost', 11211);//添加第一个 Memcached 服务器
        $memcache -> addServer('localhost', 11212);//添加第二个 Memcached 服务器
        $memcache -> addServer('localhost', 11213);//添加第三个 Memcached 服务器
    */
    //通过配置文件可以动态设置多台 Memcached 服务器的参数
    $mem_conf = array(
        array('host'=>'localhost', 'port'=>'11211'),
        array('host'=>'localhost', 'port'=>'11212'),
        array('host'=>'localhost', 'port'=>'11213')
    );
    //通过循环按$mem_conf 数组中的内容设置多台 Memcached 服务器
    foreach( $mem_conf  as  $v)
    {
        $memcache -> addServer($v['host'], $v['port']);
    }
    //通过循环向 3 台 Memcached 服务器中添加 100 条数据
    for($i=0; $i<10; $i++)
    {
```

```
            $memcache -> set('key'.$i, 'key'.$i.' in this Memcached server!', 0, 3600);
        }
    ?>
```

通过 MemAdmin 之类的客户端工具可以看到，上面的数据被平均分布存储在这 3 台 Memcached 服务器上了（根据算法自动计算），如图 12-20～图 12-22 所示。

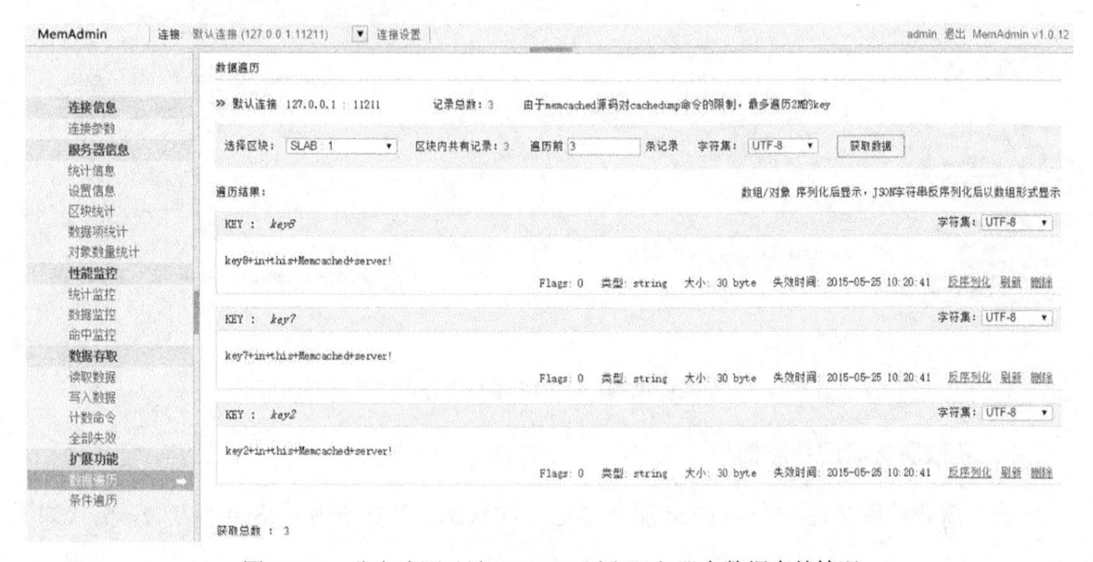

图 12-20 分布式测试端口 11211 缓存服务器中数据存储情况

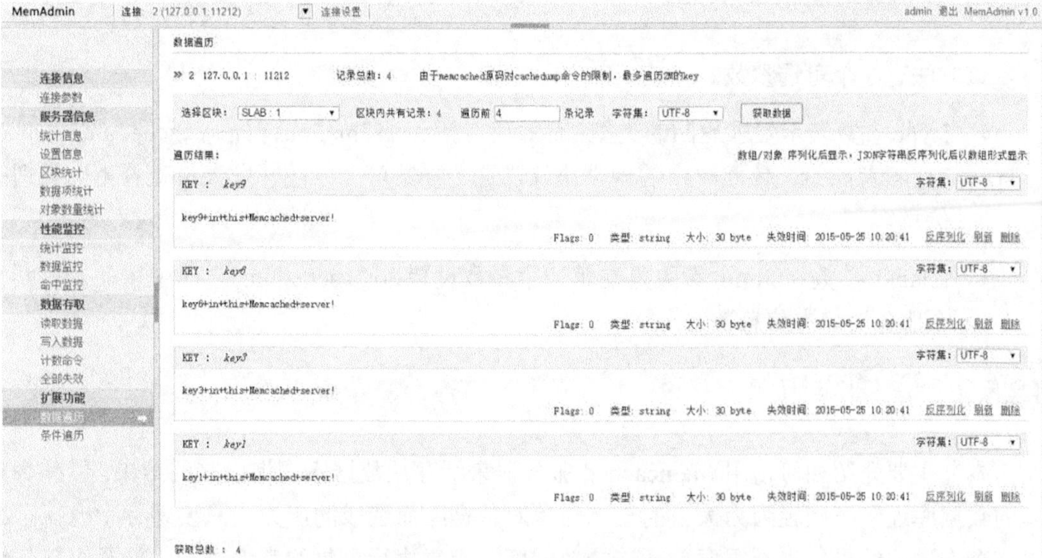

图 12-21 分布式测试端口 11212 缓存服务器中数据存储情况

图 12-22　分布式测试端口 11213 缓存服务器中数据存储情况

5. 获取服务器的状态信息

如果需要获取当前 Memcached 服务器运行的状态，可以使用 getStats()方法，格式如下所示。

```
array Memcache::getStats ([ string $type [, int $slabid [, int $limit =
100 ]]] )
```

该方法有 3 个可选参数。

- $type 参数表示要求返回的类型，有效值包括 reset、malloc、maps、cachedump、slabs、items 或 sizes，依照一定的规则协议，这个参数可以方便开发人员查看不同类别的信息。
- $slabid 参数和$limit 参数是在第一个参数设置为“cachedump”时使用的，返回一个服务器静态信息数组。

12.5.3　实例应用

本节主要介绍如何使用 Memcached 服务器来缓存从数据库查询出来的结果，以减少频繁的数据库连接及减轻因为大量的查询对象对数据库而造成的压力。只要缓存中有保存的之前查询过的结果，就不需要重新连接数据库并反复执行重复的查询语句，而是直接从缓存服务器中获取结果，实例应用如下所示。

```
<?php
    /**该方法用于执行有结果集的 SQL 语句，并将结果缓存到 Memcached 服务器中
        @param    string    $sql          有结果集的查询语句 SQL
        @param    object    $memcache     Memcache 类的对象
        @param    $data                   返回结果集的数据
    */
    function select($sql, Memcache $memcache)
    {
        //用 md5 算法加密 Sql 语句后得到的值作为 Memcached 服务器中的唯一标识符
        $key = md5($sql);
        //先从 Memcached 服务器中获取数据
        $data = $memcache -> get($key);
        //如果$data 为 false，则要么是没有数据，要么是需要从数据库中获取
        if(!$data)
        {
            try{
                $pdo = new PDO("mysql:host = localhost;dbname =
dscms", "root", "");
            }catch(PDOException $e)
            {
                die("连接失败: ".$e->getMessage());
            }
            $stmp = $pdo -> prepare($sql);
            $stmp = execute();
            //从数据库中获取数据，返回数组
            $data = $stmt -> fetchAll(PDO::FETCH_ASSOC);
            //向 Memcached 服务器写入从数据库中获取的数据
            $memcache -> add($key, $data, MEMCACHE_COMPRESSED, 0);
        }
        return $data;
    }
    //实例化 Memcached 类的对象
    $memcache = new Memcache;
    //连接本机的 Memcached 服务器，也可以使用 addServer()添加多台服务器
    $memcache -> connect('localhost',11211);
    //第一次运行时还没有缓存数据，因此会读取一次数据库；当再次访问时，就直接从
    //Memcached 获取
    $data = select("select * from user", $memcache);
    var_dump($data);//输出数据
?>
```

上例的代码只是项目开发中的一个片段，实现了一个 select()函数。调用 select()函数时，第一个参数是一个有结果集的查询语句，第二个参数是 Memcache 类的对象。在项目中，如果都使用这个方法获取数据库中记录的查询结果，则只有第一次调用时连接了一次数据库并从数据库中查询出结果，以后同样的查询语句都会从 Memcached 服务器中获取数据，而不再查询数据库，这样可以在很大程度上减轻数据库的负担。

12.6 Yii 框架 CMemCache 缓存组件

Yii 框架把 PHP 的 Memcached 客户端扩展函数库封装成 CMemCache 组件，使用前需要在主配置文件 protected/config/main.php 中配置。

12.6.1 配置使用 CMemCache 缓存组件

例如，下面的应用配置设定使用 3 个 Memcached 缓存服务器。

```
array(
    ......
    'components'=>array(
        ......
        'cache'=>array(
            'class'=>'system.caching.CMemCache',
            'servers'=>array(
                array('host'=>'localhost', 'port'=>11211),
                array('host'=>'localhost', 'port'=>11212),
                array('host'=>'localhost', 'port'=>11213),
            ),
        ),
    ),
);
```

除了可以配置服务器地址（host）和端口（port）之外，还可以配置服务器的每个属性，包括是否是一个持久连接（persistent）、权重（weight）、连接的持续时间（timeout）、连接重试的间隔时间（retryInterval）及服务器的在线状态（status）。

提示： 默认使用 php_memcache 扩展函数库， useMemcached 设置为 true 时使用 php_memcached。

当运行 Yii 应用时，CMemCache 类的 init()方法会读取配置文件中的服务器信息，并且默认创建 Memcache（php_memcache）实例对象。可以参照 framework/caching/CMemCache.php 文件中的源码。

```
class CMemCache extends CCache
{
    /**
     * @var boolean whether to use memcached or memcache as the underl
ying caching extension.
     * If true {@link http://pecl.php.net/package/memcached memcached}
 will be used.
     * If false {@link http://pecl.php.net/package/memcache memcache}.
```

```
will be used.
         * Defaults to false.
         */
        public $useMemcached=false;

        /**
         * Initializes this application component.
         * This method is required by the {@link IApplicationComponent}
interface.
         * It creates the memcache instance and adds memcache servers.
         * @throws CException if memcache extension is not loaded
         */
        public function init()
        {
                parent::init();
                $servers=$this->getServers();
                $cache=$this->getMemCache();
                if(count($servers))
                {
                        foreach($servers as $server)
                        {
                                if($this->useMemcached)
                                        $cache->addServer($server->host,
$server->port,$server->weight);
                                else
                                        $cache->addServer($server->host,
$server->port,$server->persistent,$server->weight,$server->timeout,
$server->retryInterval,$server->status);
                        }
                }
                else
                        $cache->addServer('localhost',11211);
        }
        /**
         * @throws CException if extension isn't loaded
         * @return Memcache|Memcached the memcache instance (or memcached
if {@link useMemcached} is true) used by this component.
         */
        public function getMemCache()
        {
                if($this->_cache!==null)
                        return $this->_cache;
                else
                {
                        $extension=$this->useMemcached ? 'memcached' :
'memcache';
                        if(!extension_loaded($extension))
                                throw new CException(Yii::t('yii',"CMemCache
requires PHP {extension} extension to be loaded.",
```

```
                        array('{extension}'=>$extension)));
                    return $this->_cache=$this->useMemcached ? new Memcached
: new Memcache;
                }
            }
            /**
             * @param array $config list of memcache server configurations. Each
element must be an array
             * with the following keys: host, port, persistent, weight, timeout,
retryInterval, status.
             * @see http://www.php.net/manual/en/function.Memcache-addServer.php
             */
            public function setServers($config)
            {
                foreach($config as $c)
                    $this->_servers[]=new CMemCacheServerConfiguration($c);
            }
```

方法 setServers()创建 CMemCacheServerConfiguration 类的实例对象，该实例对象代表单个 Memcached 服务器的配置数据。

在下一小节中，我们将具体介绍 CMemCache 类的常用方法。

12.6.2 CMemCache 类部分构成

在缓存客户端中常用到的成员方法有如下几种。

CMemCache 的成员方法 set()见表 12-6。根据一个用以识别的键名，向缓存中存储一个值。若缓存中已经包含该键名，则之前的缓存值和过期时间会被新的替换。

表 12-6 CMemCache 的成员方法 set ()

public boolean set(string $id, mixed $value, integer $expire=0, ICacheDependency $dependency=NULL)		
$id	string	用以识别缓存值的键名
$value	mixed	要缓存的值
$expire	integer	以秒为单位的数值，表示缓存的过期时间，为 0 则永不过期
$dependency	ICacheDependency	缓存项的依赖项。若依赖项改变，缓存项会被标识为无效
{return}	boolean	成功存储到缓存中则返回 true，否则返回 false

代码示例：

```
//值$value 在缓存中最多保留 30 秒
Yii::app()->cache->set($id, $value, 30);
```

CMemCache 的成员方法 get()见表 12-7。从缓存中检索一个匹配指定键名的值。如果返回的是 false，表示此值在缓存中不可用，应该重新生成它。

表 12-7 CMemCache 的成员方法 get ()

public mixed get(string $id)		
$id	string	用以甄别缓存值的键名
{return}	mixed	缓存中存储的值，若该值不在缓存中、已过期或依赖项改变时，则返回 false

代码示例：

```
$value=Yii::app()->cache->get($id);
if($value===false)
{
    // 因为在缓存中没找到 $value ，重新生成它 ，
    // 并将它存入缓存以备以后使用:
    // Yii::app()->cache->set($id,$value);
}
```

CMemCache 的成员方法 mget()见表 12-8。从缓存中检索出多个匹配指定键名的值。Memcached 服务器允许一次性检索多个值，这可以提高性能，因为它降低了通信成本。

表 12-8 CMemCache 的成员方法 mget ()

public array mget(array $ids)		
$id	array	用以甄别缓存值的键名列表
{return}	array	以指定键名列表对应的缓存值列表数组。若某值不在缓存中或已过期，则数组中对应的值为 false

代码示例：

```
Yii::app()->cache->mget(array("key1", "key2"));
```

CMemCache 的成员方法 delete()见表 12-9。从缓存中删除指定键名对应的值。

表 12-9 CMemCache 的成员方法 delete ()

public boolean delete(string $id)		
$id	string	要删除值的键名
{return}	boolean	如果删除期间没有发生错误

代码示例：

```
Yii::app()->cache->delete("key1");
```

CMemCache的成员方法flush ()见表12-10。删除所有缓存值。若缓存被多个应用程序共享，务必小心执行此操作。

表12-10 CMemCache的成员方法flush ()

public boolean flush()		
{return}	boolean	如果清空操作成功执行

代码示例：

```
Yii::app()->cache->flush();
```

提示：缓存组件也可以像一个数组一样使用。下面是几个例子：

```
$cache=Yii::app()->cache;
$cache['var1']=$value1;  //相当于: $cache->set('var1',$value1);
$value2=$cache['var2'];  //相当于: $value2=$cache->get('var2');
```

12.6.3 CMemCache实例

在项目中经常需要通过用户ID查询数据库，查找用户名等信息。如果把从数据库中查询出来的结果使用Memcached服务器进行缓存，相同的查询结果会从缓存服务器中获取，这样就会减少查询数据库的次数。在Yii框架中，把这部分的代码放到User模型中，源码如下所示。

```
class User extends CActiveRecord{
    ......
    public function getUsernameById( $id )
    {
        $data = Yii::app()->cache->get($id);//先从Memcached服务器中获取数据
        //如果$data为false，那么就是没有数据，需要从数据库中获取
        if(!$data)
        {
            //从数据库中获取数据，返回User模型实例对象
            $data = $this->findByPk($id);
            //向Memcached服务器中写入从数据库中获取的数据
            Yii::app()->cache->set($id, $data);
        }
        return $data;
    }
}
```

在项目中，如果都是用这个方法获取用户名，则只有第一次调用时连接了一次数据库并从数据库中查询出结果，以后同样的查询语句都会从 Memcached 服务器中获取数据，而不再进行数据库查询操作。下面的代码演示了如何在控制器中调用 User 模型的方法。

```
public function actionGetUsernameById($id)
{
    $username = User::model()->getUserNameById($id);
    ......
}
```

测试一下缓存中是否有查询出来的用户信息，如在浏览器中输入以下链接。

```
http://hostname/index.php?r=mem/getUsernameById&id=1
```

然后打开 MemAdmin，看到的数据如图 12-23 所示。

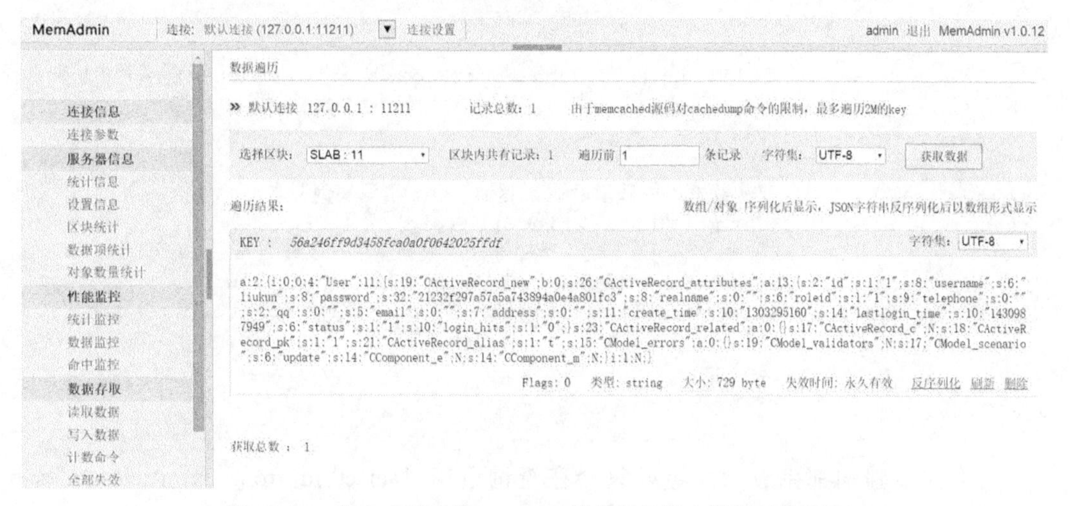

图 12-23　分布式测试端口 11211 缓存服务器中数据存储情况

缓存中保存的是 User 模型的实例对象。

12.7 缓存依赖

实现缓存依赖就是要在被依赖对象与缓存对象之间建立一个有效关联，当被依赖对象发生变化时，缓存对象将变得不可用，并被自动从缓存中移除，然后再重新读取数据，创建新的缓存对象。

CMemCache 类的 set()方法除了过期设置，第 4 个参数“$dependency”也可以设置成因为某依赖条件发生变化，来决定存储在缓存中的数据是否需要重新创建。

```
    public boolean set(string $id, mixed $value, integer $expire=0,
ICacheDependency $dependency=NULL)
```

例如，如果表 ds_article 中的数据发生改变后缓存中的数据过期，而不是机械地每 30 分钟过期一次，我们希望缓存数据过期发生在真正需要的时候。也就是说，在文章表中，某一篇文章的“update_time”发生改变时，将使用 CDbCacheDependency 来实现基于 SQL 语句返回结果来检验缓存合法性。

编写 set()方法，设置持续时间为 0，即不会基于时间判断是否过期，同时传入基于特定 SQL 语句的依赖条件，代码如下。

```
    <?php
    class Article extends CActiveRecord{
        ……
        public function getArticleById($id)
        {
            $data = Yii::app()->cache->get($id);//先从Memcached服务器中获取数据
            //如果$data 为 false，那么就是没有数据，需要从数据库中获取
            if(!$data)
            {
                 //从数据库中获取数据，返回 User 模型实例对象
                 $data = $this->findByPk($id);
                //向 Memcached 服务器中写入从数据库中获取的数据
                Yii::app()->cache->set($id, $data, 0, new
CDbCacheDependency('select id from ds_article order by update_time desc'));
            }
            return $data;
        }
    }
```

当上面步骤的都完成后，缓存只会在查询语句“select id from ds_article order by update_time desc”返回结果改变时进行更新。

如果通过调用 get()方法从缓存中获取 $value ，依赖关系将被检查，如果发生改变，将会得到一个 false 值，表示数据需要被重新生成，源码如下所示。

```
    abstract class CCache extends CApplicationComponent implements ICache,
ArrayAccess
    {
        ……
        /**
         * Retrieves a value from cache with a specified key.
         * @param string $id a key identifying the cached value
         * @return mixed the value stored in cache, false if the value is
not in the cache, expired or the dependency has changed.
         */
```

```
        public function get($id)
        {
            $value = $this->getValue($this->generateUniqueKey($id));
            if($value===false || $this->serializer===false)
                    return $value;
            if($this->serializer===null)
                    $value=unserialize($value);
            else
                    $value=call_user_func($this->serializer[1], $value);
            if(is_array($value) && (!$value[1] instanceof ICacheDependency
 || !$value[1]->getHasChanged()))
            {
                    Yii::trace('Serving "'.$id.'" from cache',
'system.caching.'.get_class($this));
                    return $value[0];
            }
            else
                    return false;
        }
            ......
    }
```

这个例子有一点奇怪，因为最初使用缓存就是为了减少数据库查询次数。然而，现在却设置其在每次读取缓存数据前都查询一次数据库。之所以这样，是因为如果缓存的数据足够复杂，这样一个简单的 SQL 语句做缓存刷新判断就有一定价值了。使用什么样的缓存刷新规则，完全基于应用程序的需要。Yii 提供了多种选择来帮助我们实现各种需求，其允许下面的缓存依赖。

- CFileCacheDependency：如果文件的最后修改时间发生改变，则依赖改变。
- CDirectoryCacheDependency：如果目录及其子目录中的文件发生改变，则依赖改变。
- CDbCacheDependency：如果指定 SQL 语句的查询结果发生改变，则依赖改变。
- CGlobalStateCacheDependency：如果指定的全局状态发生改变，则依赖改变。全局状态是应用中的一个跨请求、跨会话的变量。它是通过 CApplication::setGlobalState()定义的。
- CChainedCacheDependency：该项允许将多个缓存依赖链接起来。当链上的任一缓存依赖发生改变时，此依赖改变。
- CExpressionDependency：如果指定的 PHP 表达式的结果发生改变，则依赖改变。

这些缓存依赖类都是 CCacheDependency 的子类，通常在调用 CCache 类的 set()方法时，连同要缓存的数据一同传入。

12.8　片段缓存

一般情况下，页面上会分为很多部分，而不同的部分更新的频率是不一样的。例如，以本书提供的内容管理系统为例，在前台的“产品中心”页面中，如图 12-24 所示，假设产品中心列表页内容的更新频率远远小于右侧“行业百科”和“行业新闻”两部分。此时，如果对整个页面采用统一的缓存策略，则不太合适。对页面的不同部分（片段）施加不同的缓存策略，这就是片段缓存。

图 12-24　产品中心效果图

12.8.1　片段缓存的起始和结束

要使用片段缓存，需要在控制器渲染的视图中调用 CBaseController::beginCache() 和 CBaseController::endCache()。这两个方法分别代表开始和结束，两者之间包括的页面内容将被缓存。它们的参数和返回值分别见表 12-11 和表 12-12。

表 12-11 CBaseController 的成员方法 beginCache ()

public boolean beginCache(string $id, array $properties=array ( ))		
$id	string	用于识别片段缓存的唯一 ID
$properties	array	初始化小物件 COutputCache 的属性
{return}	boolean	缓存是否需要重新获取数据

表 12-12 CBaseController 的成员方法 endCache ()

public void endCache ()		
{return}	void	“endWidget()”方法的别名

CBaseController::beginCache()方法为片段缓存起始判断方法，如果缓存中存在数据，则直接显示，否则会执行与“endCache()”方法之间的程序，并把程序输出的内容保存到缓存中，典型用法如下所示。

```
if($this->beginCache('cacheName',array('property1'=>'value1',...))
{
        // …需要片段缓存的数据
        $this->endCache();
}
```

结束片段缓存 CBaseController::endCache()方法是 “endWidget()”方法的别名。该方法的源码如下所示。

```
        /**
         * Ends fragment caching.
         * This is an alias to {@link endWidget}.
         * @see beginCache
         */
        public function endCache()
        {
            $this->endWidget('COutputCache');
        }
```

如表 12-11 所示，CBaseController::beginCache()方法的第二个参数为数组，作用是“初始化小物件 COutputCache 的属性”。分析一下源码就能明白 CBaseController::beginCache()方法是如何设计的了，在 framework/web/CBaseController.php 文件中找到源码如下。

```
public function beginCache($id,$properties=array())
{
        $properties['id']=$id;
        $cache=$this->beginWidget('COutputCache',$properties);
```

```
        if($cache->getIsContentCached())
        {
                $this->endCache();
                return false;
        }
        else
                return true;
    }
```

从上述源码可以看出，CBaseController::beginCache()方法是小物件COutputCache的封装。因此，小物件COutputCache的所有属性都可以在缓存选项中初始化。下文将详细分析缓存选项配置类COutputCache的部分成员属性的用法，以便于灵活配置片段缓存。

12.8.2　小物件COutputCache类部分构成

如果视图中存在复杂且独立性强的代码，通常会把这些代码独立出来，保存为小物件。小物件COutputCache的作用就是在视图中生成缓存输出。COutputCache部分成员属性见表12-13。

表12-13　　COutputCache部分成员属性

属　性	类型	描　述
duration	integer	数据在缓存中保存的时间，默认值是60秒 如果设置为0，已存在的缓存内容将被从缓存中移除 如果设置为负数，缓存将被禁用（任何已保存在缓存中的内容将被保留） 如果缓存依赖发生了改变或缓存空间到达上限，缓存中较早的数据将被移除

dependency	mixed	缓存内容依赖的依赖项。这个值可以是一个实现了ICacheDependency接口的对象，或一个指定了依赖项对象的配置数组。例如：
		`array(`
		`    'class'=>'CDbCacheDependency',`
		`    'sql'=>'SELECT MAX(lastModified) FROM Post',`
		`)`
		将使缓存输出依赖于所有帖子的最后修改时间。如果任何一个帖子的修改时间发生了变化，缓存内容将被撤销

varyByExpression	string	通过判断不同PHP表达式计算的结果，输出不同的缓存数据
varyByParam	array	通过判断不同的GET参数值，输出不同的缓存数据
varyByRoute	boolean	通过判断不同的路由，输出不同的缓存数据，默认值是true
varyBySession	boolean	通过判断不同的Session，输出不同的缓存数据，默认值是false

下面详细介绍各个成员属性的含义及用法。

1．有效期（duration）

duration 属性指定了内容在缓存中的有效期。在小物件 COutputCache 中，这个选项的值会作为参数传入 CCache::set()方法中，用来设置缓存的有效期时间。下面的代码缓存内容片段的有效期为一小时。

```
…其他 HTML 内容…
<?php if($this->beginCache($id, array('duration'=>3600))) { ?>
…被缓存的内容…
<?php $this->endCache(); } ?>
…其他 HTML 内容…
```

和 CCache::set()方法中设定缓存过期时间不同的是，在 COutputCache 中，如果 duration 不设定值，它将默认为 60，这意味着 60 秒后缓存内容将过期。如果设置为 0，已存在的缓存内容将从缓存中移除。如果设置为负数，缓存将被禁用（任何已保存在缓存中的内容将被保留）。参照下面的源码有助于理解上述内容。

```
    protected function checkContentCache()
    {
            if((empty($this->requestTypes) || in_array(Yii::app()->getRequest
()->getRequestType(),$this->requestTypes))
                            && ($this->_cache=$this->getCache())!==null)
            {
                    if($this->duration>0 && ($data=$this->_cache->get($this->get
CacheKey()))!==false)
                    {
                            $this->_content=$data[0];
                            $this->_actions=$data[1];
                            return true;
                    }
                    if($this->duration==0)
                            $this->_cache->delete($this->getCacheKey());
                    if($this->duration<=0)
                            $this->_cache=null;
            }
            return false;
    }
```

2．缓存依赖（dependency）

像数据缓存一样，内容片段被缓存也可以有依赖。要指定一个依赖，需要配置 dependency 选项，该配置项实现 ICacheDependency 的对象或可用于生成依赖对象的配置数组。下面的代码指定片段内容取决于产品表中记录数量的变化。

```
…其他 HTML 内容…
<?php if($this->beginCache('productList', array('dependency'=>array(
        'class'=>'system.caching.dependencies.CDbCacheDependency',
        'sql'=>'select count(*) from ds_product')))) { ?>
…被缓存的内容…
<?php $this->endCache(); } ?>
…其他 HTML 内容…
```

3．变化（varyByParam 等）

片段缓存的内容可根据一些参数变化。例如，产品中心列表分两页，每页显示不同的产品，分页根据 GET 参数“page”变化，这意味着，当调用 CBaseController::beginCache()方法时，将用不同的 ID 缓存内容。COutputCache 内置“varyByParam”成员变量，可以根据 GET 参数值的变化而改变缓存的内容。下面的代码指定片段缓存内容根据 GET 参数“page”变化而变化。

```
…其他 HTML 内容…
<?php if($this->beginCache('productList', array(
     'varyByParam'=>array('page')
))) { ?>
…被缓存的内容…
<?php $this->endCache(); } ?>
…其他 HTML 内容…
```

除 varyByParam 以外，还可以采用其他的条件来区分页面。

- varyByExpression：指定缓存内容通过自定义的 PHP 表达式的结果而变化。
- varyByRoute：指定缓存内容基于请求的路由不同而变化（controller 和 action）。
- varyBySession：指定缓存内容基于 Session 不同而变化。

12.8.3 项目实现迭代十三：产品中心栏目实现片段缓存

以本书提供的内容管理系统为例，在前台的“产品中心”页面中，假设产品列表的更新频率远远小于右侧的“行业百科”和“行业新闻”两部分，因此，在实现产品列表部分需要使用片段缓存来优化代码。实现步骤如下所示。

步骤 1：在视图文件/protected/views/product/list.php 中添加如下代码。

```
<?php
    /*if($this->beginCache('缓存名称')){
     * duration 设置过期时间
     * varyByParam 缓存变化
     * dependency 缓存依赖
```

```
        */

        if($this->beginCache('productList',array(
                'duration'=>3600,
                'varyByParam' => array('page'),
                'dependency' =>array(
                    'class'=>'system.caching.dependencies.CDbCacheDependency',
                    'sql'=>'select count(*) from ds_product',
                )
        ))){
    ?>
    <?php
    foreach($products_model as $vo){
    ?>
        <div class="listItem">……</div>
    <?php };?>
    <?php $this -> endCache();} ?>
```

添加代码的作用是片段缓存 ID 为“productList”，有效期为 3600 秒，根据 GET 参数的值变化而改变缓存的内容，并且当数据库中产品数量发生变化时，重新创建新的缓存对象。

步骤 2：测试有效期是否生效。

测试缓存有效期可以通过改变系统时间实现，通常这部分不会有问题。

步骤 3：测试缓存变化是否生效。测试缓存变化可以通过单击“下一页”来实现。当单击“下一页”时，程序访问的 URL 如下。

```
http://hostname/index.php?r=product/showProducts&page=2
```

如果页面内容发生变化，说明缓存变化设置正确。然后打开 MemAdmin，看到的数据如图 12-25 所示。

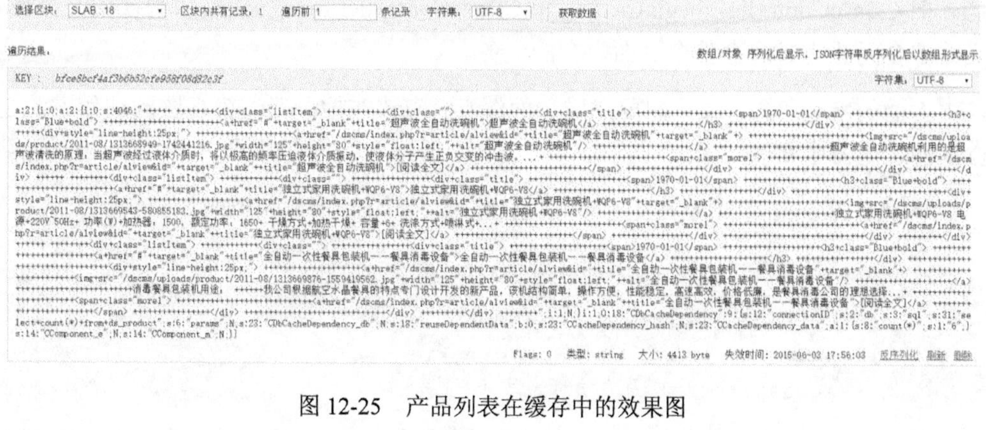

数据遍历

» 默认连接 127.0.0.1 : 11211 记录总数：2 由于memcached源码对cachedump命令的限制，最多遍历2M的key

选择区块：SLAB 18 区块内共有记录：1 遍历前 1 条记录 字符集：UTF-8 获取数据

遍历结果：数组/对象 序列化后显示，JSON字符串反序列化后以数组形式显示

KEY ：bfce8bcf4af3b6b52cfe958f08d82e3f 字符集：UTF-8


```
a:2:{i:0;a:2:{i:0;s:4046:"++++++ ++++++++<div+class="listItem"> ++++++++++++<div+class=""> ++++++++++++++++<div+class="title"> ++++++++++++++++++++<span>1970-01-01</span> ++++++++++++++++++++<h3+c
lass="Blue+bold"> ++++++++++++++++++++++++<a+href="#"+target="_blank"+title="超声波全自动洗碗机">超声波全自动洗碗机</a> ++++++++++++++++++++</h3> ++++++++++++++++</div> ++++++++++++++++++++++++++
+++++<div+style="line-height:25px;"> ++++++++++++++++++++<a+href="/dscms/index.php?r=article/alview&id="+title="超声波全自动洗碗机"+target="_blank"+> ++++++++++++++++++++++++<img+src="/dscms/uploa
ds/product/2011-08/1313668949-1742441216.jpg"+width="125"+height="80"+style="float:left;"++alt="超声波全自动洗碗机"/> ++++++++++++++++++++</a> ++++++++++++++++++++++超声波全自动洗碗机利用的是超
声波清洗的原理，当超声波经过液体介质时，将以极高的频率压迫液体介质振动，使液体分子产生正负交变的冲击波，...+ ++++++++++++++++++++++++<span+class="more1"> ++++++++++++++++++++++++++++<a+href="/dscm
s/index.php?r=article/alview&id="+target="_blank"++title="超声波全自动洗碗机">[阅读全文]</a> ++++++++++++++++++++++++</span> ++++++++++++++++</div> ++++++++++++++++++++++++++++</div> +++++++++</d
iv> ++++++ ++++++++<div+class="listItem"> ++++++++++++<div+class=""> ++++++++++++++++<div+class="title"> ++++++++++++++++++++<span>1970-01-01</span> ++++++++++++++++++++<h3+class="Blue+bold"> ++++
++++++++++++++++++++<a+href="#"+target="_blank"+title="独立式家用洗碗机+WQP6-V8">独立式家用洗碗机+WQP6-V8</a> ++++++++++++++++++++</h3> ++++++++++++++++</div> ++++++++++++++++++++++++++++++++<div+
style="line-height:25px;"> ++++++++++++++++++++<a+href="/dscms/index.php?r=article/alview&id="+title="独立式家用洗碗机+WQP6-V8"+target="_blank"+> ++++++++++++++++++++++++<img+src="/dscms/uploads/p
roduct/2011-08/1313669543-580855183.jpg"+width="125"+height="80"+style="float:left;"++alt="独立式家用洗碗机+WQP6-V8"/> ++++++++++++++++++++</a> ++++++++++++++++++++++独立式家用洗碗机+WQP6-V8 电
源+220V 50Hz+ 功率(W)+加热器：1500，额定功率：1650+ 干燥方式+加热干燥+ 容量+6+ 洗涤方式+喷淋式+...+ ++++++++++++++++++++++++<span+class="more1"> ++++++++++++++++++++++++++++<a+href="/dscms/index.p
hp?r=article/alview&id="+target="_blank"++title="独立式家用洗碗机+WQP6-V8">[阅读全文]</a> ++++++++++++++++++++++++</span> ++++++++++++++++</div> ++++++++++++++++++++++++++++</div> +++++++++</div>
++++++ ++++++++<div+class="listItem"> ++++++++++++<div+class=""> ++++++++++++++++<div+class="title"> ++++++++++++++++++++<span>1970-01-01</span> ++++++++++++++++++++<h3+class="Blue+bold"> ++++++++
++++++++++++++++<a+href="#"+target="_blank"+title="全自动一次性餐具包装机——餐具消毒设备">全自动一次性餐具包装机——餐具消毒设备</a> ++++++++++++++++++++</h3> ++++++++++++++++</div> ++++++++++++
++++++++++++++++++++<div+style="line-height:25px;"> ++++++++++++++++++++<a+href="/dscms/index.php?r=article/alview&id="+title="全自动一次性餐具包装机——餐具消毒设备"+target="_blank"+> ++++++++++++
++++++++++++<img+src="/dscms/uploads/product/2011-08/1313669876-1559419562.jpg"+width="125"+height="80"+style="float:left;"++alt="全自动一次性餐具包装机——餐具消毒设备"/> ++++++++++++++++++++</a>
++++++++++++++++++++++++消毒餐具包装机用途： ++++++我公司根据航空水晶餐具的特点专门设计开发的新产品，该机结构简单，操作方便，性能稳定，高速高效，价格低廉，是餐具消毒公司的理想选择...+ ++++++++++++
++++++++++++<span+class="more1"> ++++++++++++++++++++++++++++<a+href="/dscms/index.php?r=article/alview&id="+target="_blank"++title="全自动一次性餐具包装机——餐具消毒设备">[阅读全文]</a> ++++++++
++++++++++++++++</span> ++++++++++++++++</div> ++++++++++++++++++++++++++++</div> +++++++++</div> ++++++++";i:1;N;}i:1;O:18:"CDbCacheDependency":9:{s:12:"connectionID";s:2:"db";s:3:"sql";s:31:"se
lect+count(*)+from+ds_product";s:6:"params";N;s:23:"CDbCacheDependency_db";N;s:18:"reuseDependentData";b:0;s:23:"CCacheDependency_hash";N;s:23:"CCacheDependency_data";a:1:{s:8:"count(*)";s:1:"6";}
s:14:"CComponent_e";N;s:14:"CComponent_m";N;}}
```


Flags: 0 类型: string 大小: 4413 byte 失效时间: 2015-06-03 17:56:03 反序列化 刷新 删除

图 12-25 产品列表在缓存中的效果图

由图 12-25 可知，产品列表的每一页数据在缓存中保存成一条记录，产品列表一共有两页，因此缓存中有两条记录。

步骤 4：测试缓存依赖是否生效。测试缓存依赖可以通过在产品表中增加一条记录实现。当我们在数据库产品表中增加一条记录后，重新刷新产品中心栏目页面，就会看到新增加的页面显示出来，这就说明缓存已经更新了。

注意：如果在数据库产品表中增加一条记录，假如恰好增加了一个分页，那么依据缓存变化，缓存中的记录会增加，如果没有增加分页，那么缓存只会依据缓存依赖更新而不会增加记录数。

12.9 页面缓存

页面缓存指的是缓存整个页面的内容。主要用于对 Web 应用中的某些动态页面进行缓存，如在 Web 页面中生成 PDF 文件、报表或者图片文件。使用页面缓存不仅减少了数据库的交互、降低了数据库服务器的压力，而且对于减少 Web 服务器的性能消耗有很显著的效果。

页面缓存可以看成是片段缓存的一个特殊情况，那么 Yii 框架中如何实现页面缓存？是否在控制器视图脚本中调用 CBaseController::beginCache() 和 CBaseController::endCache() 就能实现页面缓存呢？

经过实际测试，如果控制器渲染的视图页面不使用布局文件，那么在视图文件的开始和结束位置调用 CBaseController::beginCache() 和 CBaseController::endCache()是可以实现页面缓存的。

但是往往视图页面中都会使用布局文件来减少代码量和提高工作效率。由 3.3 节“CController 类的 render()方法执行流程”可知，控制器是分别渲染视图文件和布局文件的。因此，把 CBaseController::beginCache()和 CBaseController::endCache()放到视图文件或者布局文件都会无法完成缓存整个页面内容的任务。

由上面的叙述可知，如果想要完成页面缓存，应该在控制器渲染视图的动作方法之前，也就是在过滤器中实现。

在/protected/controllers/ArticleController.php 文件中添加如下代码。

```
class ArticleController extends Controller{
    /*
     * 通过用户访问控制过滤实现页面缓存
     * 过滤器:
     *  accessControl 是方法过滤器
```

```
         *  array()        是类过滤器
         */
        function filters(){
            return array(
                //'accessControl',  方法过滤器
                //类过滤器 实现页面整体缓存 COutputCache.php
                //只针对 actionAbout()进行页面缓存
                array(
                    'system.web.widgets.COutputCache + about',
                    'duration'=>1800,
                    //'varyByParam'=>array('id'),
                ),
            );
        }
        //关于我们
        public function actionAbout(){
            //查找 ID=8 的栏目中的文章标题、文章内容
            $criteria =new CDbCriteria;
            $criteria ->select = array("cid","title","content");
            $article_model = Article::model()->findByAttributes(
                    array("cid"=>8),
                    $criteria
                    );
            $breadcrumbs=array(
                '网站首页'=>array('default/index'),
                '关于我们'=>array('article/about'),
                );
            $this->render("about",array("article_model"=>$article_model,
"breadcrumbs"=>$breadcrumbs));
        }
        public function getDate()
        {
            return date("Y-m-d H:i:s");
        }
    }
```

在 CController::filters()方法中，使用 COutputCache 作为过滤器，并且只对 actionAbout()动作方法进行页面缓存，且有效期为 1800 秒。

在/protected/views/about.php 视图文件中添加如下代码。

```
    <div class="indexLeft">
        <div class="location marginbtm10">
            <h1><?php echo $article_model->category->title;?></h1>
            <span>您的位置:
                <?php
                    $this->widget('Breadcrumbs',array(
                    'links'=>$breadcrumbs,
                    'homeLink'=>FALSE,
```

```
                'separator'=>'>'));
            ?>
        </span>
    </div>
    <div class="listPanle marginbtm15">
        <h1 class="articleTitle"><?php echo $article_model->title;?></h1>
        <?php $this->renderDynamic("getDate"); ?>
        <?php echo $article_model->content;?>
    </div>
</div>
```

在浏览器中执行下面的 URL。

```
http://hostname/index.php?r=article/about
```

在浏览器中访问 ArticleController 控制器的 actionAbout()，然后打开 MemAdmin，看到的数据如图 12-26 所示，说明成功进行了页面缓存。

图 12-26 页面缓存在 MemAdmin 中的效果图

在 Yii 框架中实现页面缓存很简单，但是作者相信读者这个时候会存在一个疑问？CController::filters()的作用是配置过滤器，它里面的参数应该是一个过滤器类，为什么是一个小物件 COutputCache？

作者查了很多资料也没有找到明确的说明，那么我们就只能从源码中找答案了。首先分析控制器运行方法 CController::run()，源码如下所示。

```
class CController extends CBaseController
{
    ......
    public function run($actionID)
    {
```

```
                if(($action=$this->createAction($actionID))!==null)
    //如果创建动作失败，missingAction 抛出 404 错误
                {
                            if(($parent=$this->getModule())===null)
                                    $parent=Yii::app();
                            if($parent->beforeControllerAction($this,$action))
                            {
                                    $this->runActionWithFilters($action,
$this->filters());//运行 action 和 filter
                                    $parent->afterControllerAction($this,
$action);
                            }
                }
                else
                            $this->missingAction($actionID);
        }
    }
```

在这个方法内部调用执行过滤器链的 runActionWithFilters()方法，其源码如下所示。

```
    class CController extends CBaseController
    {
        ......
        public function runActionWithFilters($action,$filters)
        {
            if(empty($filters))
                    $this->runAction($action);
    //如果过滤器为空，直接运行 runAction()
            else
            {
                    $priorAction=$this->_action;
                    $this->_action=$action;
                    CFilterChain::create($this,$action,$filters)->run();
                    $this->_action=$priorAction;
            }
        }
    }
```

如果过滤器为空，直接运行 runAction()方法，否则创建过滤器链并运行。

```
    class CFilterChain extends CList
    {
        ......
        public static function create($controller,$action,$filters)
        {
            $chain=new CFilterChain($controller,$action);

            $actionID=$action->getId();
            foreach($filters as $filter)
            {
                    if(is_string($filter))
```

```
                    {
                        ......
                    }
                    //$filter的值: Array ( [0] => system.web.widgets.COutputCache
//+ about [duration] => 1800 )
                    elseif(is_array($filter))
                    {
                            ......
                            //创建 COutputCache 实例对象
                            $filter=Yii::createComponent($filter);
                    }

                    if(is_object($filter))
                    {
                            $filter->init();//执行 COutputCache 的 init()方法
                            $chain->add($filter);
                    }
            }
            return $chain;
        }
    }
```

在 CFilterChain::create()方法中，可以看到在 Yii::createComponent($filter)中创建了 COutputCache 实例对象并且调用了 COutputCache::init()方法。init()方法的作用就是标记缓存的开始。我们分析源码到这里就可以了，之后就是 COutputCache 类中的方法按照缓存的需要来调用。

综合片段缓存和页面缓存两节的内容，可以得到一个结论，即 Yii 框架中的 COutputCache 既是一个小物件，可以在视图中调用，又是一个过滤器，可以在 CController::filters()方法中调用。COutputCache 封装了操作缓存的逻辑，可以通过类的成员属性方便地操作缓存输出，是 Yii 框架实现片段缓存和页面缓存的核心类。

12.10 局部无缓存

为了提高性能，需要片段缓存或页面缓存，但是大多数页面中常常包含实时性较强的数据，如日期时间实时显示、股市行情和实时天气等。通常的做法是页面中几乎不变化的内容使用缓存，实时性强的信息不设缓存，这种做法就称为局部无缓存。

Yii 框架除了提供了完善的片段缓存和页面缓存，还实现了局部无缓存的支持，即允许在页面中指定一块包含动态数据的代码段，每次这些动态内容进行实时更新，然后和其余的缓存内容合成最终页面。

在已经进行了片段缓存或者页面缓存的视图中，调用 CController::renderDynamic()方法，就可以实现局部无缓存，该方法说明见表 12-14。

表 12-14 CController 的成员方法 renderDynamic ()

public void renderDynamic(callback $callback)		
$callback	callback	回调方法名，可在当前类或其父类中定义该方法

假如在页面缓存的视图页面/protected/views/article/about.php 中实时输出当前日期和时间，可以添加如下代码：

```
<?php $this->renderDynamic("getDate"); ?>
```

“getDate”就是回调方法名，该方法返回实时更新的内容，在这里就是当前的日期和时间。在 protected/controllers/ArticleController.php 控制器文件中定义回调方法，代码示例如下。

```
class ArticleController extends Controller{
      ......
      public function getDate()
      {
            return date("Y-m-d H:i:s");
      }
}
```

如果其他片段缓存或页面缓存中也需要实时更新日期和时间且无缓存，那么可以把回调方法 getDate()定义在控制器父类 Controller 中，这样代码就可以重复调用了。

注意： 如果一个动态网页中占主要开销的数据计算置于无缓存状态，那么这时缓存就失去了意义，可以考虑使用其他的缓存方式或页面组织结构。

12.11 Yii 框架其他缓存组件介绍

缓存是提升 Web 应用性能的简便有效的方式。通过将相对静态的数据存储到缓存并在收到请求时取回缓存，便节省了生成这些数据所需的时间。

在 Yii 中使用缓存主要包括配置并访问一个应用组件。例如，在 12.6.1 节中配置设定了一个使用 3 个 Memcached 缓存服务器的缓存组件“cache”，当应用运行时，缓存组件可通过“Yii::app()->cache”访问。在主配置文件 protected/config/main.php 中配置代码如下所示。

```
array(
      ......
      'components'=>array(
```

```
        ......
        'cache'=>array(
            'class'=>'system.caching.CMemCache',                ......
        ),
    ),
);
```

缓存数据除了存储在Memcached服务器中之外，还可以存储在别的媒介中，为此Yii提供了不同的缓存组件。例如，已经介绍过的CMemCache组件封装了PHP的memcache扩展并使用内存作为缓存存储媒介，CApcCache组件封装了PHP APC扩展，而CDbCache组件会将缓存的数据存入数据库。下面介绍一些常用的可用缓存组件。

- CMemCache：使用PHP memcache扩展。
- CApcCache ：使用PHP APC扩展。
- CXCache：使用PHP XCache扩展。
- CEAcceleratorCache：使用PHP EAccelerator扩展。
- CDbCache：使用数据库表存储缓存数据。默认的，它将在runtime文件夹下建立一个SQLite3数据库。可以通过connectionID属性指定数据库。
- CZendDataCache：使用Zend Data Cache作为优先的缓存媒介。
- CFileCache：使用文件来存储缓存数据。特别适合存储类似页面的大块数据。
- CDummyCache：这里实现一般的缓存接口，但不做任何实际缓存。这一实现的原因是页面需要执行缓存，但是实际开发环境不支持缓存。这允许在实现真正缓存之前持续编码。项目不需要为缓存环境而改变编码。

注意：所有的这些组件都扩展自CCache，并且提供相同的接口。也就是说，项目可以改变不同的缓存策略而不需要改变代码。

12.12 小结

本章主要介绍了Yii框架中如何应用Memcached缓存。作者系统、详细介绍了内存缓存软件Memcached的安装及管理，以及PHP的Memcached客户端扩展方法库。这些都是理解Yii框架CMemCache缓存组件的基础。当然，Yii框架为了更好地使用缓存，还提供了缓存依赖、片段缓存和页面缓存的使用方法。

第 13 章 日志

在开发时，通常需要记录一些日志方便后期排错和优化。无论是 Apache 还是 PHP，都提供记录日志功能，在适当的时候打开日志记录功能，有助于我们发现代码中的各种问题。

本章首先介绍 Apache 服务器是如何记录访问日志和错误日志的，然后介绍 PHP 语言如何通过修改配置项或在程序中调用日志方法来生成日志文件，最后，在了解了 Apache 和 PHP 的日志功能之后，读者就会更好地理解 Yii 框架日志功能的设计思路及相关方法是如何使用的。

13.1 Apache 服务器的日志

在 Web 应用系统的运行过程中，往往会被来自各个不同地方的用户访问。在访问过程中，服务器会将用户的访问及在访问过程中发生的错误记录下来用于分析。这些用于记录的文件就称为日志，如图 13-1 所示。本节将介绍如何查看 Apache 服务器的日志。

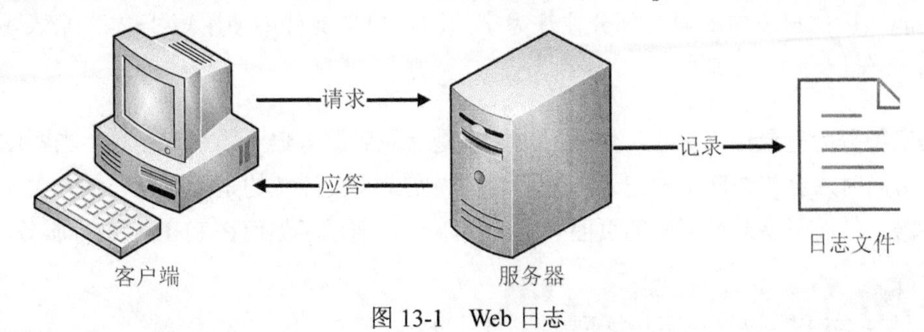

图 13-1 Web 日志

在 Apache 服务器的运行过程中，Apache 服务器会自动将服务器的访问记录和错误记录保存到日志中。在 Apache 服务器第一次运行时，这两个用于保存日志的文件就会生成。

这两个文件位于 Apache 的安装目录下的 logs 文件夹中。其中，access.log 用于记录访问日志，error.log 用于记录错误日志。

13.1.1 访问日志的格式

打开 access.log 可以看到服务器的访问日志，下面是一段访问日志。

```
    127.0.0.1 - - [16/Jun/2015:10:48:04 +0800] "GET /dscms/assets/556e0306/
pager.css HTTP/1.1" 304 -
    127.0.0.1 - - [16/Jun/2015:10:48:05 +0800] "GET /dscms/index.php?r=
article/baike HTTP/1.1" 200 11885
    127.0.0.1 - - [16/Jun/2015:10:48:05 +0800] "GET /dscms/index.php?r=a
rticle/anli HTTP/1.1" 200 12715
    127.0.0.1 - - [16/Jun/2015:10:48:05 +0800] "GET /dscms/ HTTP/1.1" 200 2311
    127.0.0.1 - - [16/Jun/2015:10:48:06 +0800] "GET /dscms/index.php?r=
article/contact HTTP/1.1" 200 10033
    127.0.0.1 - - [16/Jun/2015:10:48:07 +0800] "GET /dscms/index.php?r=
article/blog HTTP/1.1" 200 10198
```

其中，每一行表示对服务器的一次访问请求。每个访问日志行都分为 7 个部分，下面对这 7 个部分的意义进行说明。

（1）“127.0.0.1”

第一部分为 IP 地址。用于表示访问服务器的用户的 IP 来源，也就是用户访问网站时的 IP 地址。

（2）“-”

第二部分为浏览器标识。浏览器标识往往是登录用户的名称或 Email 地址，该标识由访问者使用的浏览器通过网络传递给服务器。但是，由于现在几乎所有的浏览器都去掉了这个功能，因此日志中的第二部分往往为空，即在日志文件中使用短线“-”来表示。

（3）“-”

第三部分为登录用户标识。登录用户标识是登录到服务器上的用户名称。当网站需要用户登录访问时才会将访问用户记录下来，否则为空。需要注意的是，这里登录的含义是登录到服务器上，而不是通过不同的页面登录。以下代码演示了如何在 PHP 中进行服务器登录。

```
<?php
if(!isset($_SERVER['PHP_AUTH_USER']))
{
      header("WWW-Authenticate:Basic realm=\"Login\"");
      header("HTTP/1.0 401 Unauthorized");
}
```

此时，如果用户在弹出的登录对话框上输入相应的用户名和密码，如图 13-2 所示，输入的用户名就会被记录到访问日志文件中，如下所示。

```
    127.0.0.1 - admin [16/Jun/2015:11:10:17 +0800] "GET /dscms/testlog.php
HTTP/1.1" 200 -
```

（4）“[16/Jun/2015:10:48:04 +0800]”

第四部分为用户访问请求发生的时间。这里的时间使用标准时间的记录方式。例如“16/Jun/2015:11:10:17 +0800”，表示请求发生在 2015 年 6 月 16 日 11 时 10 分 17 秒，时区信息为+8 区。

图 13-2 登录服务器

（5）“GET /dscms/assets/556e0306/pager.css HTTP/1.1”

第五部分标识服务器收到的请求。这部分使用“请求方法/请求资源/请求协议”的格式输出。这一部分也是日志中最重要的部分。

（6）“304”

第六部分标识请求状态的代码。这部分通过一个代码表示用户的请求是否成功。表 13-1 简单地描述了错误的状态码。

表 13-1 HTTP 状态码

代　码	描　述
Informational 1XX	
100	Continue
101	Switching protocols
Successful 2XX	
200	OK
201	Created
202	Accepted
203	Nonauthoritative information
204	No content
205	Reset content
206	Partial content

（续）

代　码	描　述
Redirection 3XX	
300	Multiple choices
301	Moved permanently
302	Found
303	See other
304	Not modified
305	User proxy
306	Unuserd
307	Temporary redirect
Client error 4XX	
400	Bad request
401	Unauthorized
402	Payment required
403	Forbidden
404	Not found
405	Method not allowed
406	Not acceptable
407	Proxy authentication required
408	Request timeout
409	Conflict
410	Gone
411	Length required
412	Precondition failed
413	Request entity too large
414	Request-URI too long
415	Unsupported media type
416	Requested range not satisfiable
417	Expectation failed

（续）

代　　码	描　　述
Server error 5XX	
500	Internal server error
501	Not implemented
502	Bad gateway
503	Service unavailable
504	Gateway timeout
505	HTTP version not supported

如果该值为 200，则表示用户的访问成功，否则可能标识存在问题。一般来说，以 2 开头的代码均可以表示用户的访问成功，以 3 开头的代码表示用户的请求被重新定向到了其他位置，以 4 开头的代码标识客户端遇到了错误，以 5 开头的代码标识服务器遇到了错误。有些时候，这些代码也被作为返回代码输出到浏览器上供用户参考，如图 13-3 所示。

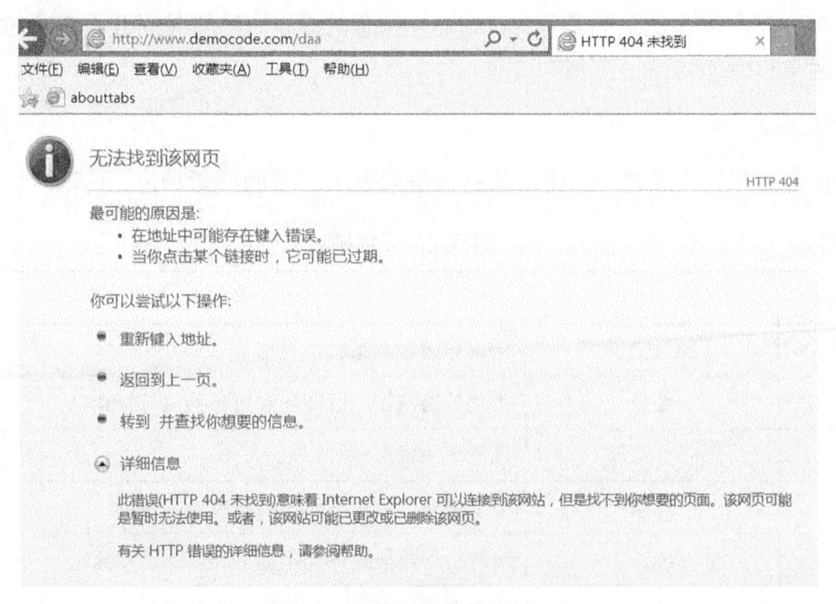

图 13-3　IE 浏览器上的返回码

在图 13-3 中，404 作为页面无法找到的返回码被输出到了浏览器上供访问用户参考。同时，在访问日志中生成了如下日志记录。

```
127.0.0.1 - - [16/Jun/2015:11:25:44 +0800] "GET /daa HTTP/1.1" 404 201
```

（7）“-”

第七部分标识表示发送到客户端的总字节数。一般来说，对于一个正确访问的请求，服务器将向客户端发送与资源大小相等的字节数。

注意： 对于日志记录来说，每条日志记录并不是对页面的一次访问，而是对服务器资源的一次访问。如果在一个页面上包含多个资源，那么一次对页面的访问将会在访问日志中生成多条记录。

13.1.2 错误日志的格式

错误日志是 Apache 服务器用于记录服务器出错信息的日志文件。例如，访问服务器上不存在的文件时，Apache 就为其生成一条错误日志记录，如下所示。

```
[Tue Jun 16 11:25:44 2015] [error] [client 127.0.0.1] File does not exist: E:/wamp/www/daa
```

错误日志由以下 4 个部分组成。

（1）“[Tue Jun 16 11:25:44 2015]”

第一部分表示错误发生的具体时间。需要注意的是，这里的时间并不包含时区的信息，但是其时区与相应的访问日志相同。

（2）“[error]”

第二部分表示错误的级别。这里的错误级别表示错误的严重程度，具体信息见表 13-2。

表 13-2 错误级别降序排列

错误级别	含　义	描　述
emerg	紧急错误	错误导致整个系统不可用
alert	警报	很危险的错误，可能导致服务器运行错误
crit	严重错误	很严重的错误
error	错误	出现错误，但是没有影响服务器的运行
warn	警告	出现错误，但是可能不影响页面的正常显示
notice	通知	没有发生错误，一些系统操作的通知
info	信息	没有发生错误，一些操作信息
debug	调试信息	没有发生错误，调试信息

（3）“[client 127.0.0.1]”

第三部分是导致错误的 IP 地址。

（4）“File does not exist: E:/wamp/www/daa”

第四部分是错误的具体信息。管理员可以通过这部分的内容来查看具体发生的错误。例如，上面的错误是由于无法找到“E:/wamp/www/daa”文件造成的。

13.1.3 日志的定制

Apache 服务器除了支持记录访问日志和错误日志以外，还支持定制日志的保存位置及日志的格式等操作。进行这种设置是通过修改 Apache 安装目录下的 conf 文件夹中的 httpd.conf 文件来实现的。

1. 定制访问日志

如果需要定制访问日志，就必须载入 log_config_module 模块。首先在 Apache 的配置文件 httpd.conf 中找到 log_config_module 模块所在的行，确保该行可用，如下所示。

```
LoadModel  log_config_module  modules/mod_log_config.so
```

在这个模块中，包含“LogFormat”和“CustomLog”两个指令。“LogFormat”用来指定日志的格式，“CustomLog”用来指定日志保存路径和使用哪一个“LogFormat”规定的格式。

（1）指令 LogFormat

在<IfModule log_config_module>标签中，找到以下代码。

```
LogFormat "%h  %l  %u  %t  \"%r\"  %>s  %b" common
```

“%h %l %u %t \"%r\" %>s %b”表示日志的格式。用户可以自行修改日志的格式来记录访问日志，一些常用格式串的含义见表 13-3。

表 13-3　访问日志的格式

符　号	含　义
%a	远程 IP 地址
%A	本地 IP 地址
%b	发送的字节数
%f	访问请求的文件名

（续）

符　　号	含　　义
%h	远程主机名或主机地址
%l	远程用户的用户名或 E-mail 地址
%p	服务器响应请求时使用的端口
%r	请求的具体内容
%s	请求的状态，也就是返回码
%t	请求发生的时间
%u	登录到服务器的用户
%U	用户请求的 URL 地址

和 13.1.1 节中的日志对比就容易理解了，下面的日志和 LogFormat 指令定义的日志格式是一一对应的。

```
    127.0.0.1 - - [16/Jun/2015:10:48:04 +0800] "GET /dscms/assets/556e0306/
pager.css HTTP/1.1" 304 -
```

另一种常用的记录格式是组合日志格式，形式如下。

```
    LogFormat "%h %l %u %t \"%r\" %>s %b \"%{Referer}i\" \"%{User-Agent}i\""
 combined
```

这种格式与通用日志格式类似，但是多了两个 %{header}i 项，其中的 header 可以是任何请求头，日志记录形式如下。

```
    127.0.0.1 - - [25/Jun/2015:14:54:49 +0800] "GET /icons/blank.gif HTTP/
1.1" 404 213 "http://www.democode.com/" "Mozilla/5.0 (Windows NT 6.3; WOW64)
 AppleWebKit/537.36 (KHTML, like Gecko) Chrome/38.0.2125.122 Safari/537.36"
    127.0.0.1 - - [25/Jun/2015:14:54:49 +0800] "GET /icons/folder.gif HTTP/
1.1" 404 214 "http://www.democode.com/" "Mozilla/5.0 (Windows NT 6.3; WOW64)
 AppleWebKit/537.36 (KHTML, like Gecko) Chrome/38.0.2125.122 Safari/537.36"
    127.0.0.1 - - [25/Jun/2015:14:54:49 +0800] "GET /icons/text.gif HTTP/
1.1" 404 212 "http://www.democode.com/" "Mozilla/5.0 (Windows NT 6.3; WOW64)
 AppleWebKit/537.36 (KHTML, like Gecko) Chrome/38.0.2125.122 Safari/537.36"
```

其中，多出来的项是：

```
    "http://www.democode.com/" (\"%{Referer}i\")
```

“Referer”请求头指明了该请求是被从哪个网页提交过来的，这个网页应该包含有 /apache_pb.gif 或者其链接。

```
    "Mozilla/5.0 (Windows NT 6.3; WOW64) AppleWebKit/537.36 (KHTML, like
Gecko) Chrome/38.0.2125.122 Safari/537.36" (\"%{User-agent}i\")
```

“User-agent”请求头是客户端提供的浏览器识别信息。

注意：使指令 LogFormat 规定的日志格式生效，还需要使用下文提到的指令 CustomLog。

（2）指令 CustomLog

指令 CustomLog 可以定制访问日志的存储位置和使用哪一个“LogFormat”规定的格式，例如：

```
CustomLog "e:/wamp/logs/access.log" common
```

这里“e:/wamp/logs/access.log”表示访问日志的当前存储位置。用户可以自行修改，将访问日志保存到其他位置。

第二个参数指定使用哪一个“LogFormat”规定的格式。它既可以是由前面的 LogFormat 指令定义的名字，也可以是直接按日志格式中所描述的规则定义的 format 字符串。

例如，以下两组指令的结果是完全一样的。

```
# 使用 nickname
LogFormat "%h %l %u %t \"%r\" %>s %b \"%{Referer}i\" \"%{User-Agent}i\"" combined
CustomLog "e:/wamp/logs/access.log" combined

# 明确使用格式字符串
CustomLog "e:/wamp/logs/access.log" "%h %l %u %t \"%r\" %>s %b
\"%{Referer}i\" \"%{User-Agent}i\""
```

2. 定制错误日志

与定制访问日志类似，错误日志也可以进行定制。错误日志的定制包括修改日志的存储位置和存储的错误级别。

（1）指令 ErrorLog

修改日志的存储位置是通过修改 ErrorLog 的值来实现的，如下所示。

```
ErrorLog "e:/wamp/logs/apache_error.log"
```

这里 logs/ apache_error.log 表示错误日志的当前存储位置。用户可以自行修改，将访问日志保存到其他位置。

（2）指令 LogLevel

修改错误日志的存储错误级别是通过修改 LogLevel 的值来实现的，可以选择表 13-2 所示的错误日志的级别。当指定了某个级别后，所有高于这个级别的信息也会被同时记录。例如：

```
LogLevel warn
```

此时，所有 error、crit、alert 和 emerg 级别的信息也会被记录。

13.2 PHP 日志

对于 PHP 开发人员来说，在产品投入使用后，难免会有错误出现，为了帮助开发人员或者管理人员查看系统是否存在问题，通常的做法是把对开发人员有用的错误报告记录到日志文件中。

如果需要将系统中的错误报告写入错误日志中，可以在 PHP 的配置文件（php.ini）中，将相关配置指令开启。

13.2.1 PHP 配置文件 php.ini

PHP 官方是这样描述 php.ini 文件的：

```
PHP's initialization file, generally called php.ini, is responsible for configuring many of the aspects of PHP's behavior.
```

翻译过来就是 PHP 的初始化文件，通常必须称为“php.ini”，使用这个文件可以配置 PHP 很多方面的行为。

php.ini 文件中的格式通常是“参数=值”，使用分号作为注释，并且修改 php.ini 文件后，需要重新启动服务器。

在 php.ini 文件中，错误和日志记录配置选项见表 13-4。

表 13-4 错误和日志记录配置选项

名称	描述
error_reporting	设置错误报告的级别
display_errors	该选项设置是否将错误信息作为输出的一部分显示到屏幕，或者对用户隐藏而不显示
log_errors	设置是否将程序运行的错误信息记录到服务器错误日志或者 error_log 指定的日志文件中
log_errors_max_len	设置 log_errors 的最大字节数
error_log	设置程序错误将被记录到的文件。该文件必须是 Web 服务器用户可写的

如何通过修改配置文件中的错误和日志记录配置选项来生成相关的日志呢？在下一小节中将给读者详细介绍。

13.2.2 通过配置文件生成日志

假设在 Windows 操作系统中，将存放在网站根目录之外的“e:/wamp/logs/”目录下的 php_error.log 文件作为错误日志文件（错误日志文件存放在根目录之外可以降低遭到攻击的可能性），并设置 Web 服务器进程用户具有写的权限。然后，在 PHP 的配置文件中，将 error_log 指令的值设置为这个错误日志文件的绝对路径。需要将 php.ini 中的配置指令进行如下修改：

```
error_reporting = E_ALL                      ;将会向 PHP 报告发生的所有错误
display_errors = Off                         ;不在浏览器显示所有错误报告
log_errors = On                              ;设置将程序运行的错误信息记录到日志
log_errors_max_len = 1024                    ;设置每个日志项的最大长度 1024 字节
error_log = "e:/wamp/logs/php_error.log"     ;指定产生的错误报告写入的日志文件位置
```

提示： 将 display_errors 选项关闭，以免因为这些错误透露路径、数据库连接、数据表等信息而遭到黑客攻击。

PHP 的配置文件按上面的方式设置完成以后，重新启动 Web 服务器。这样，在执行 PHP 的任何程序文件时，所产生的所有错误报告都不会在浏览器中显示，而只会记录在自己指定的错误日志文件 e:/wamp/logs/php_error.log 中。

例如，执行下面一段 PHP 代码，其中包括了被除数为 0 的“Warning”错误和输出的数据未定义的“Notice”错误。

```
<?php
      $a=0;
      $b=1;
      $c=$b/$a;//被除数为 0;

      echo $_POST["ds"];//输出的数据未定义
?>
```

在“e:/wamp/logs/php_error.log”中生成的错误日志格式为：时间+错误级别+错误信息+发生错误的文件+错误所在代码行，内容如下。

```
   [29-Jun-2015 03:20:38 UTC] PHP Warning:  Division by zero in E:\wamp\
www\og.php on line 4
   [29-Jun-2015 03:20:38 UTC] PHP Notice:  Undefined index: ds in E:\wamp\
www\og.php on line 6
```

注意：日志文件的体积可能很大，特别是在循环语句中出现错误时，因此，需要定期检查日志文件，并定期清理。

13.2.3 通过方法记录日志到指定文件

PHP 中的 error_log()方法功能是发送用户自定义的错误信息到需要的地方。该方法的原型如下所示。

```
bool error_log ( string message [, int message_type [, string destination [, string extra_headers]]] )
```

调用此方法时会发送错误信息到 Web 服务器的错误日志文件、某个 TCP 服务器或指定文件中。该方法执行成功则返回 true，失败则返回 false。第一个参数 message 是必选项，即为要送出的错误信息。如果仅使用这一个参数，会按配置文件 php.ini 中所设置的位置发送消息。第二个参数 message_type 为整数值。

```
0: 表示送到操作系统的日志中;
1: 则使用 PHP 的 Mail()方法，发送信息到某 E-mail 处，第四个参数 extra_headers 亦会用到;
2: 则将错误信息送到 TCP 服务器中，此时第三个参数 destination 表示目的地 IP 及 Port;
3: 则将信息存到第三个参数指定的文件中。
```

如果以登录 MySQL 数据库出现问题的处理为例，该方法的使用如下所示。

```
<?php
    if(!MySQL_Login($username, $password)){
        error_log("MySQL 数据库不可用!", 0); //将错误消息写入到操作系统日志中
    }
    if(!($foo=allocate_new_foo()){
        error_log("出现大麻烦了!", 1, "liukun@dushou.com");
        //发送到管理员邮箱中
    }
    error_log("出错了!",2,"localhost:81"); //发送到本机对应 81 端口的服务器中
    error_log("出错了!",3," e:/wamp/logs/php_error.log ");
    //发送到指定的文件中
?>
```

13.2.4 错误信息记录到操作系统的日志里

如果希望将错误报告写到操作系统的日志里，可以在配置文件中将 error_log 指令的值设置为 syslog，具体需要在 php.ini 中修改的配置指令如下所示。

```
error_reporting = E_ALL      ;将会向 PHP 报告发生的每个错误
display_errors = Off         ;不显示满足上条指令所定义规则的所有错误报告
```

```
log_errors = On                 ;决定日志语句记录的位置
log_errors_max_len = 1024       ;设置每个日志项的最大长度
error_log = syslog              ;指定产生的错误报告写入操作系统的日志里
```

除了一般的错误输出之外，PHP 还允许向系统 syslog 中发送定制的消息。虽然通过前面介绍的 error_log()方法，也可以向 syslog 中发送定制的消息，但在 PHP 中为这个特性提供了需要一起使用的 4 个专用方法，分别介绍如下。

（1）define_syslog_variables()

在使用 openlog()、syslog()及 closelog() 3 个方法之前必须先调用该方法。因为在调用该方法时，它会根据现在的系统环境为下面 3 个方法初始化一些必需的常量。

（2）openlog()

打开一个和当前系统中日志器的连接，为向系统插入日志消息做好准备。并将提供的第一个字符串参数插入到每个日志消息中，该方法还需要指定两个将在日志上下文使用的参数，可以参考官方文档使用。

（3）syslog()

该方法向系统日志中发送一个定制消息。需要两个必选参数，第一个参数通过指定一个常量定制消息的优先级。例如，LOG_WARNING 表示一般的警告，LOG_EMERG 表示严重的可以预示着系统崩溃的问题，其他一些表示严重程度的常量可以参考官方文档使用。第二个参数则是向系统日志中发送的定制消息，需要提供一个消息字符串，也可以是 PHP 引擎在运行时提供的错误字符串。

（4）closelog()

该方法在向系统日志中发送完成定制消息以后调用，关闭由 openlog()方法打开的日志连接。

如果在配置文件中，已经开启向 syslog 发送定制消息的指令，就可以使用前面介绍的 4 个方法发送一个警告消息到系统日志中，并通过系统中的 syslog 解析工具，查看和分析由 PHP 程序发送的定制消息，如下所示。

```
define_syslog_variables();
openlog("PHP5", LOG_PID , LOG_USER);
syslog(LOG_WARNING, "警告报告向 syslog 中发送的演示，警告时间:".date("Y/m/d H:i:s"));
closelog();
```

以 Windows 系统为例，通过右击“我的电脑”选择“管理”选项，然后到“系统工具”菜单中，选择“事件查看器”，再找到“应用程序”选项，就可以看到我们自己定制的警告消息了。上面这段代码将在系统的 syslog 文件中生成类似下面的一条信息，是事件的一部分。

```
PHP5[3084]，警告报告向 syslog 中发送的演示， 警告时间：2015/06/17 04:09:11.
```

使用指定的文件还是使用 syslog 记录错误日志，取决于用户所在的 Web 服务器环境。如果用户可以控制 Web 服务器，使用 syslog 是最理想的，因为用户能利用 syslog 的解析工具来查看和分析日志。但如果用户的网站在共享服务器的虚拟主机中运行，就只有使用单独的文本文件记录错误日志了。

13.3 Yii 框架的日志记录

Yii 框架提供了一个灵活且可扩展的日志功能。日志信息不仅可以通过“类别”（category）和“等级”（level）进行归类，而且可以保存到不同的目的地，如写入文件、发送至管理员邮箱，或者显示在浏览器窗口中。

当记录一个日志信息时，需要指定它的“类别”和“等级”。“类别”是表现为 xxx.yyy.zzz 格式的类似“路径别名”的字符串。例如，如果在 SiteController 类中记录一条信息，可以选择使用 application.controllers.SiteController 作为类别。

日志等级应该为下列值中的一种。

- trace：记录开发过程中跟着程序的执行流程。
- info：记录普通的信息。
- profile：性能概述。
- warning：警告信息。
- error：错误信息。

13.3.1 在配置文件中设置日志保存路径

使用 Yii 框架开发 Web 应用程序时，在开发阶段通常会把日志信息显示到浏览器窗口中，以便于发现代码中的各种问题。而在产品上线之后，就会把日志信息转而存储到文件中或者发送 Email 告知管理员，甚至为了便于管理，也可以存储到数据库中。

Yii 框架在 CLogRouter 组件类中实现了可以把日志信息存储在不同目的地的功能。使用起来也很方便，只需要在应用的主配置文件（protected/config/main.php）中设置 CLogRouter 类的相关属性即可。

其实在本书最初使用 yiic 的 webapp 命令生成的应用中，就已经预先设置好了日志部分的配置信息。下面是默认定义在应用程序中的内容。

```
return array(
    ....
    'components'=>array(
        ....
        'log'=>array(
            'class'=>'CLogRouter',
            'routes'=>array(
                array(
                    'class'=>'CFileLogRoute',
                    'levels'=>'error, warning',
                ),
                // uncomment the following to show log messages
//on web pages
                /*
                array(
                    'class'=>'CWebLogRoute',
                ),
                */
            ),
        ),
```

通过以上配置信息，首先可以了解到“'class'=>'CLogRouter'”意味着组件“log”使用的是框架中的 CLogRouter 类。

然后，其中“routes”对应的数组中有一个元素，代表应用程序运行时产生的日志信息被保存到了唯一一个目的地。这个目的地就是“CFileLogRoute”中定义的默认文件“/protected/runtime/application.log”，并且只有“error”或“warning” 等级的日志信息才被保存到该文件。“error”等级日志示例如下。

```
2015/06/16 10:42:07 [error] [exception.CHttpException.404] exception
'CHttpException' with message '无法解析请求 "default/index"。' in E:\wamp\www\
framework\web\CWebApplication.php:286
```

可知日志格式如下。

```
时间 等级 类别 （内容）信息
```

上述代码中注释了另外一个类 CWebLogRoute。如果去掉注释，消息将会显示在当前页面，效果如图 13-4 所示。

总结如下，通过配置 CLogRouter 组件类的“routes”属性，可以把日志信息存储在以下不同的目的地。

- CDbLogRoute：将日志信息保存到数据库的表中。
- CEmailLogRoute：发送日志信息到指定的 Email 地址。

- CFileLogRoute：保存日志信息到应用程序 runtime 目录的一个文件中。
- CWebLogRoute：将日志信息显示在当前页面的底部。
- CProfileLogRoute：在页面的底部显示概述（profiling）信息。

程序日志			
时间	等级	类别	信息
15:16:19.144562	trace	system.CModule	Loading "log" application component in E:\wamp\www\dscms\index.php (18)
15:16:19.146501	trace	system.CModule	Loading "request" application component in E:\wamp\www\dscms\index.php (18)
15:16:19.148309	trace	system.CModule	Loading "urlManager" application component in E:\wamp\www\dscms\index.php (23)
15:16:19.236505	trace	system.CModule	Loading "cache" application component in E:\wamp\www\dscms\index.php (23)

图 13-4　日志在当前页面底部显示效果图

下面的代码演示了一个所需的应用配置示例。

```
return array(
    ....
    'preload'=>array('log'), // 预载入日志组件在应用程序开始时
    'components'=>array(
        ....
        'log'=>array(
            'class'=>'CLogRouter',
            'routes'=>array(
                array(
                    'class'=>'CFileLogRoute',
                    'levels'=>'trace,info',
                    'categories'=>'system.*',
                ),
                array(
                    'class'=>'CEmailLogRoute',
                    'levels'=>'error,warning',
                    'emails'=>array('admin@example.com'),
                ),
                array(
                    'class'=>'CWebLogRoute',
                    'levels'=>'warning',
                ),
            ),
        ),
    ),
```

在上面的例子中，首先需要在应用程序开始时预载入日志组件，这样就保证了程序一旦出现错误就能在日志中记录下来。

“routes”对应的数组中有 3 个元素，代表应用产生的日志保存到了 3 个目的地。

- 第一个是把日志信息保存到文件。使用的类是“CFileLogRoute”，这个类默认会把日志信息保存在位于应用程序“runtime”目录的“application.log”文件中，保存日志的等级为“trace”或“info”，类别为以“system.”开头的日志。
- 第二个是把日志发送到指定的 Email 地址。使用的类是“CEmailLogRoute”，保存日志的等级为更高一级的“error”或“warning”。
- 第三个是把日志显示在当前页面。

13.3.2 通过方法记录日志信息

在 Yii 框架中，日志信息通过 YiiBase 类的 log()和 trace()方法记录，方法结构分别见表 13-5 和表 13-6。

表 13-5　　YiiBase 的静态成员方法 log ()

public static void log(string $msg, string $level='info', string $category='application')		
$msg	string	日志信息
$level	string	信息等级（如‘trace’、‘warning’、‘error’），大小写不敏感
$category	string	信息类别（如‘system.web’），大小写不敏感

表 13-6　　YiiBase 的静态成员方法 trace ()

public static void trace(string $msg, string $category='application')		
$msg	string	日志信息
$category	string	信息类别（如‘system.web’），大小写不敏感

在/framework/YiiBase.php 文件中查看两个静态方法的源码。

```
    class YiiBase
    {
        /**
         * Writes a trace message.
         * This method will only log a message when the application is in
debug mode.
         * @param string $msg message to be logged
         * @param string $category category of the message
         * @see log
```

```
         */
        public static function trace($msg,$category='application')
        {
                if(YII_DEBUG)
                        self::log($msg,CLogger::LEVEL_TRACE,$category);
        }

        /**
         * Logs a message.
         * Messages logged by this method may be retrieved via {@link
CLogger::getLogs}
         * and may be recorded in different media, such as file, email,
database, using
         * {@link CLogRouter}.
         * @param string $msg message to be logged
         * @param string $level level of the message (e.g. 'trace', 'warning',
'error'). It is case-insensitive.
         * @param string $category category of the message (e.g. 'system.web').
 It is case-insensitive.
         */
        public static function log($msg,$level=CLogger::LEVEL_INFO,$category=
'application')
        {
                if(self::$_logger===null)
                        self::$_logger=new CLogger;
                if(YII_DEBUG && YII_TRACE_LEVEL>0 && $level!==CLogger::
LEVEL_PROFILE)
                {
                        $traces=debug_backtrace();
                        $count=0;
                        foreach($traces as $trace)
                        {
                                if(isset($trace['file'],$trace['line'])
 && strpos($trace['file'],YII_PATH)!==0)
                                {
                                        $msg.="\nin ".$trace['file']
.' ('.$trace['line'].')';
                                        if(++$count>=YII_TRACE_LEVEL)
                                                break;
                                }
                        }
                }
                self::$_logger->log($msg,$level,$category);
        }
    }
```

从 trace()方法源码中可以看出，其只在当应用程序运行在“调试模式”时才会记录日志信息，并且 trace()可以看作是 log()写入等级“trace”日志的特例。

提示： 根目录的入口文件“index.php”文件中的如下代码决定了应用程序是否处于“调试模式”：“defined('YII_DEBUG') or define('YII_DEBUG',true);”。

从 log()源码中可以看出，日志信息可以通过 CLogger::getLogs()返回并且可以使用 CLogRouter 记录在不同媒体上。例如，把日志记录到文件中，或发送 Email 邮件，或记录到数据库中等，基本使用方法示例如下。

```
class TestController extends CController{
    public function actionLog()
    {
        $category='system.controllers.testController';
        $level=CLogger::LEVEL_INFO;
        $msg='action begin ';
        Yii::log($msg,$level,$category);
    }
}
```

在浏览器中访问定义的 actionLog()，效果如图 13-5 所示。

```
http://hostname/index.php?r=test/log
```

程序日志			
时间	等级	类别	信息
21:37:51.142967	info	system.controllers.testController	action begin

图 13-5 Yii::log()方法在页面中显示效果图

在主配置文件中也配置了把日志保存到/protected/runtime/application.log 文件中，日志记录如下。

```
2015/07/01 21:37:51 [info] [system.controllers.testController] action begin
```

13.4 小结

本章主要介绍了 Yii 框架中的日志记录系统。首先介绍 Apache 服务器是如何记录访问日志和错误日志的，然后介绍 PHP 语言如何通过修改配置项或在程序中调用日志方法，来生成日志文件，最后，在了解了 Apache 和 PHP 的日志功能之后，读者就会更好地理解 Yii 框架的日志功能的设计思路以及相关方法的使用方式。

第 14 章 URL 重写

随着互联网的飞速发展，越来越多的企业选择建立网站进行企业宣传和网络办公。网站建成后比较重要的是进行推广，目前大多数企业选择利用搜索引擎进行网站推广，因此要增强网站 URL 地址的可读性和让搜索引擎快速收录网站，这需要用 URL 重写技术优化网页的 URL 地址。

本章首先介绍 URL 的格式及良好 URL 的设计原则。

14.1 关于 URL

URL（Uniform Resource Locator，统一资源定位符）是用于完整地描述 Internet 上网页和其他各种资源地址的一种标识方法。本节介绍关于 URL 的基本内容，包括 URL 的语法格式和各部分的意义，以及常用 URL 协议的类型等。

14.1.1 URL 组成

URL 的语法格式如下。

```
protocol :// hostname[:port] / path / [;parameters][?query]#fragment
```

上述语法格式代表了 URL 中 7 个组成部分，格式各部分的说明如下。

1. protocol（协议）

指定使用的传输协议，下面列出 protocol 属性的有效方案名称。最常用的是 HTTP 协议，它也是目前万维网（WWW）中应用最广的协议。

- file 资源是本地计算机上的文件。

- ftp 通过 FTP 访问资源。
- gopher 通过 Gopher 协议访问该资源。
- http 通过 HTTP 访问该资源。
- https 通过安全的 HTTPS 访问该资源。
- mailto 资源为电子邮件地址，通过 SMTP 访问。
- MMS 通过支持 MMS（流媒体）协议播放该资源。

2．hostname（主机名）

hostname 是指存放资源的服务器的域名系统（DNS）主机名或 IP 地址。有的时候，在主机名前也可以包含连接到服务器所需的用户名和密码（格式：username:password@hostname）。

3．port（端口号）

范围为整数 1～65535，可选，各种传输协议都有默认的端口号，如 HTTP 的默认端口为 80，如果输入时省略，则使用默认端口号。有时，出于安全或其他方面的考虑，可以在服务器上对端口进行重新定义，即采用非标准端口号。此时，URL 中就不能省略端口号这一项。

4．path（路径）

由零或多个“/”符号隔开的字符串，一般用来表示主机上的一个目录或文件地址。

5．parameters（参数）

这是用于指定特殊参数的可选项。

6．query（查询）

可选，用于给动态网页传递参数，可有多个参数，用“&”符号隔开，每个参数名和值用“=”符号隔开。

7．fragment（信息片断）

字符串，用于指定网络资源中的片断。例如，一个网页中有多个名词解释，可使用 fragment 直接定位到某一名词解释。

14.1.2 良好 URL 设计原则

URL 是统一资源定位，即每个网页的网址、路径。网站文件的目录结构直接体现于

URL。清晰简短的目录结构和规范的命名能给网站带来的好处简述如下。

- 有利于搜索引擎的抓取。因为现在大部分搜索引擎更喜欢抓取一些静态页面，而现在页面大部分数据都是动态显示的，这就需要把动态页面变成静态页面，这样才有利于搜索引擎抓取。
- 用户更容易记忆。虽然很少有用户关心网站页面地址，但对于大中型网站来说，使用用户容易记住的网址还是必要的。
- 隐藏实现技术。避免暴露采用的技术，给攻击网站增加难度。特别是前面讲的攻击方式，把参数隐藏起来，在一定程度增加了攻击的难度。

结合实际应用，整理出URL的设计原则如下。

- 简单易记。
- 由主到次的分层体现，给用户很好的认识。
- 使用小写加下划线的形式。
  例如，把"/sjzcj/jsj"重写成"/sjzcj_jsj"形式，其目的是有利于搜索引擎优化，一般搜索引擎会把有无斜杠保存成不同的路径。
- 提前设计好整站的URL格式。
  在网站建设时全面做好 URL 重写设计方案，为以后节省工作量，全面提高网站质量。
- URL和真实文件路径保持一致。
  这样的优点是可以快速找到相关的文件。
- 对于专题或者专门的软件下载页面可以使用简短路径。
  例如，"/sjzcj/files/zhaosheng.doc"可以映射为"/zhaosheng.doc"。缩短访问路径会便于搜索引擎优化，另外便于告知用户下载文件，只是指向一个Word文件而已。

了解了良好URL地址的设计原则，接下来就需要使用重写技术来优化网站的URL。

URL 重写是把用户对页面的访问请求重新定向到另外格式的 URL 的操作。例如，把用户访问"/sjzcj/jsj/1"重新定向到"sjzcj.php?jsj=1"。

下面先介绍利用Apache服务器重写模块实现重写的方法。

14.2 初步认识 Apache 重写模块

Apache 重写模块能够改变传入 URL 请求，并直接把客户引导到新的、被修改后的 URL 地址。源文件为“mod_rewrite.c”，编译后生成文件“mod_rewrite.so”，模块名为“rewrite_module”，包含指令有 RewriteEngine、RewriteRule 等。

首先介绍一个典型 URL 重写例子。例如，URL 显示访问 test.html，实际访问的是 test.php 文件，步骤如下（假设 Apache 服务器根目录是 E:/wamp/www/rewrite）。

首先配置 Apache。使用 LoadModule 指令加载编译后的模块文件“mod_rewrite.so”，目的是使用该模块中的指令。

> **提示：** LoadModule 指令作用是加载目标文件，添加到活动模块列表。使用方法为：
> LoadModule　模块名　文件路径及文件名

在 httpd.conf 里把以下所示的这一行代码前面的注释符号#去掉，使该行代码生效。

```
LoadModule  rewrite_module  modules/mod_rewrite.so
```

在对应的<Directory "E:/wamp/www/rewrite">配置项下设置 AllowOverride All，目的是确定在“E:/wamp/www/rewrite”目录下“.htaccess 文件”生效，并允许调用存在于.htaccess 文件中的指令。

> **提示：** .htaccess 文件是 Apache 服务器目录级的配置文件，其中包含的指令作用于此目录及其所有子目录。

至此，主配置文件 httpd.conf 文件配置完毕。下面我们来创建测试文件。在服务器根目录下创建“rewrite”文件夹，并分别创建 test.html、test.php 和.htaccess 文件。

在 test.html 文件中输入：

```
<h1>This is the HTML file.</h1>
```

在 test.php 文件中输入：

```
<h1>This is the PHP file.</h1>
```

在.htaccess 文件中输入：

```
RewriteEngine on
RewriteRule  test.html  test.php
```

重启 Apache 后，访问 http://hostname/rewrite/test.html，输出内容如下：

```
This is the PHP file.
```

由此可以说明，Apache 重写模块按照定义的重写规则，把访问 test.html 的请求重定向访问 test.php。

以下是对.htaccess 中每一行代码的解释。

（1）RewriteEngine on

RewriteEngine 指令的详细说明见表 14-1。

表 14-1 RewriteEngine 指令

说明	打开或关闭运行时的重写引擎
语法	RewriteEngine on|off
默认值	RewriteEngine off（默认是关闭）

RewriteEngine 指令作用是打开或关闭运行时的重写引擎。如果设置为 off，则此模块在运行时不执行任何重写操作，也就是说，不需要注释其他的重写模块的指令，如 RewriteRule 指令等。

（2）RewriteRule test.html test.php

该规则的作用是建立一条重写规则，把“test.html”重写为“test.php”。“test.html”代表一个作用于当前 URL 的正则表达式。“当前 URL”是指该规则生效时刻的 URL 的值。“test.php”代表当已经匹配成功时，被完全替换的内容。RewriteRule 指令的详细说明见表 14-2。

表 14-2 RewriteRule 指令

说明	定义重写的规则
语法	RewriteRule Pattern rewritePattern [flags]

“pattern”（模板）是一个正则表达式，用以匹配当前的 URL。

正则表达式的一些用法示例见表 14-3。

表 14-3 正则表达式示例

字　符	说　明
.	换行符以外的所有字符
\w	匹配字母、数字、下划线或汉字

（续）

字　符	说　明
\s	匹配任意的空白符
\d	匹配数字
\b	匹配单词的开始或结束
^	匹配字符串的开始
$	匹配字符串的结束
*	重复零次或更多次
+	重复一次或更多次
?	重复零次或一次
{n}	重复 n 次
{n,}	重复 n 次或更多次
{n,m}	重复 n～m 次
[0-9]	匹配单个数字

rewritePattern（重写模板），其作用是当原始 URL 与“pattern”相匹配时，用来替换的字符串。举例说明 RewriteRule 的用法。

```
RewriteRule  index.html  index.php
```

该规则的作用是把访问“http://hostname/index.html”重写到访问“http://hostname/index.php”。

```
RewriteRule  ^test([0-9]*).html$  test.php?id=$1
```

该规则的作用是把访问“http://hostname/test8.html”重写到访问“http://hostname /test.php?id=8”。

```
RewriteRule  ^cat-([0-9]+)-([0-9]+)\.html$  cat.php?id1=$1&id2=$2
```

该规则的作用是把访问“http://hostname/cat-1-3.html”重写到访问“http://hostname t/cat.php?id1=1&id2=3”。

```
RewriteRule  ^cat-([a-zA-Z0-9\-]*)-([0-9]+)-([0-9]+)\.html$  cat.php?id0
=$1&id1=$2&id2=$3
```

该规则的作用是把访问“http://hostname/cat-zbc2ac-3-5.html”重写到访问“http://hostname /cat.php?id0=zbc2ac&id1=3&id2=5”。

```
RewriteRule  ^cat1-([0-9]+)-([0-9]+)-([0-9]+)\.html$  cat1.php?id1=$1&id
```

```
2=$2&id3=$3
```

该规则的作用是把访问“http://hostname/cat1-4-3-8.html”重写到访问“http:// hostname/cat1.php?id1=4&id2=3&id3=8”。

```
RewriteRule  ^cat([0-9]*)/$  cat.php?id1=$1
```

该规则的作用是把访问“http://hostname /cat5/”重写到访问“http:// hostname/cat. php?id1=5”。

```
RewriteRule  ^catm([0-9]*)/([0-9]*)/$  catm.php?id1=$1&id2=$2
```

该规则的作用是把访问“http://hostname/catm6/3/”重写到访问“http://hostname/catm.php?id1=6&id2=3”。

注意：应用替换时，前面 pattern 第一个“( )”中匹配的内容，在后面 rewritePattern 中用$1 引用，第二个“( )”中匹配的内容，用$2 引用，以此类推。

实现 URL 的重写除了可以使用 Apache 的重写模块，在没有权限配置服务器的情况下，还可以使用代码实现 URL 重写，Yii 框架就提供了完善的 URL 重写功能。下面一节中将介绍 Yii 框架的 URL 管理部分是如何实现的。

14.3 Yii 框架的 URL 管理

Web 应用程序完整的 URL 管理包括两个方面。首先，当用户请求约定的 URL，应用程序需要解析它变成可以理解的参数。其次，应用程序需求提供一种创造 URL 的方法，以便创建的 URL 应用程序可以理解。

下面先来介绍 Yii 框架如何创建 URL。

14.3.1 创建 URL

通常视图文件中的链接会包含一个 URL，虽然 URL 可以被完整地写在视图文件中，但往往需要灵活、动态地创建它们。在视图文件中，可以使用 CController 中的 createUrl() 方法创建 URL，该方法说明见表 14-4。

表 14-4 CController 的 createUrl()方法

public string createUrl(string $route, array $params=array ( ), string $ampersand='&')		
$route	string	指定请求的路由
$params	array	列出了附加在网址中的 GET 参数

（续）

public string createUrl(string $route, array $params=array ( ), string $ampersand='&')		
$ampersand	string	GET 参数之间的分隔符，默认为“&”
{return}	string	返回以 GET 格式创建的 URL

通过下面的例子，进一步学习如何使用上述方法创建 URL。首先在 protected/controllers/TestController.php 文件中创建 actionTestUrl()。

```
class TestController extends CController{
    public function actionTestUrl(){
        $this->renderPartial("testUrl");
    }
```

该方法只需要渲染一个视图文件即可，然后在 protected/views/test 目录下创建 testUrl.php 视图文件：

```
<a href="<?php echo $this->createUrl("test/getId",array('id'=>100));?>">
执行 TestController 中的 actionGetId()</a>
```

该视图文件中包含一个链接标签“<a>”，链接的地址是由 createUrl()创建的 URL。第一个参数“test/getId”表示指定请求的路由是 TestController 控制器中的 actionGetId()方法，第二个参数“array('id'=>100)”表示附加在 URL 中的 GET 参数是“id=100”，接下来我们在 protected/controllers/TestController.php 中创建 actionGetId()：

```
class TestController extends CController{
    ......
    public function actionGetId($id){
        echo '获得$_GET["id"]='.$id;
    }
```

最后进行验证，在浏览器中输入 http://hostname/index.php?r=test/testUrl，调用 TestController 控制器中的 actionGetId()方法，正常执行后，会在浏览器中显示链接“执行 TestController 中的 actionGetId()”，单击该链接后，跳转到如下 URL。

```
http://hostname/index.php?r=test/getId&id=100
```

该地址就是“$this->createUrl("test/getId",array('id'=>100))”返回的 URL，执行后页面显示内容如下，流程如图 14-1 所示。

```
获得$_GET["id"]=100
```

为了深入了解 Yii 框架，分析一下 CController 的 createURL()方法的源码。

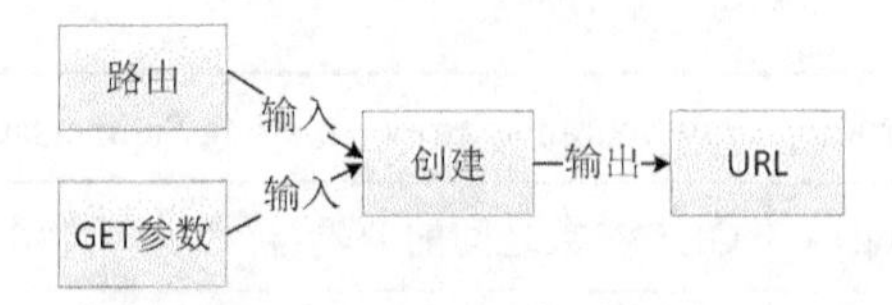

图 14-1 创建 URL 流程图

```
    class CController extends CBaseController
    {
          /**
           * Creates a relative URL for the specified action defined in this
controller.
           * @param string $route the URL route. This should be in the format
 of 'ControllerID/ActionID'.
           * If the ControllerID is not present, the current controller ID will
 be prefixed to the route.
           * If the route is empty, it is assumed to be the current action.
           * If the controller belongs to a module, the {@link CWebModule::
getId module ID}
           * will be prefixed to the route. (If you do not want the module
ID prefix, the route should start with a slash '/'.)
           * @param array $params additional GET parameters (name=>value).
Both the name and value will be URL-encoded.
           * If the name is '#', the corresponding value will be treated as
an anchor
           * and will be appended at the end of the URL.
           * @param string $ampersand the token separating name-value pairs
in the URL.
           * @return string the constructed URL
           */
          public function createUrl($route,$params=array(),$ampersand='&')
          {
                  if($route==='')
                          $route=$this->getId().'/'.$this->getAction()->getId();
                  elseif(strpos($route,'/')===false)
                          $route=$this->getId().'/'.$route;
                  if($route[0]!=='/' && ($module=$this->getModule())!==null)
                          $route=$module->getId().'/'.$route;
                  return Yii::app()->createUrl(trim($route,'/'),$params,$ampersand);
          }
          ......
    }
```

在 CController::createUrl()方法的最后一行调用了应用实例的 createUrl()方法，即 CApplication 的 createUrl()方法，源码如下。

```
    abstract class CApplication extends CModule
    {
```

```
        /**
         * Creates a relative URL based on the given controller and action
information.
         * @param string $route the URL route. This should be in the format
 of 'ControllerID/ActionID'.
         * @param array $params additional GET parameters (name=>value).
Both the name and value will be URL-encoded.
         * @param string $ampersand the token separating name-value pairs
in the URL.
         * @return string the constructed URL
         */
        public function createUrl($route,$params=array(),$ampersand='&')
        {
                return $this->getUrlManager()->createUrl($route,$params,
$ampersand);
        }
        /**
         * Returns the URL manager component.
         * @return CUrlManager the URL manager component
         */
        public function getUrlManager()
        {
                return $this->getComponent('urlManager');
        }
        ......
    }
```

终于找到了 Yii 框架中管理 URL 的组件 urlManager，即 framework/web/CUrlManager.php 文件中的 CUrlManager 类。

在下面的内容中，一起分析 CUrlManager 是如何解析 URL 的。

14.3.2 解析 URL

当用户请求约定的 URL，应用程序在“urlManager”应用组件的帮助下，分析出请求的控制器和动作方法，并且把附加在 URL 中的 GET 参数赋值给“actionXxx()”方法中的参数。例如，上一节中的 URL。

```
http://hostname/index.php?r=test/getId&id=100
```

应用程序解析后就会执行 TestController 控制器中的 actionGetId()方法，并且把“100”赋值给 actionGetId()的参数$id，因此，页面显示内容为：

```
获得$_GET["id"]=100
```

该程序执行流程如图 14-2 所示。

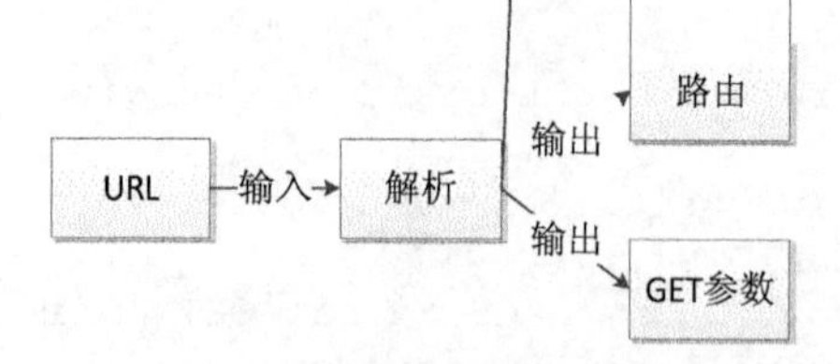

图 14-2　解析 URL 流程图

这里不过多地介绍 Yii 框架整体的执行流程，读者只需要知道解析用户请求的 URL 是由 CUrlManager 的 parseUrl()方法完成，该方法源码如下。

```
    /**
     * Parses the user request.
     * @param CHttpRequest $request the request application component
     * @return string the route (controllerID/actionID) and perhaps GET
parameters in path format.
     */
    public function parseUrl($request)
    {
            if($this->getUrlFormat()===self::PATH_FORMAT)
            {
                    $rawPathInfo=$request->getPathInfo();
                    $pathInfo=$this->removeUrlSuffix($rawPathInfo,
$this->urlSuffix);
                    foreach($this->_rules as $i=>$rule)
                    {
                            if(is_array($rule))
                                    $this->_rules[$i]=$rule=
Yii::createComponent($rule);
                            if(($r=$rule->parseUrl($this,$request,
$pathInfo,$rawPathInfo))!==false)
                                    return isset($_GET[$this->routeVar])
 ? $_GET[$this->routeVar] : $r;
                    }
                    if($this->useStrictParsing)
                            throw new CHttpException(404,Yii::t('yii','
Unable to resolve the request "{route}".',
                                    array('{route}'=>$pathInfo)));
                    else
                            return $pathInfo;
            }
            elseif(isset($_GET[$this->routeVar]))
                    return $_GET[$this->routeVar];
            elseif(isset($_POST[$this->routeVar]))
                    return $_POST[$this->routeVar];
            else
                    return '';
    }
```

在 Yii 框架创建应用的时候，会把 CUrlManager 作为核心组件进行初始化，如果设置的 URL 模式是“path”模式（默认是“get”模式），则通过配置“rules”数组创建路由规则对象，然后根据路由规则获取内部路由，当路由全部都不匹配的时候，会根据设置的“useStrictParsing”参数决定抛出一个 404 错误，并返回$pathinfo（路径信息）。如果不是“path”模式的话，会通过$_GET 或者$_POST 返回 r 后面的参数作为路由。为了更好地理解 URL 是如何解析的，可参考下一小节的内容。

14.3.3 URL 模式

Yii 框架进行访问的方式是基于控制器和动作，由于 Yii 框架的应用采用单一入口文件来执行，因此网站的所有的控制器和动作都通过 URL 的参数来访问和执行。这样一来，传统方式的文件入口访问会变成由 URL 的参数来统一解析和调度。

Yii 支持两种 URL 模式，可以通过设置 urlFormat 参数来定义，包括“get”模式和“path”模式。默认情况下，Yii 的 URL 模式是“get”模式。例如，提供“test/getId”和“array('id'=>100)”两个参数创建 URL 时，得到如下 URL。

```
http://hostname/index.php?r=test/getId&id=100
```

该 URL 中入口文件 index.php 后面的参数是以一系列“name=value”格式串联起来的字符串，这种 URL 格式用户友好性不是很好，因为它需要一些非字字符。如果需要使上述网址看起来更简洁，可以采用“path”模式，省去了“?r=”、“&”和“=”，改为用“/”作为分隔符。上面的 URL 改为用“path”模式表示后格式如下。

```
http://hostname/index.php/test/getId/id/100
```

由前面两小节可知，Yii 框架管理 URL 的组件是“urlManager”，该组件在应用创建时就被加载了，如果需要 Yii 框架能够正确地创建和解析“path”模式的 URL，就需要在应用配置文件中配置 urlManager 组件。打开 protected/config/main.php，把“urlManager”组件中的“urlFormat”设置成“path”，代码如下所示。

```
array(
    ......
    'components'=>array(
        ......
        'urlManager'=>array(
            'urlFormat'=>'path',
        ),
    ),
);
```

配置文件修改完后，如果再想调用 TestController 控制器的 actionTestUrl()方法，在浏览器中输入的 URL 就需要使用“path”模式，URL 如下。

```
http://hostname/index.php/test/testUrl
```

浏览器访问该地址后，查看生成的源码如下。

```
<a href="/index.php/test/getId/id/100">执行 TestController 中的 actionGetId()</a>
```

由此可知，“$this->createUrl("test/getId",array('id'=>100))”生成的 URL 也会变成“path”模式。

提示：通过 createUrl()方法所产生的是一个相对地址。如果需要得到的 URL 是一个绝对地址，那么可以调用 createAbsoluteUrl()方法。

14.3.4 实现伪静态

网站静态化是最近一个比较受关注的话题，通常为了更好地缓解服务器压力和增强搜索引擎的友好面，可将文章内容生成静态页面，但是为了实时地显示一些信息，或者还想运用动态脚本解决一些问题，不能用静态的方式来展示内容，这样就损失了对搜索引擎的友好面。怎样在两者之间找个中间方法呢？这就产生了伪静态技术，就是展示出来的是“.html”一类的静态页面形式，而实际上是用 PHP 动态脚本来处理的。这是当前利用动态技术进行网站开发中，实现网站静态化的关键手段。

Yii 应用实现伪静态，首先需要配置成“path”模式，然后在应用配置文件中给“urlManager”组件的配置数组添加“urlSuffix”元素，并给其赋值为“.html”，代码如下所示。

```
array(
    ......
    'components'=>array(
        ......
        'urlManager'=>array(
            'urlFormat'=>'path',
            'urlSuffix'=>'.html',
        ),
    ),
);
```

在配置文件中配置完后，就能够解析带有“.html”后缀的 URL。例如，访问如下 URL。

```
http://www.democode.com/dscms/index.php/test/testUrl.html
```

浏览器访问该地址后，查看生成的源码如下。

```
<a href="/index.php/test/getId/id/100.html">执行 TestController 中的 actionGetId()</a>
```

由此可见，创建 URL 时也会自动添加“.html”后缀。

14.3.5 带有正则表达式的 URL 规则

上面几节的内容都是在把 URL 变得越来越友好，本小节内容是希望把如下格式的 URL 进行扁平化处理，使得 URL 的用户体验更加友好。

```
http://hostname/index.php/控制器/方法/参数/值/参数/值/参数/值
```

例如，可以产生一个简短的 index.php/test/100.html，而不是冗长的/index.php/test/getId/id/100.html。

在创建和解析时，如何实现把冗长的 URL 替换成简短的 URL 呢？通常的做法是使用带有正则表达式的 URL 规则。因为 URL 的创建和解析都要按照 CUrlManager 的属性 rules 指定的 URL 规则进行变化处理。例如，设置 URL 规则如下。

```
array(
      ……
      'components'=>array(
           ……
           'urlManager'=>array(
                'urlFormat'=>'path',
                'urlSuffix'=>'.html',
                'rules'=>array(
                     'test/<id:\d+>'=>'test/getId',
                ),
           ),
      ),
);
```

URL 规则“test/<id:\d+>'=>'test/getId”由两部分组成：

- 前面的是有效的正则表达式，是我们看到的路径。尖括号“<>”代表正则表达式的开始和结束，“id”为要匹配的字符串，“\d”匹配一个数字字符，“+”表示匹配前面的子表达式一次或多次。
- 后面的是真正存在的控制器和方法，是真正走的路由。表示访问的是控制器 TestController 中的 actionGetId()方法。

设置完 URL 规则后，调用创建 URL 的 createUrl()方法测试规则是否生效。

```
echo $this->createUrl("test/getId",array('id'=>100));
```

该方法的两个参数决定哪个 URL 规则适用，第一个参数“test/getId” 指定请求路由，和规则中指定的路由一致；第二个参数“array('id'=>100)” 附加网址中的 GET 参数，其中的“id”也能在规则中找到，因此，就会生成如下 URL。

```
/index.php/test/100.html
```

为了更好地理解 CUrlManager 的属性 rules 指定的 URL 规则，我们来看一个复杂一些的例子。首先在 TestController 中创建一个带有 3 个参数的方法，代码如下所示。

```
class TestController extends CController{
      ……
      public function actionTestLongUrl($a,$b,$c){
            echo "a=".$a." b=".$b." c=".$c;
      }
}
```

如果在调用这个方法时的参数分别为 100、200、300，那么调用该方法的 URL 为：

```
http://hostname/index.php/test/testLongUrl/a/100/b/200/c/300.html
```

当然，用户不希望 URL 过于冗长，那么能否使用如下简短格式的 URL 替换呢？

```
http://hostname/index.php/test/100-200-300.html
```

到了 CUrlManager 的属性 rules 发挥作用的时候了，添加如下 URL 规则。

```
array(
      ……
      'components'=>array(
            ……
            'urlManager'=>array(
                'urlFormat'=>'path',
                'urlSuffix'=>'.html',
                'rules'=>array(
                    'test/<id:\d+>'=>'test/getId',
                    'test/<a:\d+>-<b:\d+>-<c:\d+>'=>'test/testLongUrl',
                ),
            ),
      ),
);
```

最后我们使用如下代码进行验证，验证结果达到了之前希望优化 URL 的目的。

```
echo $this->createUrl("test/testLongUrl",array("a"=>100,"b"=>200,"c"=>300));
```

总之，在 URL 创建和解析时，都会使用路由和 GET 参数匹配 URL 规则进行变化处理，当然，如果没有找到适合的网址规则，则不进行 URL 变化。

14.3.6 一个规则匹配多个路由

在上一小节中设置的 URL 规则，只能匹配一条路由。为了减少应用程序所需规则的数量，提高整体性能，本小节介绍如何允许一个规则匹配多个路由。

为了便于理解，我们举一个例子，如本书中我们一直在开发的内容管理系统，其中包含文章管理和产品管理，这两部分中都有“创建”的动作。文章管理和产品管理分别用两个控制器表示，创建动作用 actionCreate() 方法表示，代码如下。

```
//文章管理
class ArticleController extends Controller{
      public function actionCreate($id){
            echo "创建一篇文章，其 id 为".$id;
      }
      ……
}
//产品管理
class ProductController extends Controller{
      public function actionCreate($id){
            echo "创建一个产品，其 id 为".$id;
      }
      ……
}
```

假如我们希望访问“index.php/article/100.html”时，URL 解析为路由 article/create，GET 参数为“id=100”；访问“index.php/product/200.html”时，URL 解析为路由 product/create，GET 参数为“id=200”，则需要添加如下 URL 规则。

```
array(
      ……
      'components'=>array(
            ……
            'urlManager'=>array(
                'urlFormat'=>'path',
                'urlSuffix'=>'.html',
                'rules'=>array(
                    ……
                    '<controllers:(article|product)>/<id:\d+>' =>
'<controllers>/create',
                ),
            ),
      ),
);
```

其中<controllers>称为路由参数，由 controllers:(article|product)可知，它包含两个值 article 和 product。

接下来我们验证设置的规则是否能够正确地创建和解析 URL。首先，在视图文件 /protected/views/test/testUrl.php 中添加如下代码：

```
<a href="<?php echo $this->createUrl("article/create",array('id'=>100));
?>">执行 ArticleController 中的 actionCreate()</a>
```

```
    </br>
    <a href="<?php echo $this->createUrl("product/create",array('id'=>200));
?>">执行 ProductController 中的 actionCreate()</a>
```

渲染该视图文件后，得到的源码为：

```
    <a href="/index.php/article/100.html">执行ArticleController中的actionCreate()</a>
    </br>
    <a href="/index.php/product/200.html">执行ProductController中的actionCreate()</a>
```

分别单击两个链接后，分别执行 ArticleController 控制器中的 actionCreate()方法和 ProductController 控制器中的 actionCreate()方法。输出内容如下：

```
    创建一篇文章，其 id 为 100
    创建一个产品，其 id 为 200
```

验证结果说明设置的规则可以匹配两个路由。假如用户希望设置的规则匹配所有控制器中的“actionCreate()”方法，则可以把路由参数的值设置为正则表达式“\w+”（表示 1 个或多个字符），规则如下所示。

```
    '<controllers:\w+>/<id:\d+>' => '<controllers>/create',
```

14.3.7 规则源码分析

对于每条路由规则，CUrlManager 都会创建一个 CUrlRule 对象来处理这条规则，有几条规则就会有几个 CUrlRule 对象，因此，CUrlRule 才是 URL 管理的核心所在。CUrlRule 类组成如图 14-3 所示。

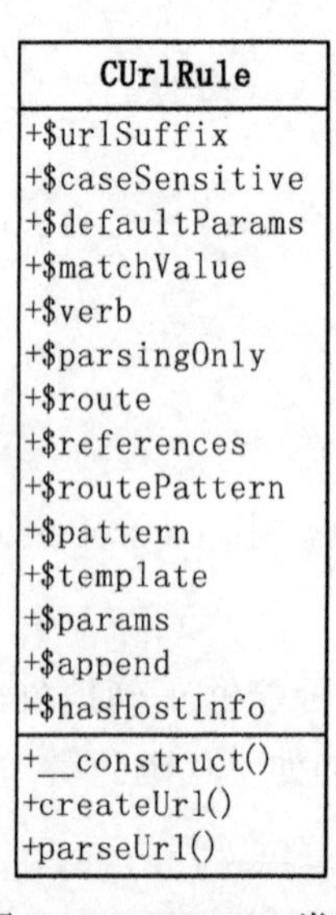

图 14-3　CUrlRule 类图

以如下路由规则为例来分析 CUrlRule 的工作原理。

```
'rules'=>array(
      '<controllers:(article|product)>/<id:\d+>' => '<controllers>/create',
),
```

每个 CUrlRule 对象处理 URL 的过程可以分为以下 3 个阶段。

1. 初始化 CUrlRule 对象

在 CUrlRule 对象的构造函数中，会初始化其实例对象的成员变量。CUrlRule 的构造函数源码如下。

```
class CUrlRule extends CBaseUrlRule
{
      ……
      /**
       * Constructor.
       * @param string $route the route of the URL (controller/action)
       * @param string $pattern the pattern for matching the URL
       */


      public function __construct($route,$pattern)
      {
              if(is_array($route))
              {
                      foreach(array('urlSuffix', 'caseSensitive',
'defaultParams', 'matchValue', 'verb', 'parsingOnly') as $name)
                      {
                              if(isset($route[$name]))
                                      $this->$name=$route[$name];
                      }
                      if(isset($route['pattern']))
                              $pattern=$route['pattern'];
                      $route=$route[0];
              }
              $this->route=trim($route,'/');
              $tr2['/']=$tr['/']='\\/';

              if(strpos($route,'<')!==false && preg_match_all('/<(\w+)>/'
,$route,$matches2))
              {
                      foreach($matches2[1] as $name)
                              $this->references[$name]="<$name>";
              }
              $this->hasHostInfo=!strncasecmp($pattern,'http://',7) ||
!strncasecmp($pattern,'https://',8);
```

```
                if($this->verb!==null)
                        $this->verb=preg_split('/[\s,]+/',strtoupper($this->
verb),-1,PREG_SPLIT_NO_EMPTY);

                if(preg_match_all('/<(\w+):?(.*?)?>/',$pattern,$matches))
                {
                        $tokens=array_combine($matches[1],$matches[2]);
                        foreach($tokens as $name=>$value)
                        {
                                if($value==='')
                                        $value='[^\/]+';
                                $tr["<$name>"]="(?P<$name>$value)";
                                if(isset($this->references[$name]))
                                        $tr2["<$name>"]=$tr["<$name>"];
                                else
                                        $this->params[$name]=$value;
                        }
                }
                $p=rtrim($pattern,'*');
                $this->append=$p!==$pattern;
                $p=trim($p,'/');
                $this->template=preg_replace('/<(\w+):?.*?>/','<$1>',$p);

                $this->pattern='/^'.strtr($this->template,$tr).'\/';
                if($this->append)
                        $this->pattern.='/u';
                else
                        $this->pattern.='$/u';
                if($this->references!==array())
                        $this->routePattern='/^'.strtr($this->route,$tr2).'$/u';
                if(YII_DEBUG && @preg_match($this->pattern,'test')===false)
                        throw new CException(Yii::t('yii','The URL pattern "
{pattern}" for route "{route}" is not a valid regular expression.',
                                array('{route}'=>$route,'{pattern}'=>$pattern)));
        }
```

在浏览器中访问 URL“http:// hostname /index.php/test/testUrl.html”，依据设置好的 URL 规则，在 CUrlRule 构造函数中把重要的成员变量初始化为如下所示值。

```
route=<controllers>/create
references=Array([controllers] => <controllers>)
params=Array([id] => \d+)
template=<controllers>/<id>
pattern=<controllers:(article|product)>/<id:\d+>
routePattern=/^(?P<controllers>(article|product))\/create$/u
```

这 6 个重要的成员变量用途见表 14-5。

表 14-5　　CUrlRule 部分成员变量

成员变量名称	用　途
route	路由（控制器/动作）
references	路由参数，在解析时使用
params	URL 中的 GET 参数，在解析时使用
template	创建 URL 的模板，并记录 URL 的组成字段，在创建 URL 时使用
pattern	用于对 URL 进行匹配的正则表达式，在解析 URL 时使用
routePattern	用于对路由进行匹配的正则表达式，在创建 URL 时使用

CUrlRule 对象初始化完毕后，会用在后面的创建和解析相关方法中。

2．创建 URL 源码分析

在 14.3.1 节中分析了创建 URL 相关方法的调用流程，如图 14-4 所示。

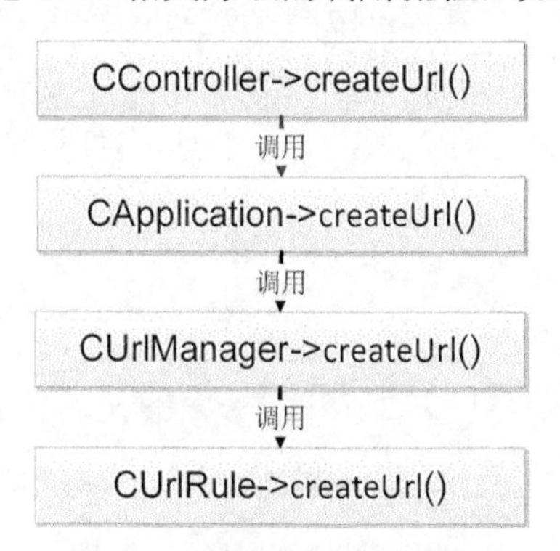

图 14-4　创建 URL 方法调用图

例如，在视图文件/protected/views/test/testUrl.php 中执行创建 URL 的代码。

```
    <a href="<?php echo $this->createUrl("article/create",array('id'=>100));
?>">执行 ArticleController 中的 actionCreate()</a>
```

该代码调用的是控制器的 createUrl()方法，代码执行后会调用 CUrlRule 类的 createUrl()方法，该方法源码如下。

```
    class CUrlRule extends CBaseUrlRule
    {
         ……
         /**
          * Creates a URL based on this rule.
```

```
         * @param CUrlManager $manager the manager
         * @param string $route the route
         * @param array $params list of parameters
         * @param string $ampersand the token separating name-value pairs
in the URL.
         * @return mixed the constructed URL or false on error
         */
        public function createUrl($manager,$route,$params,$ampersand)
        {
                if($this->parsingOnly)
                        return false;

                if($manager->caseSensitive && $this->caseSensitive===null
 || $this->caseSensitive)
                        $case='';
                else
                        $case='i';

                $tr=array();
                if($route!==$this->route)
                {
                        if($this->routePattern!==null && preg_match($th-
is->routePattern.$case,$route,$matches))
                        {//根据 routePattern 规则，解析出输入的路由中各个字段
                                foreach($this->references as $key=>$name)
                                        $tr[$name]=$matches[$key];
                         }
                         else
                                return false;
                }
                foreach($this->defaultParams as $key=>$value)
                {
                        if(isset($params[$key]))
                        {
                                if($params[$key]==$value)
                                        unset($params[$key]);
                                else
                                        return false;
                         }
                }

                foreach($this->params as $key=>$value)
                         if(!isset($params[$key]))
                                  return false;

               if($manager->matchValue && $this->matchValue===null ||
$this->matchValue)
               {
                       foreach($this->params as $key=>$value)
```

```
                    {
                              if(!preg_match('/\A'.$value.'\z/u'.$case
,$params[$key]))
                                        return false;
                    }
          }

          foreach($this->params as $key=>$value)
          {
                    $tr["<$key>"]=urlencode($params[$key]);
                    unset($params[$key]);
          }

          $suffix=$this->urlSuffix===null ? $manager->urlSuffix :
$this->urlSuffix;
          $url=strtr($this->template,$tr);//转换 template 模板中特定的字符

          if($this->hasHostInfo)
          {
                    $hostInfo=Yii::app()->getRequest()->getHostInfo();
                    if(stripos($url,$hostInfo)===0)
                              $url=substr($url,strlen($hostInfo));
          }

          if(empty($params))
                    return $url!=='' ? $url.$suffix : $url;

           if($this->append)
                    $url.='/'.$manager->createPathInfo($params,'/',
'/').$suffix;
          else
          {
                   if($url!=='')
                             $url.=$suffix;
                   $url.='?'.$manager->createPathInfo($params,'=',
$ampersand);
          }

          return $url;
     }
  }
```

为了分析 CUrlRule 类的 createUrl()方法的执行流程，下面重新复述一遍本例中的 URL 规则和创建 URL 的方法中调用的参数。

```
'<controllers:(article|product)>/<id:\d+>' => '<controllers>/create',
$this->createUrl("article/create",array('id'=>100))
```

CUrlRule 类的 createUrl()方法中通过执行以下 4 步完成 URL 的创建。

1）根据对路由进行匹配的正则表达式“routePattern”，解析出输入的路由中各个字段。

CUrlRule 构造函数中把“routePattern”初始化为如下所示值。

```
routePattern=/^(?P<controllers>(article|product))\/create$/u
```

使用“routePattern”对输入 route 进行匹配，得到数组。

```
Array([<controllers>] => article)
```

2）将输入的参数数组和上一步解析的数组进行合并。

输入的参数数组为：

```
array('id'=>100)
```

上一步中解析的数组为：

```
Array([<controllers>] => article)
```

两者合并后得到如下数组。

```
Array([<controllers>] => article,[<id>] => 100)
```

3）用合并后的数组对创建 URL 的模板“template”进行替换。

CUrlRule 构造函数中把“template”初始化为如下所示值。

```
template=<controllers>/<id>
```

转换“template”模板中特定的字符，然后赋值给用作返回值的变量$url。

```
$url="article/100";
```

4）依据配置文件中的设置的配置项，添加后缀“.html”和入口文件，创建如下 URL 并作为方法的返回值。

```
/index.php/article/100.html
```

3．解析 URL 源码分析

在 14.3.2 节简单分析了解析 URL 的流程，并且知道了 Yii 框架中解析 URL 是由 CurlManager 类的 parseUrl()方法完成的。又通过分析源码可知，在 CUrlManager 的 parseUrl()方法内部调用了 CUrlRule 类的 parseUrl()方法。该方法源码如下。

```
class CUrlRule extends CBaseUrlRule
{
    ......
```

```
        /**
         * Parses a URL based on this rule.
         * @param CUrlManager $manager the URL manager
         * @param CHttpRequest $request the request object
         * @param string $pathInfo path info part of the URL
         * @param string $rawPathInfo path info that contains the potential
 URL suffix
         * @return mixed the route that consists of the controller ID and
action ID or false on error
         */
        public function parseUrl($manager,$request,$pathInfo,$rawPathInfo)
        {
                if($this->verb!==null && !in_array($request->getRequestType(),
 $this->verb, true))
                        return false;

                if($manager->caseSensitive && $this->caseSensitive===null ||
 $this->caseSensitive)
                        $case='';
                else
                        $case='i';

                if($this->urlSuffix!==null)
                        $pathInfo=$manager->removeUrlSuffix($rawPathInfo,
$this->urlSuffix);

                // URL suffix required, but not found in the requested URL
                if($manager->useStrictParsing && $pathInfo===$rawPathInfo)
                {
                        $urlSuffix=$this->urlSuffix===null ? $manager->
urlSuffix : $this->urlSuffix;
                        if($urlSuffix!='' && $urlSuffix!=='/')
                                return false;
                }

                if($this->hasHostInfo)
                        $pathInfo=strtolower($request->getHostInfo()).rtrim
('/'.$pathInfo,'/');

                $pathInfo.='/';

                if(preg_match($this->pattern.$case,$pathInfo,$matches))
                {
                        foreach($this->defaultParams as $name=>$value)
                        {
                                if(!isset($_GET[$name]))
                                        $_REQUEST[$name]=$_GET[$name]=
$value;
                        }
```

```
                        $tr=array();
                        foreach($matches as $key=>$value)
                        {
                                if(isset($this->references[$key]))
                                        $tr[$this->references[$key]]=$value;
                                elseif(isset($this->params[$key]))
                                        $_REQUEST[$key]=$_GET[$key]=
$value;
                        }
                        if($pathInfo!==$matches[0]) // there're additional
    // GET params
                                $manager->parsePathInfo(ltrim(substr
($pathInfo,strlen($matches[0])),'/'));
                        if($this->routePattern!==null)
                                return strtr($this->route,$tr);
                        else
                                return $this->route;
                }
                else
                        return false;
        }
    }
```

为了分析 CUrlRule 类的 parseUrl()方法的执行流程，下面也重新复述一遍本例中的 URL 规则和用户请求的 URL。

```
'<controllers:(article|product)>/<id:\d+>' => '<controllers>/create',
http://localhost/index.php/article/100.html
```

CUrlRule 类的 parseUrl()方法中通过执行以下 3 步完成 URL 的解析。

1）根据匹配 URL 的正则表达式 pattern 规则，解析出 URL 中的各个字段，获得匹配数组为：

```
Array([controllers] => article,[id] => 100)
```

2）根据路由参数 references 对路由中的引用字段进行替换。

路由参数“references”为：

```
references=Array([controllers] => <controllers>)
```

路由为：

```
<controllers>/create
```

替换后得到如下路由，并返回。

```
article/create
```

3）将 URL 中的 GET 参数 params 中指定的字段添加到$_GET 数组中。

URL 中的 GET 参数 params 为：

```
params=Array([id] => \d+)
```

将 id 添加到$_GET 数组中。

```
$_GET["id"]=100
```

为了便于理解 CUrlRule 对象初始化以及创建和解析 URL，把本节中的内容以图 14-5 的形式表示如下。

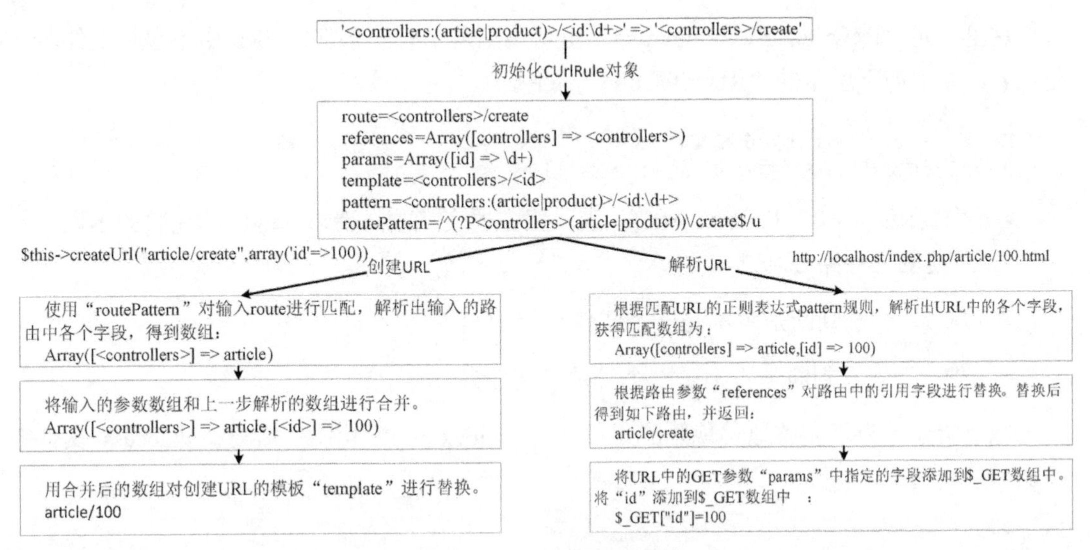

图 14-5 规则源码分析图

14.4 隐藏入口文件 index.php

为了进一步使 URL 清晰简短，可以把 URL 中的入口文件“index.php”隐藏。实现隐藏入口文件，需要使用 Apache 重写模块。

14.4.1 再次使用 Apache 重写模块

在 Apache 服务器根目录下创建“.htaccess”文件，在该文件能够正常生效并且 Apache 服务器已经加载重写模块的情况下，配置重写规则如下：

```
RewriteEngine on
RewriteRule  .  index.php
```

该规则的意思是把访问当前目录下的所有请求，都重写成访问入口文件“index.php”，即URL中没有指明是“index.php”也会认为访问的是该文件。上述规则生效后，假如网站根目录下面包括“admin”目录或者“log.txt”文件，就不能正常访问了。

显然这不是应用程序所希望的，这时就需要使用Apache重写模块的另外一个指令“RewriteCond”来定义重写发生的条件。RewriteCond指令定义一条规则条件。在一条RewriteRule指令前面可能会有一条或多条RewriteCond指令，只有当RewriteCond的条件匹配成功时，RewriteRule的重写规则才被应用于当前URL处理。

这里指定“RewriteRule . index.php”重写规则发生时的条件：URL中不包括文件名和路径名。添加如下所示的“RewriteCond”条件。

```
RewriteCond  %{REQUEST_FILENAME}  !-f
RewriteCond  %{REQUEST_FILENAME}  !-d
```

- “%{REQUEST_FILENAME}”表示服务器变量，与请求相匹配的完整的本地文件系统的文件路径名。
- “!-f”表示判断是否不是一个文件。
- “!-d”表示判断是否不是一个目录（文件夹）。

综上所述，为了完整地实现隐藏入口文件“index.php”功能，需要在.htaccess文件中添加如下代码。

```
RewriteEngine on

# if a directory or a file exists, use it directly
RewriteCond  %{REQUEST_FILENAME}  !-f
RewriteCond  %{REQUEST_FILENAME}  !-d

# otherwise forward it to index.php
RewriteRule  .  index.php
```

关于指令RewriteCond，将在下面的内容中详细介绍。

14.4.2 RewriteCond指令详解

RewriteCond指令说明见表14-6。

“TestString”是一个纯文本的字符串，“CondPattern”是条件模式，即一个应用于当前“TestString”实例的正则表达式。“TestString”将被首先计算，然后与“CondPattern”匹配。当“TestString”能够与“CondPattern”匹配时，RewriteCond之后的RewriteRule才会起作用。

表 14-6 RewriteCond 指令

说明	定义重写发生的条件
语法	RewriteCond TestString CondPattern [flags]

1. TestString 说明

在实现隐藏入口文件中设定的 RewriteCond 为：

```
RewriteCond %{REQUEST_FILENAME} !-f
RewriteCond %{REQUEST_FILENAME} !-d
```

其中的 TestString 是服务器变量，引用方法是：

```
%{NAME_OF_VARIABLE}
```

NAME_OF_VARIABLE 可以是表 14-7 列出的字符串之一。

表 14-7 服务器变量列表

HTTP 头	连接与请求	服务器自身	日期和时间	其　他
HTTP_USER_AGENT	REMOTE_ADDR	DOCUMENT_ROOT	TIME_YEAR	API_VERSION
HTTP_REFERER	REMOTE_HOST	SERVER_ADMIN	TIME_MON	THE_REQUEST
HTTP_COOKIE	REMOTE_PORT	SERVER_NAME	TIME_DAY	REQUEST_URI
HTTP_FORWARDED	REMOTE_USER	SERVER_ADDR	TIME_HOUR	REQUEST_FILENAME
HTTP_HOST	REMOTE_IDENT	SERVER_PORT	TIME_MIN	IS_SUBREQ
HTTP_PROXY_	REQUEST_METHOD	SERVER_PROTOCOL	TIME_SEC	HTTPS
CONNECTION	SCRIPT_FILENAME	SERVER_SOFTWARE	TIME_WDAY	
HTTP_ACCEPT	PATH_INFO		TIME	
	QUERY_STRING			
	AUTH_TYPE			

这些变量都对应于类似命名的 HTTP MIME 头、Apache 服务器的 C 变量、UNIX 系统中的 struct tm 字段，其中的大多数在其他的手册或者 CGI 规范中都有说明。其中为 mod_rewrite 所特有的变量如下。

```
    IS_SUBREQ
    如果正在处理的请求是一个子请求，它将包含字符串"true"，否则就是"false"。模块为了解析URI 中的附加文件，可能会产生子请求。
    API_VERSION
    这是正在使用中的Apache 模块API(服务器和模块之间内部接口)的版本,其定义位于include/ap_mmn.h
```

中。此模块 API 版本对应于正在使用的 Apache 的版本(如在 Apache 1.3.14 的发行版中，这个值是 19990320:10)。通常，对它感兴趣的是模块的开发者。

THE_REQUEST

这是由浏览器发送的完整的 HTTP 请求行(如"GET /index.html HTTP/1.1")。它不包含任何浏览器发送的其他头信息。

REQUEST_URI

这是在 HTTP 请求行中所请求的资源(如上述例子中的"/index.html")。

REQUEST_FILENAME

这是与请求相匹配的完整的本地文件系统的文件路径名。

HTTPS

如果连接使用了 SSL/TLS，它将包含字符串"on"，否则就是"off"(无论 mod_ssl 是否已经加载，该变量都可以安全使用)。

其他注意事项如下。

- SCRIPT_FILENAME 和 REQUEST_FILENAME 包含的值是相同的，即 Apache 服务器内部的 request_rec 结构中的 filename 字段。第一个就是读者都知道的 CGI 变量名，而第二个则是 REQUEST_URI（request_rec 结构中的 uri 字段）的一个副本。
- 特殊形式：%{ENV:variable}，其中的 variable 可以是任意环境变量。它是通过查找 Apache 内部结构或者(如果没找到的话)由 Apache 服务器进程通过 getenv()得到的。
- 特殊形式：%{SSL:variable}，其中的 variable 可以是一个 SSL 环境变量的名字，无论 mod_ssl 模块是否已经加载，都可以使用（未加载时为空字符串）。例如，%{SSL:SSL_CIPHER_USEKEYSIZE}将会被替换为 128。
- 特殊形式：%{HTTP:header}，其中的 header 可以是任意 HTTP MIME 头的名称。它总是可以通过查找 HTTP 请求而得到。例如，%{HTTP:Proxy-Connection}将被替换为 Proxy-Connection:HTTP 头的值。
- 预设形式：%{LA-U:variable}，variable 的最终值在执行一个内部子请求后确定。例如，需要在服务器级配置文件（httpd.conf）中根据 REMOTE_USER 变量进行重写，就必须使用%{LA-U:REMOTE_USER}。因为此变量是由 URL 重写（mod_rewrite）步骤之后的认证步骤设置的。但是另一方面，因为 mod_rewrite 是通过 API 修正步骤来实现目录级配置文件（.htaccess）配置的，而认证步骤先于 API 修正步骤，所以可以用%{REMOTE_USER}。
- 预设形式：%{LA-F:variable}，variable 的最终值在执行一个内部（基于文件名的）子请求后确定。大多数情况下和上述的 LA-U 是相同的。

2. “CondPattern” 说明

CondPattern 是一个 Perl 兼容的正则表达式，但是还有若干增补。

1）可以在 CondPattern 串的开头使用“!”来指定不匹配。

2）CondPattern 有若干特殊的变种。除了正则表达式的标准用法，还有下列用法：

- “<CondPattern”（词典顺序的小于）

将“CondPattern”视为纯字符串，与“TestString”按词典顺序进行比较。如果“TestString”小于“CondPattern”，则为真。

- “>CondPattern”（词典顺序的大于）

将“CondPattern”视为纯字符串，与“TestString”按词典顺序进行比较。如果“TestString”大于“CondPattern”，则为真。

- “=CondPattern”（词典顺序的等于）

将“CondPattern”视为纯字符串，与“TestString”按词典顺序进行比较。如果“TestString”等于“CondPattern”（两个字符串逐个字符比较，完全相等），则为真。如果“CondPattern”是""（两个双引号），则“TestString”将与空字符串进行比较。

- “-d”（目录）

将“TestString”视为一个路径名并测试它是否为一个存在的目录。

- “-f”（常规文件）

将“TestString”视为一个路径名并测试它是否为一个存在的常规文件。

- “-s”（非空的常规文件）

将“TestString”视为一个路径名并测试它是否为一个存在的、尺寸大于 0 的常规文件。

- “-l”（符号连接）

将“TestString”视为一个路径名并测试它是否为一个存在的符号连接。

- “-x”（可执行）

将“TestString”视为一个路径名并测试它是否为一个存在的、具有可执行权限的文件。该权限由操作系统检测。

- “-F”（对子请求存在的文件）

检查“TestString”是否为一个有效的文件，而且可以在服务器当前的访问控制配置下被访问。它使用一个内部子请求来做检查，因为会降低服务器的性能，所以需谨慎使用。

- “-U”（对子请求存在的 URL）

检查“TestString”是否为一个有效的 URL，而且可以在服务器当前的访问控制配置下被访问。它使用一个内部子请求来做检查，因为会降低服务器的性能，所以需谨慎使用。

3．标记[flags]

在“CondPattern”之后追加特殊的标记[flags]作为 RewriteCond 指令的第 3 个参数。flags 是一个以逗号分隔的以下标记的列表：

- “nocase|NC”（忽略大小写）

它使测试忽略大小写，扩展后的“TestString”和“CondPattern”中“A-Z”和“a-z”是没有区别的。此标记仅用于“TestString”和“CondPattern”的比较，而对文件系统和子请求的检查不起作用。

- “ornext|OR”（或下一条件）

它以 OR 方式组合若干规则的条件，而不是隐含的 AND。

- “redirect|R [=code]”（强制重定向 redirect）

在使用这个标记时，必须确保该替换字段是一个有效的 URL。否则，它会指向一个无效的位置。

- “forbidden|F”（强制禁止当前 URL）

反馈一个 HTTP 响应代码 403（被禁止的）。使用这个标记，可以链接若干 RewriteCond 以有条件地阻塞某些 URL。

- “gone|G”（强制废弃 URL）

反馈一个 HTTP 响应代码 410（已废弃的）。使用这个标记，可以标明页面已经被废弃而不存在了。

- “proxy|P”（强制为代理 proxy）

重写规则处理立即中断，且把处理移交给代理模块。

注意：要使用这个功能，代理模块必须编译在 Apache 服务器中。如果用户不能确定，那么可以检查“httpd -l”的输出中是否有 mod_proxy.c。如果有，则 mod_rewrite 可以使用这个功能；如果没有，则必须启用 mod_proxy 并重新编译“httpd”程序。

- “last|L”（最后一个规则 last）

立即停止重写操作，并不再应用其他重写规则。这个标记可以阻止当前已被重写的 URL 为其后继的规则所重写。

- “next|N”（重新执行 next round）

重新执行重写操作（从第一个规则重新开始）。这时，再次进行处理的 URL 已经不是原始的 URL 了，而是经最后一个重写规则处理的 URL。

- “chain|C”（与下一个规则相链接 chained）

此标记使当前规则与下一个规则相链接。如果一个规则被匹配，通常会继续处理其后继规则；如果规则不能被匹配，则其后继的链接的规则会被忽略。

- “type|T=MIME-type”（强制 MIME 类型 type）

强制目标文件的 MIME 类型为 MIME-type。

- “nosubreq|NS”（仅用于不对内部子请求进行处理 no internal sub-request）

在当前请求是一个内部子请求时，此标记强制重写引擎跳过该重写规则。例如，在 mod_include 试图搜索可能的目录默认文件时，Apache 会内部产生子请求。对于子请求，它不一定是有用的，而且如果整个规则集都起作用，它甚至可能会引发错误。因此，可以用这个标记来排除某些规则。

如果使用了有 CGI 脚本的 URL 前缀，以强制它们由 CGI 脚本处理，而对子请求处理的出错率（或者开销）很高，在这种情况下，可以使用这个标记。

- “qsappend|QSA”（追加请求串 query string append）

此标记强制重写引擎在已有的替换串中追加一个请求串，而不是简单替换。如果需要通过重写规则在请求串中增加信息，就可以使用这个标记。

- “noescape|NE”（在输出中不对 URI 进行转义 no URI escaping）

此标记阻止 mod_rewrite 对重写结果应用常规的 URI 转义规则。一般情况下，特殊字符（如“%”“$”“；”等）会被转义为等值的十六进制编码。此标记可以阻止这样的转义，以允许百分号等符号出现在输出中。

- “passthrough|PT”（移交给下一个处理器 pass through）

此标记强制重写引擎将内部结构 request_rec 中的 uri 字段设置为 filename 字段的值，它只是一个小修改，使之能对来自其他 URI 到文件名翻译器的 Alias、ScriptAlias、Redirect 等指令的输出进行后续处理。举一个能说明其含义的例子，如果要通过 mod_rewrite 的重写引擎重写/abc 为/def，然后通过 mod_alias 使/def 转变为/ghi，可以这样：

```
RewriteRule  ^/abc(.*)  /def$1  [PT]Alias  /def  /ghi
```

如果省略了 PT 标记，虽然 mod_rewrite 运作正常，可以重写“uri=/abc/…”为“filename=/def/…”，但是后续的 mod_alias 在试图进行 URI 到文件名的翻译时，则会失效。

注意： 如果需要混合使用不同的包含 URI 到文件名翻译器的模块，就必须使用这个标记。混合使用 mod_alias 和 mod_rewrite 就是典型的例子。

- “skip|S=num”（跳过后继的规则 skip）

此标记强制重写引擎跳过当前匹配规则后继的 num 个规则。

- “env|E=VAR:VAL”（设置环境变量 environment variable）

此标记使环境变量 VAR 的值为 VAL，VAL 可以包含可扩展的反向引用的正则表达式$N 和%N。此标记可以多次使用以设置多个变量。这些变量可以在其后许多情况下被间接引用，但通常是在 XSSI 或 CGI 中，也可以在后继的 RewriteCond 指令的 pattern 中通过%{ENV:VAR}进行引用。使用它可以从 URL 中剥离并记住一些信息。

- “cookie|CO=NAME:VAL:domain[:lifetime[:path]]”（设置 Cookie）

它在客户端浏览器上设置一个 Cookie。Cookie 的名称是 NAME，其值是 VAL。domain 字段是该 Cookie 的域。

14.4.3 Yii 框架创建 URL 时隐藏入口文件

Yii 创建 URL 时去掉入口文件 index.php，需要在配置文件/protected/config/main.php 中设定 urlManager 应用组件的 showScriptName 属性为 false。相应代码如下所示。

```
array(
    ......
    'components'=>array(
        ......
        'urlManager'=>array(
            ......
            'showScriptName'=>false, //注意，false 不要用引号括上
```

```
            ),
        ),
    );
```

现在，如果调用“$this->createUrl("test/getId",array('id'=>100));”，将获取网址“/test/getId/id/100.html”。当然，这个 URL 也可以被 Web 应用程序正确解析。

至此，Yii 框架创建 URL 时去掉了入口文件“index.php”，为了深入了解 Yii 框架，我们分析一下 CUrlManager 的$showScriptName 成员属性定义及调用的源码。

CUrlManager 的$showScriptName 成员属性初始化为 true，当在配置文件中设置值的话，初始值将被覆盖。然后在 getBaseUrl()方法中被调用，用来判断生成 URL 的条件。getBaseUrl()方法又会被 createUrl()方法调用，源码如下所示。

```
    class CUrlManager extends CApplicationComponent
    {
        ……
        /**
         * @var boolean whether to show entry script name in the constructed
 URL. Defaults to true.
         */
        public $showScriptName=true;
        /**
         * Returns the base URL of the application.
         * @return string the base URL of the application (the part after
host name and before query string).
         * If {@link showScriptName} is true, it will include the script
name part.
         * Otherwise, it will not, and the ending slashes are stripped off.
         */
        public function getBaseUrl()
        {
            if($this->_baseUrl!==null)
                    return $this->_baseUrl;
            else
            {
                    if($this->showScriptName)
                            $this->_baseUrl=Yii::app()->getRequest()->
getScriptUrl();
                    else
                            $this->_baseUrl=Yii::app()->getRequest()->
getBaseUrl();
                    return $this->_baseUrl;
             }
        }
        /**
         * Constructs a URL.
         * @param string $route the controller and the action (e.g. article
/read)
```

```
         * @param array $params list of GET parameters (name=>value). Both
the name and value will be URL-encoded.
         * If the name is '#', the corresponding value will be treated as
an anchor
         * and will be appended at the end of the URL.
         * @param string $ampersand the token separating name-value pairs
in the URL. Defaults to '&'.
         * @return string the constructed URL
         */
        public function createUrl($route,$params=array(),$ampersand='&')
        {
             unset($params[$this->routeVar]);
             foreach($params as $i=>$param)
                     if($param===null)
                             $params[$i]='';

             if(isset($params['#']))
             {
                     $anchor='#'.$params['#'];
                     unset($params['#']);
             }
             else
                     $anchor='';
             $route=trim($route,'/');
             foreach($this->_rules as $i=>$rule)
             {
                    if(is_array($rule))
                            $this->_rules[$i]=$rule=Yii::createComponent($rule);
                    if(($url=$rule->createUrl($this,$route,$params,
$ampersand))!==false)
                    {
                            if($rule->hasHostInfo)
                                    return $url==='' ? '/'.$anchor :
$url.$anchor;
                            else
                                    return $this->getBaseUrl().'/'.
$url.$anchor;
                     }
             }
             return $this->createUrlDefault($route,$params,$ampersand).$anchor;
        }
    }
```

14.5 小结

本章主要介绍了 Yii 框架的 URL 管理组件。为了使用 Yii 框架的 URL 管理组件，需要充分了解 URL 的模式和良好 URL 的格式，并且也需要借助 Apache 服务器的重写模块。

第15章 Yii 2.0介绍

Yii当前有两个主要版本：1.1和2.0。1.1版是上代的老版本，现在处于维护状态。2.0版是一个完全重写的版本，采用了最新的技术和协议，包括依赖包管理器Composer、PHP代码规范PSR、命名空间、Traits（特质）等。2.0版代表新一代框架，是未来几年中主要开发版本。Yii 2.0需要PHP 5.4或更高版本，该版本相对于Yii 1.1而言有巨大的改进，因此在语言层面上有很多值得注意的不同之处，如PHP 5.3版本新增的命名空间。

15.1 命名空间

PHP中声明的函数名、类名和常量名称，在同一次运行中是不能重复的，否则会产生一个致命的错误，常见的解决办法是约定一个前缀。例如，在项目开发时，用户（User）模块中的控制器和数据模型都声明同名的User类是不行的，需要在类名前面加上各自的功能前缀。可以将在控制器中的User类命名为ActionUser类，在数据模型中的User类命名为ModelUser类。虽然通过增加前缀可以解决这个问题，但名字变得很长，就意味着开发时会编写更多的代码。从PHP 5.3版本开始，增加了很多其他高级语言（如Java、C#）使用的很成熟的功能——命名空间，它的一个最明确的目的就是解决重名问题。命名空间将代码划分出不同的区域，每个区域的常量、函数和类的名字互不影响。

提示： 本章提到的常量从PHP 5.4开始有了新的变化，可以使用const关键字在类的外部声明常量。虽然const和define都是用来声明常量的，但是在命名空间里，define的作用是全局的，而const则作用于当前空间。本书提到的常量是指使用const声明的常量。

命名空间的作用和功能都很强大，在写插件或者写通用库的时候再也不用担心重名问题。不过如果项目进行到一定程度，要通过增加命名空间去解决重名问题，工作量不会比重构名字少。因此，从项目一开始的时候就应该很好地规划它，并制定一个命名规范。

15.1.1　命名空间的基本应用

默认情况下，所有 PHP 中的常量、类和函数的声明都放在全局空间下。PHP 5.3 以后的版本有了独自的空间声明，不同空间中的相同命名是不会冲突的。独立的命名空间使用 namespace 关键字声明，如下所示。

```
<?php
    //声明这段代码的命名空间"MyApplication"
    namespace MyApplication;
    // … code …
```

提示：namespace 需要写在 PHP 脚本的顶部，必须是第一个 PHP 指令（declare 除外）。不要在 namespace 前面出现非 PHP 代码、HTML 或空格。

从代码 namespace MyApplication 开始，到下一个 namespace 出现之前或脚本运行结束，是一个独立空间，将这个空间命名为 MyApplication。如果有多个 namespace 一起使用，则只有最后一个命名空间才能被识别，但可以在同一个文件中定义不同的命名空间代码，示例代码如下所示。

```
<?php
    namespace MyApplication1;
    //以下是命名空间 MyApplication1 区域下使用的 PHP 代码
    class User{//此 User 属于 MyApplication1 空间的类
                //类中成员
    }

    namespace MyApplication2;
    //这里是命名空间 MyApplication2 区域下使用的 PHP 代码
    class User{//此 User 属于 MyApplication2 空间的类
            //类中成员
    }
```

上面的代码虽然可行，不同命名空间下使用各自的 User 类，但建议为每个独立文件只定义一个命名空间，这样的代码可读性才是最好的。在相同的空间可以直接调用自己空间下的任何元素，而在不同空间之间是不可以直接调用其他空间元素的，需要使用命名空间的语法。示例代码如下。

```
<?php
    namespace MyApplication1;//定义命名空间 MyApplication1
    const TEST="this is a const<br/>";//在 MyApplication1 中声明一个常量 TEST
    function demo(){//在 MyProject1 中声明一个函数
```

```
        echo "this is a function<br/>";
}
class User{//此 User 属于 MyApplication1 空间的类
        function fun(){
                echo "this is User's fun()<br/>";
        }
}
echo TEST;//在自己的命名空间中直接使用常量
demo();//在自己的命名空间中直接使用本空间函数

//命名空间 MyApplication2
namespace MyApplication2;//定义命名空间 MyApplication2
const TEST2="this is MyApplication2 const<br/>";
//在 MyApplication2 中声明一个常量 TEST2
echo TEST2;      //在自己的命名空间中直接使用常量
//调用 MyApplication1 空间的 demo()函数
\ MyApplication1\demo();
$user = new \ MyApplication1\User();//使用 MyApplication1 空间的类实例化对象
$user->fun();
```

上例中声明了两个空间 MyApplication1 和 MyApplication2，在自己的空间中可以直接调用本空间中声明的元素，而在 MyApplication2 中调用 MyApplication1 中的元素时，使用了一种类似文件路径的语法“\空间名\元素名”。

15.1.2 命名空间的子空间和公共空间

命名空间和文件系统的结构很像，文件夹可以有子文件夹，命名空间也可以定义子空间来描述各个空间之间的所属关系。例如，cart 和 order 这两个模块都处于同一个 dscms 项目内，通过命名空间子空间表达关系的代码如下所示。

```
<?php
    namespace dscms\cart;       //使用命名空间表示处于 dscms 项目下的 cart 模块
    class Test{}                //声明 Test 类
    namespace dscms\order;      //使用命名空间表示处于 dscms 项目下的 order 模块
    class Test{}                //声明和上面空间相同的类
    $test = new Test();         //调用当前空间的类
    $cart_test = new \dscms\cart\Test(); //调用 dscms\cart 空间的类
```

命名空间的子空间还可以定义很多层次，如“org\dushou\www\dscms”。多层子空间的声明通常使用公司域名的倒置，再加上项目名称组合而成。这样做的好处是域名在互联网上是不重复的，不会出现和网上同名的命名空间，还可以辨别出是哪家公司的具体项目，有很强的的广告效应。

命名空间的公共空间很容易理解，其实没有定义命名空间的方法、类库和常量都默认归属于公共空间，这样就解释了为什么在以前版本上编写的代码大部分都可以在 PHP 5.3 以后的版本中运行。另外，公共空间中的代码段被引入到某个命名空间以后，该公共空间中的代码段不属于任何命名空间。例如，声明一个脚本文件 common.inc.php，在文件中声明的函数和类如下所示。

```
<?php
	//文件 common.inc.php 中声明一个可用的函数 func
	function func(){
		//......
	}
	//文件 common.inc.php 中声明一个可用的类 Demo
	class Demo{
		//......
	}
```

再创建一个 PHP 文件，并在一个命名空间里引入这个脚本文件 common.inc.php，但是脚本里的类和函数并不会归属到这个命名空间。如果这个脚本里没有定义其他命名空间，它的元素就始终处于公共空间中，代码如下所示。

```
<?php
	//声明命名空间 cn\dushou
	namespace cn;
	//引入当前目录下的脚本文件 common.inc.php
	include "./common.inc.php";
	//出现致命错误：找不到 cn\dushou\Demo 类，默认会在本空间中查找
	$demo = new Demo();
	$demo = new \Demo(); //正确，调用公共空间的方式是直接在元素名称前加\就可以了
```

调用公共空间的方式是直接在元素名称前加上“\”就可以了，否则 PHP 解析器会认为用户想调用当前空间下的元素。除了自定义的元素，还包括 PHP 自带的元素，都属于公共空间。其实公共空间的函数和常量不用加“\”也可以正常调用，但是为了正确区分元素所在区域，还是建议调用函数的时候加上“\”。

15.1.3 命名空间中的名称和术语

非限定名称、限定名称和完全限定名称是使用命名空间的 3 个术语，了解它们对学习后面的内容很有帮助。既要理解概念，又要掌握 PHP 是如何解析的。3 个名称和术语见表 15-1。

表 15-1 命名空间中的名称和术语

名称和术语	描 述	PHP 的解析
非限定名称	不包含前缀的类名称，如$u = new User();	如果当前命名空间是 cn\dushou，User 将解析为 cn\dushou\User。如果使用 User 的代码在公共空间中，则 User 会解析为 User
限定名称	包含前缀的名称，如$u=new dushou\User();	如果当前命名空间是 cn，User 将解析为 cn\dushou\User。如果使用 User 的代码在公共空间中，则 User 会解析为 User
完全限定名称	包含了全局前缀操作符的名称，如$u= new \dushou\User();	在这种情况下，User 总是解析为 dushou\User

其实可以把这 3 种名称类别为文件名（如 user.php）、相对路径名（如./dushou/user.php）和绝对路径名（如/cn/dushou/user.php），这样可能会更容易理解，示例代码如下所示。

```
<?php
    //创建空间 cn
    namespace cn;
    //在当前空间下声明一个测试类 User
    class User{}
    //非限定名称，表示当前 cn 空间将被解析成 cn\User()
    $cn_User = new User();
    //限定名称，表示相对于 cn 空间，没有反斜杠\，将被解析成 cn\dushou\User()
    $dushou_User = new dushou\User();
    //完全限定名称，表示绝对于 cn 空间，有反斜杠\，将被解析成 cn\User()
    $dushou_User = new \cn\User();
    //完全限定名称，表示绝对于 cn 空间，有反斜杠\，将被解析成 cn\dushou\User()
    $dushou_User = new \cn\dushou\User();
    //创建 cn 的子空间 dushou
    namespace cn\dushou;
    class User{}
```

15.1.4 别名和导入

别名和导入可以看作调用命名空间元素的一种快捷方式。允许通过别名引用或导入外部的完全限定名称，是命名空间的一个重要特征。PHP 命名空间支持两种使用别名或导入的方式：为类名使用别名，或为命名空间名称使用别名。注意，PHP 不支持导入函数或常量。在 PHP 中，别名是通过操作符 use 来实现的。下面是一个使用所有可能的导入方式的例子。

```
<?php
    //声明命名空间 cn\dushou
    namespace cn\dushou;
    //当前空间下声明一个类 User
    class User{}

    //再创建一个 dscms 空间
    namespace dscms;
    use cn\dushou;//导入一个命名空间 cn\dushou
    $dushou_User = new dushou\User();//导入命名空间后可使用限定名称调用元素

    //为命名空间使用别名
    use cn\dushou as u;
    $dushou_User = new u\User();//使用别名代替空间名

    use cn\dushou\User;//导入一个类
    $dushou_User = new User();//导入类后可使用非限定名称调用元素

    use cn\dushou\User as CUser;//为类使用别名
    $dushou_User = new CUser();//使用别名代替空间名
```

需要注意一点，如果在用 use 进行导入的时候，当前空间有相同的名字元素，将会发生致命错误，示例如下所示。

```
<?php
    namespace cn\dushou;//在 cn\dushou 空间中声明一个类 User
    class User{}

    namespace dscms;//在 dscms 空间中声明 User 和 CUser 类
    class User{}
    class CUser{}

    use cn\dushou\User;//导入一个类
    $dushou_User = new User();//与当前空间的 User 发生冲突，程序产生致命错误

    use cn\dushou\User as CUser;//为类使用别名
    $dushou_User = new CUser();//与当前空间的 CUser 发生冲突，程序产生致命错误
```

除了使用别名和导入，还可以通过“namespace”关键字和“__NAMESPACE__”魔法常量动态地访问元素。其中 namespace 关键字表示当前空间，而魔法常量__NAMESPACE__的值是当前空间名称，__NAMESPACE__可以通过组合字符串的形式来动态调用，示例应用如下所示。

```
<?php
    namespace cn\dushou;
```

```
const PATH = '/cn/dushou';
class User{}

//namespace 关键字表示当前空间/cn/dushou
echo namespace \PATH;
$User = new namespace \User();//使用 namespace 代替\cn\dushou

//魔法常量__NAMESPACE__的值是当前空间名称 cn\dushou
echo __NAMESPACE__;
$User_class_name = __NAMESPACE__.'\User';//可以组合成字符串并调用
$User = new $User_class_name();
```

在上面的动态调用的例子中，字符串形式的动态调用方式，需要注意使用双引号的时候特殊字符可能被转义。例如，在“__NAMESPACE__.'\User'”中，“\U”在双引号字符串中会被转义。另外，PHP 在编译脚本的时候就确定了元素所在的空间，以及导入的情况。而在解析脚本时，字符串形式的调用只能认为是非限定名称和完全限定名称，而永远不可能是限定名称。

15.2 安装 Yii 2.0

从 Yii 的官方站点 www.yiiframework.com 下载 Yii 2.0 的程序包，单击图 15-1 中红色箭头指向的按钮即可开始下载。

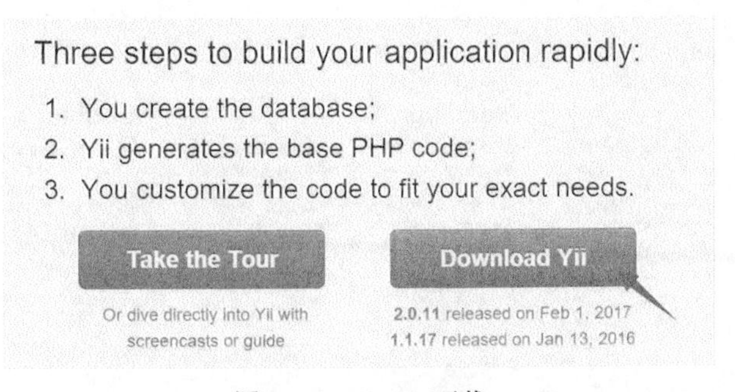

图 15-1 Yii 2.0 下载

Yii 2.0 的安装方式有多种，本章只是 Yii 2.0 入门，因此使用比较简单的“Install from an Archive File”（通过归档文件安装），并下载其“Yii 2.0 with basic application template”（基础版本），如图 15-2 所示。

将下载的文件解压缩到 Web 访问的文件夹中。修改 config/web.php 文件，给 cookieValidationKey 配置项添加一个密钥。

```
    'request' => [
        // !!! insert a secret key in the following (if it is empty) - this is
//required by cookie validation
        'cookieValidationKey' => '在此处输入你的密钥',
    ],
```

Install from an Archive File

Download one of the following archive files, and then extract it to a Web-accessible folder:

- Yii 2 with basic application template
- Yii 2 with advanced application template

图 15-2 下载归档文件

安装完成后，就可以使用浏览器访问刚安装完的 Yii 应用了，如图 15-3 所示。

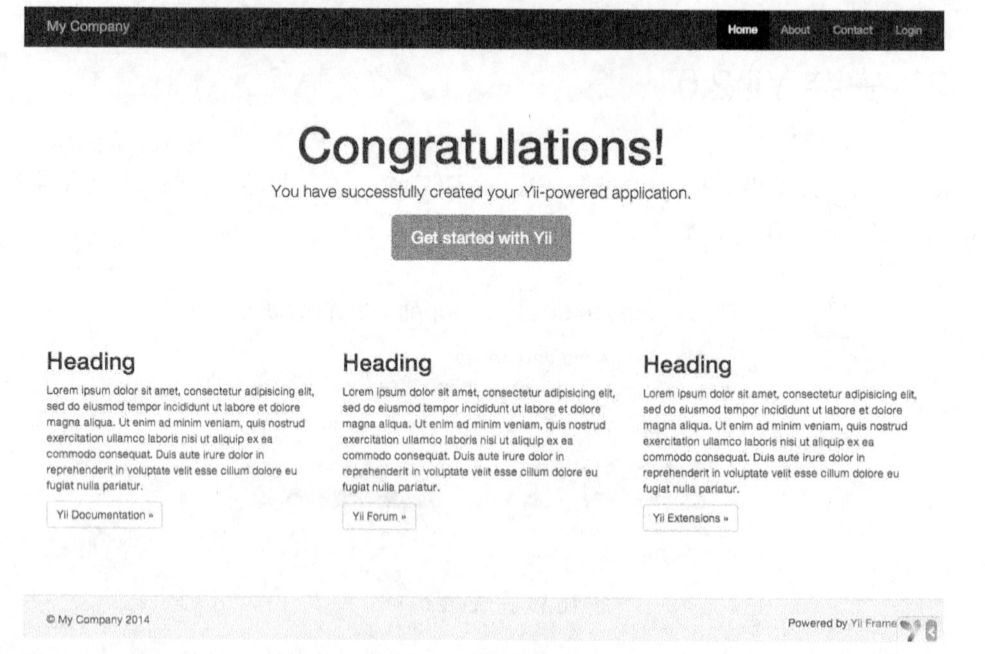

图 15-3 安装完成页面

如果没有在浏览器中看到如图 15-3 所示的“Congratulations!”页面，可以通过浏览器访问/requirements.php 文件，该文件用于确认当前服务器能否满足运行 Yii 2.0 Web 项目的要求。它将检查服务器所运行的 PHP 版本，查看是否安装了合适的 PHP 扩展模块，以及确认 php.ini 文件是否正确设置，如图 15-4 所示。

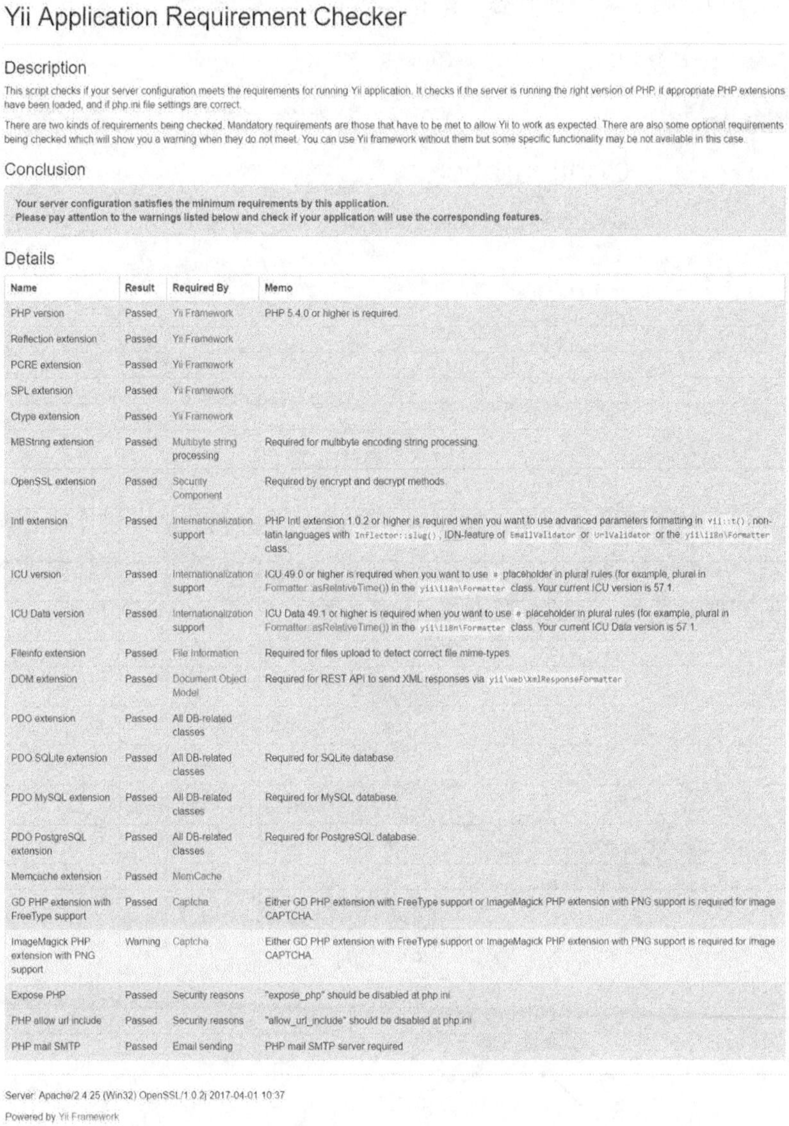

Yii Application Requirement Checker

Description

This script checks if your server configuration meets the requirements for running Yii application. It checks if the server is running the right version of PHP, if appropriate PHP extensions have been loaded, and if php.ini file settings are correct.

There are two kinds of requirements being checked. Mandatory requirements are those that have to be met to allow Yii to work as expected. There are also some optional requirements being checked which will show you a warning when they do not meet. You can use Yii framework without them but some specific functionality may be not available in this case.

Conclusion

Your server configuration satisfies the minimum requirements by this application.
Please pay attention to the warnings listed below and check if your application will use the corresponding features.

Details

Name	Result	Required By	Memo
PHP version	Passed	Yii Framework	PHP 5.4.0 or higher is required.
Reflection extension	Passed	Yii Framework	
PCRE extension	Passed	Yii Framework	
SPL extension	Passed	Yii Framework	
Ctype extension	Passed	Yii Framework	
MBString extension	Passed	Multibyte string processing	Required for multibyte encoding string processing.
OpenSSL extension	Passed	Security Component	Required by encrypt and decrypt methods.
Intl extension	Passed	Internationalization support	PHP Intl extension 1.0.2 or higher is required when you want to use advanced parameters formatting in `Yii::t()`, non-latin languages with `Inflector::slug()`, IDN-feature of `EmailValidator` or `UrlValidator` or the `yii\i18n\Formatter` class.
ICU version	Passed	Internationalization support	ICU 49.0 or higher is required when you want to use `#` placeholder in plural rules (for example, plural in Formatter::asRelativeTime()) in the `yii\i18n\Formatter` class. Your current ICU version is 57.1.
ICU Data version	Passed	Internationalization support	ICU Data 49.1 or higher is required when you want to use `#` placeholder in plural rules (for example, plural in Formatter::asRelativeTime()) in the `yii\i18n\Formatter` class. Your current ICU Data version is 57.1.
Fileinfo extension	Passed	File Information	Required for files upload to detect correct file mime-types.
DOM extension	Passed	Document Object Model	Required for REST API to send XML responses via `yii\web\XmlResponseFormatter`.
PDO extension	Passed	All DB-related classes	
PDO SQLite extension	Passed	All DB-related classes	Required for SQLite database.
PDO MySQL extension	Passed	All DB-related classes	Required for MySQL database.
PDO PostgreSQL extension	Passed	All DB-related classes	Required for PostgreSQL database.
Memcache extension	Passed	MemCache	
GD PHP extension with FreeType support	Passed	Captcha	Either GD PHP extension with FreeType support or ImageMagick PHP extension with PNG support is required for image CAPTCHA.
ImageMagick PHP extension with PNG support	Warning	Captcha	Either GD PHP extension with FreeType support or ImageMagick PHP extension with PNG support is required for image CAPTCHA.
Expose PHP	Passed	Security reasons	"expose_php" should be disabled at php.ini
PHP allow url include	Passed	Security reasons	"allow_url_include" should be disabled at php.ini
PHP mail SMTP	Passed	Email sending	PHP mail SMTP server required

Server: Apache/2.4.25 (Win32) OpenSSL/1.0.2j 2017-04-01 10:37

Powered by Yii Framework

图 15-4 环境配置检测

15.3 运行应用

安装完的基本应用包含 4 页，即主页、About 页、Contact 页和 Login 页，另外，在浏览器底部可以看到一个工具栏，这是 Yii 提供的很有用的调试工具，可以记录并显示大量的调试信息，如日志信息、响应状态、数据库查询等，如图 15-5 所示。

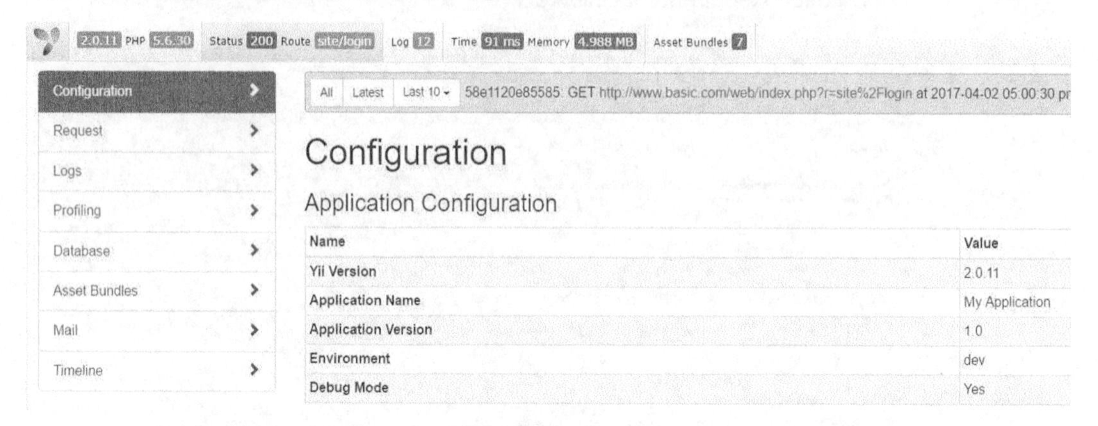

图 15-5 调试工具

Yii 2.0 同样是基于模型—视图—控制器（MVC）设计模式的，这点在下面的目录结构中也得以体现，models 目录包含了所有模型类，views 目录包含了所有视图脚本，controllers 目录包含了所有控制器类，静态结构如图 15-6 所示。

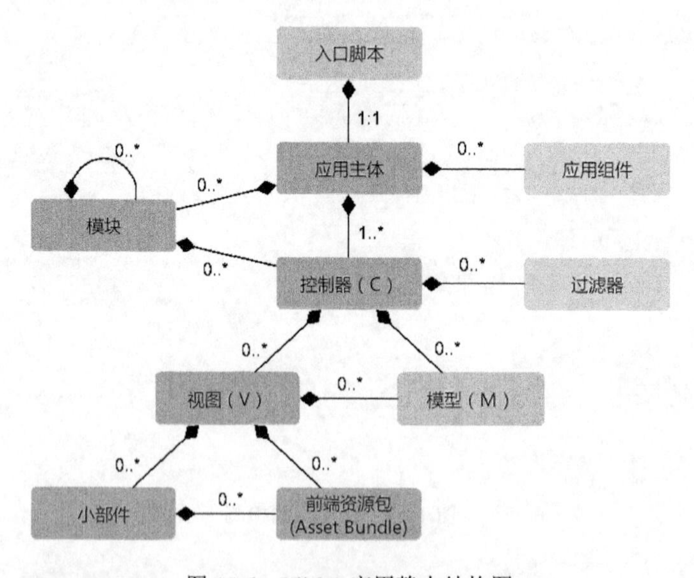

图 15-6 Yii 2.0 应用静态结构图

```
basic/                 应用根目录
    composer.json      Composer 配置文件，描述包信息
    config/            包含应用配置及其他配置
        console.php    控制台应用配置信息
        web.php        Web 应用配置信息
```

```
        commands/            包含控制台命令类
        controllers/         包含控制器类
        models/              包含模型类
        runtime/             包含 Yii 在运行时生成的文件，如日志和缓存文件
        vendor/              包含已经安装的 Composer 包，包括 Yii 框架自身
        views/               包含视图文件
        web/                 Web 应用根目录，包含 Web 入口文件
            assets/          包含 Yii 发布的资源文件（JavaScript 和 CSS）
            index.php        应用入口文件
    yii                      Yii 2.0 控制台命令执行脚本
```

提示：应用中的文件可分为两类：在 basic/web 下的和在其他目录下的。前者可以直接通过 HTTP 访问（如浏览器），后者不能也不应该被直接访问。

每个应用都有一个入口脚本 web/index.php，这是整个应用中唯一可以访问的 PHP 脚本。入口脚本接受一个 Web 请求并创建应用实例去处理它。应用在它的组件辅助下解析请求，并分派请求至 MVC 元素。视图使用小部件去创建复杂和动态的用户界面。

15.4　输出“Hello World”

输出“Hello World”示例，只需要一个控制器和视图，不处理任何数据。首先，在 basic/controllers/SiteController.php 文件中创建 actionSay()动作方法，代码如下所示。

```
class SiteController extends Controller
{
    public function actionSay($message = 'Hello')
    {
        return $this->render('say', ['message' => $message]);
    }
    ......
}
```

actionSay()动作方法实现了从请求中接收 message 参数并显示给最终用户。如果请求没有提供 message 参数，动作将显示默认参数 Hello。

在动作方法中，render()方法用来渲染视图文件。视图文件与控制器关联，存放在 protected/views/site 目录下，编辑 protected/views/site/say.php，代码如下。

```
<?php
    echo $message;
?>
```

保存代码，并访问 http://hostname/index.php?r=site/say&message=HelloWorld，页面如图 15-7 所示。

图 15-7 Yii 2.0 输出“Hello World”效果图

如果省略 URL 中的 message 参数，将会看到页面只显示 Hello。这是因为 message 被作为一个参数传给 actionSay() 方法，当省略它时，参数将使用默认的 Hello 代替。

回顾一下输出“Hello World”时 Yii 2.0 框架是如何分析的，了解图 15-8 所示的 Yii 2.0 处理请求的生命周期。

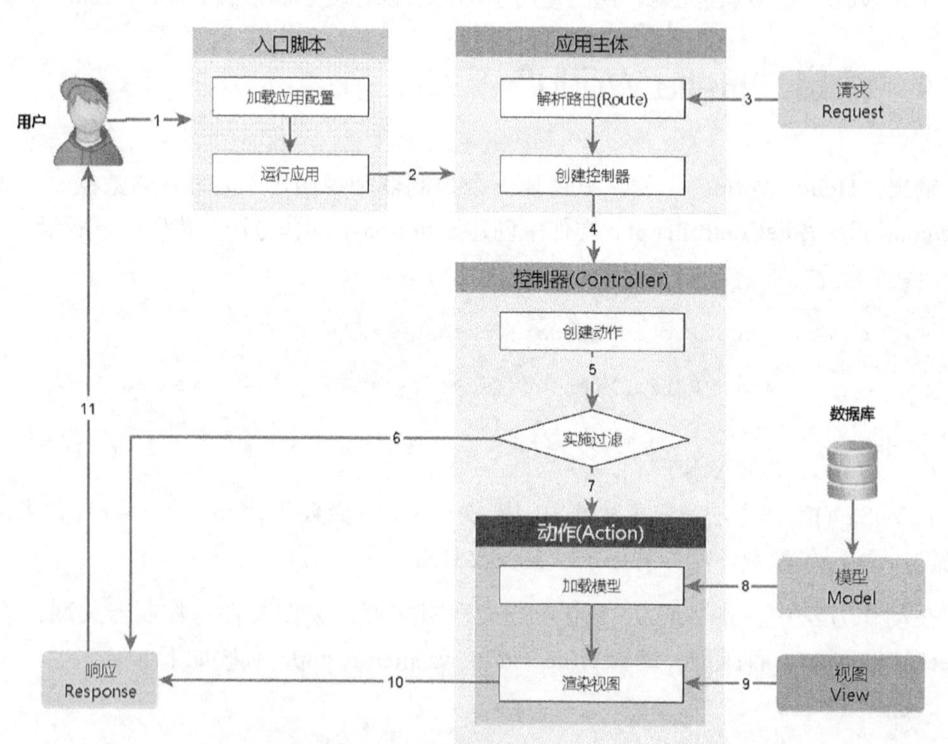

图 15-8 Yii 2.0 处理请求生命周期图

1. 用户向入口脚本 web/index.php 发起请求。

2．入口脚本加载应用配置并创建一个应用实例去处理请求。

3．应用通过请求组件解析请求的路由。

4．应用创建一个控制器实例去处理请求。

5．控制器创建一个动作实例并针对操作执行过滤器。

6．如果任何一个过滤器返回失败，则动作取消。

7．如果所有过滤器都通过，动作将被执行。

8．动作会加载一个数据模型。

9．动作会渲染一个视图，把数据模型提供给它。

10．渲染结果返回给响应组件。

11．响应组件发送渲染结果给用户浏览器。

15.5 小结

本章以输出“Hello World”为案例，介绍了 Yii 2.0 的执行流程。至此，读者应该能够感觉到，学习 Yii 2.0 首先需要熟悉 PHP 5.4 新增加的语法，然后循序渐进，由易到难，结合本书前 14 章的内容，逐渐掌握使用 Yii 2.0 也能够实现相同的功能。

附录 HTTP 状态消息

当浏览器从 Web 服务器请求服务时，可能会发生错误。从而有可能会返回下面的一系列状态消息：

1xx：信息

消息	描述
100 Continue	服务器仅接收到部分请求，但是一旦服务器并没有拒绝该请求，客户端应该继续发送其余的请求
101 Switching Protocols	服务器转换协议：服务器将遵从客户的请求转换到另外一种协议

2xx：成功

消息	描述
200 OK	请求成功（其后是对 GET 和 POST 请求的应答文档）
201 Created	请求被创建完成，同时新的资源被创建
202 Accepted	供处理的请求已被接受，但是处理未完成
203 Non-authoritative Information	文档已经正常地返回，但一些应答头可能不正确，因为使用的是文档的拷贝
204 No Content	没有新文档。浏览器应该继续显示原来的文档。如果用户定期地刷新页面，而 Servlet 可以确定用户文档足够新，这个状态代码是很有用的
205 Reset Content	没有新文档。但浏览器应该重置它所显示的内容。用来强制浏览器清除表单输入内容
206 Partial Content	客户发送了一个带有 Range 头的 GET 请求，服务器完成了它

3xx：重定向

消息	描述
300 Multiple Choices	多重选择。链接列表。用户可以选择某链接到达目的地。最多允许五个地址
301 Moved Permanently	所请求的页面已经转移至新的 url
302 Found	所请求的页面已经临时转移至新的 url
303 See Other	所请求的页面可在别的 url 下被找到
304 Not Modified	未按预期修改文档。客户端有缓冲的文档并发出了一个条件性的请求（一般是提供 If-Modified-Since 头表示客户只想比指定日期更新的文档）。服务器告诉客户，原来缓冲的文档还可以继续使用
305 Use Proxy	客户请求的文档应该通过 Location 头所指明的代理服务器提取
306 Unused	此代码被用于前一版本。目前已不再使用，但是代码依然被保留
307 Temporary Redirect	被请求的页面已经临时移至新的 url

4xx：客户端错误

消息	描述
400 Bad Request	服务器未能理解请求
401 Unauthorized	被请求的页面需要用户名和密码
402 Payment Required	此代码尚无法使用
403 Forbidden	对被请求页面的访问被禁止
404 Not Found	服务器无法找到被请求的页面
405 Method Not Allowed	请求中指定的方法不被允许
406 Not Acceptable	服务器生成的响应无法被客户端所接受
407 Proxy Authentication Required	用户必须首先使用代理服务器进行验证，这样请求才会被处理
408 Request Timeout	请求超出了服务器的等待时间
409 Conflict	由于冲突，请求无法被完成
410 Gone	被请求的页面不可用
411 Length Required	"Content-Length"未被定义。如果无此内容，服务器不会接受请求

（续）

消息	描述
412 Precondition Failed	请求中的前提条件被服务器评估为失败
413 Request Entity Too Large	由于所请求的实体的太大，服务器不会接受请求
414 Request-url Too Long	由于 url 太长，服务器不会接受请求。当 post 请求被转换为带有很长的查询信息的 get 请求时，就会发生这种情况
415 Unsupported Media Type	由于媒介类型不被支持，服务器不会接受请求
416	服务器不能满足客户在请求中指定的 Range 头
417 Expectation Failed	

5xx：服务器错误

消息	描述
500 Internal Server Error	请求未完成。服务器遇到不可预知的情况
501 Not Implemented	请求未完成。服务器不支持所请求的功能
502 Bad Gateway	请求未完成。服务器从上游服务器收到一个无效的响应
503 Service Unavailable	请求未完成。服务器临时过载或当机
504 Gateway Timeout	网关超时
505 HTTP Version Not Supported	服务器不支持请求中指明的 HTTP 协议版本

欢迎来到异步社区！

异步社区的来历

异步社区（www.epubit.com.cn）是人民邮电出版社旗下 IT 专业图书旗舰社区，于 2015 年 8 月上线运营。

异步社区依托于人民邮电出版社 20 余年的 IT 专业优质出版资源和编辑策划团队，打造传统出版与电子出版和自出版结合、纸质书与电子书结合、传统印刷与 POD 按需印刷结合的出版平台，提供最新技术资讯，为作者和读者打造交流互动的平台。

社区里都有什么？

购买图书

我们出版的图书涵盖主流 IT 技术，在编程语言、Web 技术、数据科学等领域有众多经典畅销图书。社区现已上线图书 1000 余种，电子书 400 多种，部分新书实现纸书、电子书同步出版。我们还会定期发布新书书讯。

下载资源

社区内提供随书附赠的资源，如书中的案例或程序源代码。

另外，社区还提供了大量的免费电子书，只要注册成为社区用户就可以免费下载。

与作译者互动

很多图书的作译者已经入驻社区，您可以关注他们，咨询技术问题；可以阅读不断更新的技术文章，听作译者和编辑畅聊好书背后有趣的故事；还可以参与社区的作者访谈栏目，向您关注的作者提出采访题目。

灵活优惠的购书

您可以方便地下单购买纸质图书或电子图书，纸质图书直接从人民邮电出版社书库发货，电子书提供多种阅读格式。

对于重磅新书，社区提供预售和新书首发服务，用户可以第一时间买到心仪的新书。

用户账户中的积分可以用于购书优惠。100 积分 =1 元，购买图书时，在 0 使用积分 里填入可使用的积分数值，即可扣减相应金额。

特 别 优 惠

购买本书的读者专享异步社区购书优惠券。

使用方法：注册成为社区用户，在下单购书时输入 S4XC5 使用优惠码，然后点击“使用优惠码”，即可在原折扣基础上享受全单9折优惠。（订单满39元即可使用，本优惠券只可使用一次）

纸电图书组合购买

社区独家提供纸质图书和电子书组合购买方式，价格优惠，一次购买，多种阅读选择。

社区里还可以做什么？

提交勘误

您可以在图书页面下方提交勘误，每条勘误被确认后可以获得100积分。热心勘误的读者还有机会参与书稿的审校和翻译工作。

写作

社区提供基于Markdown的写作环境，喜欢写作的您可以在此一试身手，在社区里分享您的技术心得和读书体会，更可以体验自出版的乐趣，轻松实现出版的梦想。

如果成为社区认证作译者，还可以享受异步社区提供的作者专享特色服务。

会议活动早知道

您可以掌握IT圈的技术会议资讯，更有机会免费获赠大会门票。

加入异步

扫描任意二维码都能找到我们：

异步社区

微信服务号

微信订阅号

官方微博

QQ群：436746675

社区网址：www.epubit.com.cn

投稿 & 咨询：contact@epubit.com.cn